推进北方海上丝绸之路

“北极问题”国际治理视角

Extension of the Maritime Silk Road to the Northeast Passage
From the Perspective of International Governance on Arctic Issues

王新和 著

时事出版社

图书在版编目（CIP）数据

推进北方海上丝绸之路："北极问题"国际治理视角/王新和著．—北京：时事出版社，2017.2
ISBN 978-7-5195-0042-9

Ⅰ.①推… Ⅱ.①王… Ⅲ.①北极—政治地理学—研究 Ⅳ.①P941.62

中国版本图书馆 CIP 数据核字（2016）第 269860 号

出 版 发 行：时事出版社
地　　址：北京市海淀区万寿寺甲 2 号
邮　　编：100081
发 行 热 线：（010）88547590　88547591
读者服务部：（010）88547595
传　　真：（010）88547592
电 子 邮 箱：shishichubanshe@sina.com
网　　址：www.shishishe.com
印　　刷：北京市昌平百善印刷厂

开本：787×1092　1/16　印张：19.75　字数：321 千字
2017 年 2 月第 1 版　2017 年 2 月第 1 次印刷
定价：85.00 元

青岛市社科院重点项目

序

受学生之邀，为该书作序，通读书稿，为其进步感到欣慰，随愉快接受。

王新和博士是2010年考入中国人民大学国际关系学院攻读博士学位的，2013年顺利通过博士论文答辩获得了博士学位。在中国人民大学求学期间，他一直致力于北极问题的研究，《推进北方海上丝绸之路——“北极问题”国际治理视角》一书就是在其博士论文《中国北极外交：和治路径》的基础上经过进一步修改、补充与完善后的最新成果。

北极研究对于从事中国外交研究的专业人员来说，不啻是个“冷门”方向，是故长期以来鲜有人问津。但随着全球气候变暖、海平面上升、极地冰川与海冰加速融化，以及极地资源开发利用的加强和对极地军事战略价值认识再度提升等问题的不断浮现，北极研究正日益引起越来越多研究者的重视，这其中既包括自然科学研究者，也包括社会科学专家学者。最新研究趋势显示，北极研究正在逐步告别“冷门”而成为当今世界研究的“热点”问题。与地球其他区域相比，北极区域的特殊性在于，它虽是迄今为止人类尚未进行大规模工业化开发的少数几个地方之一，但却是资源蕴积量十分巨大和丰富的区域。这里不仅有储量可观的油气资源，还有丰富的渔业资源和魅力独具、瑰丽壮美的旅游资源。此外，北极地理位置十分重要，军事战略特殊重要性更不待言。正因如此，一些西方地缘政治学家曾说，谁控制了北极谁就控制了北半球。

作为“近北极国家”，中国建设性地积极参与北极事务再自然不过，为此中国学者有必要更加深入地研究北极问题，只有这样才能为中国今后参与北极事务提供理论指南和借鉴，应该说王博士的研究正是这方面的可贵尝试。个人认为，本书最大特点是将笼统宽泛的“北极问题”系统化与概念化，并且以此为原点系统归纳了北极现有国际治理机制的重要特征与重大影响，这样做的理论意义实际上是为中国未来积极参与北极事务理清了历史脉络，确立了政策依据。同时，在本书中作者并不是简单地逻辑推定“中国北极利益”，而是将“利益与战略、身份与行为”两组关系作为分析视角，对中国“和谐”理念与国外“国际治理”思想进行了等价对接和有机结合，并在此基础上创造性地提出了中国参与北极治理的路径选择是“和治”的重要观点，这样的研究模式在理论和思想方法上确实有可取之处，值得称道。

本书另一值得称道的地方是大胆地将“北方海上丝绸之路”与当前中国正积极推动的“一带一路”倡议联系起来，提出“北方海上丝绸之路”在地理上大体与“东北航道”重合，推进“北方海上丝绸之路”实质上是对现有“一带一路”倡议的“北向扩容”。书中将“北向扩容”的外动力归因于“域外因素”，并且认为这些域外因素将导致北极多边合作潜力下降，反而有利于北极双边合作潜力的增加，这无疑为中俄两国今后在北极事务上的合作提供了重大机遇。书中还提出，应将古老的“太极”思维与“和治”理念运用于中国参与北极事务的实践，认为作为中国传统文化复兴与增进文化自信的国家符号，“太极”思维与“和治”理念将在国际治理领域彰显出其独特的优势和价值。上述观点虽不乏商榷之处，但这些新颖的观点和设想的确反映出作者积极探索的精神！

北极同中国国家利益息息相关，中国积极承担北极国际责任，是作为新兴大国的必然。本书的出版既是王博士的学术成就，也是对北极研究的贡献。北极研究有很多值得深入研究和关注的问题，随着时间的推移，必将成为富有生机的重要领域。该书出版发行不是王博士关于北极问题研究的终点，而是新的起点。望作者以此为发端，为读者、为社会、为国家奉献更多、更好的上乘佳作。诚如是，其对推动北极问题研究可谓善莫大焉！

李宝俊
2016 年 12 月

目 录
Contents

发展篇

导论

一、提出问题

当今世界正处于“中国和平崛起”与“亚洲世纪”共同来临的时代，但也面临着全球气候变暖（尤其是南北两极变暖）与油气矿产资源日渐贫乏的现实。过去30多年，中国铸就了世界第二大经济体的地位。未来十几年，中国不仅作为世界经济增长引擎和全球主要债权人，还可能通过经济成功转型和实施“一带一路”战略而成为世界第一大经济体。由此观之，国家利益之国际路径必将随着中国深入参与国际（包括北极）事务而凸显和清晰起来。

北极距中国虽远，但改变不了中国“近北极”的特征，亦抹杀不了中国参与北极事务的正当性。尤其是由北极气候变化诱发的一系列“北极问题”已经对中国的气候、经济乃至大国地位等多个战略领域产生现实与潜在重要影响。换言之，北极问题已实实在在与中国国家利益联系起来。尽管如此，中国的北极地位却被“刻意”边缘化。作为北极利益攸关方，如果被边缘化现实得以固化，从长期看将成为实现国家利益的严重障碍。

本书以北极问题国际治理为研究视角，将“中国北极治理如何应对北极问题才符合国家利益?”作为中心问题提出。全书分为三篇——基础篇、实践篇和发展篇。基础篇以基本概念（北极问题和北极治理机制）为研究原点；实践篇阐述中国北极参与状况，探究中国北极治理模式；发展篇结合域外因素影响对中国北极治理提出“推进北方海上丝绸之路”（将东北航道开发利用纳入“一带一路”倡议）的建议。

二、选题意义

当前，研究北极问题及中国北极国际治理应对方略有着积极的现实意义。

第一，有利于中国定位北极利益。在经济全球化背景下，国家利益在中国崛起过程中必然具有国际性特征；在全球变暖趋势无明显逆转的背景下，由北极暖化催生的北极问题呈现跨区域特征。上述两者共同决定了中国与北极的利益关系日益密切。“北极利益”不仅应作为一种科学概念流行于学术圈，也应作为常识被本国国民了解与认同，尤应作为一种国家观念和现实利益进入国家决策。本选题价值之一就在于促进中国专家学者对北极利益深入研究，向普通大众传播相关常识与重要理念，深化国家决策层对北极利益战略认知。

第二，有利于中国定位北极治理目标。研究应对北极问题必将面临如何定位治理目标的问题。解决北极问题还是实现北极利益是两种不同的政策和管理取向。若以前者为目标，中国现行北极治理模式将需要有针对性的功能调整；若以后者为目标，中国现行北极治理模式需要对北极利益进行明确界定，对北极问题进行功能全覆盖。本选题价值之二在于促进中国专家学者对北极治理目标的问题导向和利益导向的比较与定位。

第三，有利于中国对北极治理路径的选择。本选题价值之三是通过提炼“和治”思想，并以此作为中国北极治理的路径选择。在现实中，影响中国北极治理路径选择的因素有很多，比如国家利益、思想与政策、国际关系现实等。本书和治思想恰恰是基于中国外交“和”的思想和“国际治理”理念对北极治理路径的合理推断。作为一种整合不同思想而成的新路径固然缺乏需要时间和实践证明的现实价值，但其理论价值已从逻辑上揭示了中国参与北极治理的四大特征——必然性、和平性、合作性与共赢性，进而也可成为驳斥“中国威胁论”的重要依据。

第四，有利于中国对北极身份的认知、利用与构建。目前，中国的北极身份存在一定程度的模糊性，至少涉及三种身份界定：非北极国家、近北极国家和北极利益攸关方。以上三种身份对中国各有利弊，如何认知其不同内在价值并善加利用从而服务于中国北极利益是个非常现实的重要问题。其中，非北极国家和近北极国家身份是以北极地理特征为划分标准，缺点在于淡化北极问题的国际和跨区域特征，进而剥夺中国的平等身份及否定国家利益国际化（向北极拓展）的必然性，结果是束缚中国北极利益的合理诉求。2013 年 5 月，中国获得北极理事会永久观察员地位表明，中国已被动接受“非北极国家”身份。相比之下，北极利益攸关方应有更大回旋余地，相对更符合中国发展利益。当然，影响北极身份有很多因素，正文会深入分析。本书引起身份争论的目的在于既深化身份认知与差别利用，又积极构建更适合中国利益诉求的新身份。

第五，有利于促进中国财政支持，并为北极政策建言。由于多种原因，中国对北极问题研究面临诸多难题：政府财政投入有限；战略规划与布局不明朗；缺乏基本规模的专业性研究人员和团队；北极事务参与度不高；综合研究尚处在成长初期等等。目前，中国参与北极事务基本完成自然环境科学考察阶段，并成为北极理事会的永久观察员，还参加了为数不多的与北极问题有关的政府间组织和非政府间组织，比如国际北极科学委员会（IASC）等。自然科学研究只是北极问题中的一部分，更多的是与国际政治、外交、国际法、经济贸易、生态保护、原住民权益保护等相联系的兼具“高政治”与“低政治”的问题领域。在北极国家“垄断与排外”的大背景下，中国在北极事务上缺乏积极主动可能导致中国“双边缘化”后果——被动边缘化与主动边缘化。此外，北极八国已推出其北极战略，欧盟、日、韩、印（度）等国（或国家联合体）都在加紧筹划参与北极治理。它们的作为已经在提醒中国要更加重视北极利益。鉴于此，本选题价值之五是希望能与志同道合者共同推动上述目标实现。

此外，本选题还有一定的理论意义。本书融和中国外交“和”的思想与西方国际治理思想，提出“以和治路径共创和谐北极”的中国式北极国际治理思路，丰富了中国对外政策的和平内涵。

三、研究现状

中国真正参与北极事务始于20世纪90年代后，北极问题相关研究更晚。与以欧美国家为主的国外研究相比，中国北极问题研究存在明显差距，总体上处于起步阶段。

（一）国内研究现状

在国内研究方面，长期以来，中国对北极问题与自身利益的关系缺乏深刻战略认知，既没有建设性的北极战略，也没有成套系统的北极政策；各级政府对北极研究经费支持经常出现短缺，造成中国北极问题研究团队建设不仅严重滞后于北极国家，还逊色于日、韩等非北极国家；“轻文重理”现象突出，即重视自然科学研究而忽视社会科学研究。与其他国际问题相比，国内社科类北极问题研究人员现状称得上匮乏，整体处在兼职研究而非专门和系统研究的状态。在此背景下，国内关于北极问题的研究成果相对寥寥，专著与学术论文数量总体有限且比例失调，而且大部分都是近几年的成果。尽管不尽如人意，但现有研究成果已经有所开创，并为进一步拓宽社科领域北极问题的研究思路部分起到推波助澜之功。

1. 专著研究状况

在社科领域，已经出版的与北极问题有关的专著仅有三部，分别是：2010年时事出版社出版，江南社会学院陆俊元的《北极地缘政治与中国应对》；2010年知识出版社出版，刘惠荣和杨凡的《北极生态保护法律问题研究》；2011年海洋出版社出版，北极问题研究编写组完成的《北极问题研究》。这三部著作从地缘政治、生态保护和知识普及三个视角来具体探讨北极某些问题及中国的政策选择，但是三者未对作为概念的“北极问题”给予严谨定义。

其中，《北极问题研究》是由中国研究学者共同推出的一部普及性专著，介绍了北极地区概况、社会变化、资源开发利用、北极交通等基本情况，对北极地区的政治、外交、法律制度，北极国家的北极主张等进行了综合论述，分析了中国北极考察面临的机遇与挑战。它是中国目前北极问题研究成果的集中展示，对于了解北极问题的背景、现实和发展趋势很有帮助。《北极生态保护法律问题研究》则是以“国际法不成体系”为视角，以解决北极生态保护的法律冲突为楔入点，以北极生态保护的全球性框架公约、区域性法律及国内立法三个层次为构建北极生态系统保护的法律机制。《北极地缘政治与中国应对》从多角度探讨北极的国际战略地位、价值、竞争等地缘政治特征，并结合北极国家的北极战略进一步探讨北极对中国的战略意义及中国北极政策建议。在书中，作者尤其提出了以“近北极国家”取代“非北极国家”作为中国参与北极事务的身份标签的观点。

此外，华东政法大学吴琼的《北极海域的国际法律问题研究》是唯一从国际法视角来研究北极问题的博士论文。作者认为，中国在北极海域的利益涉及科考、1982 年《联合国海洋法公约》（下文简称“1982 年《公约》”）所赋予的权利、领海无害通过权、国际海峡过境权、专属区与公海自由航行权等等。作者尤其强调通过东北航道（the Northeast Passage）[①] 和西北航道（the Northwest Passage）[②] 对中国国际贸易运输的重要意义。作者认为中国根据国际法还可以享有北极海域的海洋资源，包括生物资源和非生物资源。对于中国在北极问题上所持有的立场，作者认为应秉持两方面：第一坚持和平解决北极海域的争端、维护世界和平的原则；第二秉持国际海洋法、坚守北极海域全球公域的立场。

2. 论文研究状况

在与北极问题有关的国内社科论文方面共搜集到 74 篇（源自“知

---

① 东北航道连接大西洋和太平洋，途经欧亚大陆北部边缘，是世界最北的季节性（夏）海洋航道。俄罗斯习惯上将途经本国沿岸的东北航道部分称为“北方海航道”（Northern Sea Route），它西起摩尔曼斯克或阿尔汉格尔斯克，经北冰洋南部的巴伦支海、白海、喀拉海、拉普捷夫海、东西伯利亚海、楚科奇海至太平洋白令海西北岸的普罗维杰尼亚，长约 6000 公里，因大部分船只到符拉迪沃斯托克（海参崴），通常以此作为此航线的终点，全长 10400 公里。

② 西北航道东起巴芬岛以北，由东向西，经加拿大北极群岛间一系列深海峡，至阿拉斯加北面的波弗特海，全长约 1450 公里，这是大西洋和太平洋之间最短的航道。西北航道是经数百年努力寻找而形成的一条北美航道，距北极不到 1930 公里，是世界上最险峻的航线之一。

网”2000～2012年“核心期刊”的全部论文检索结果），涉及22个国内科研院所及75名大学教授（副教授）、研究员、博（硕）士生。其中，大连海事大学与中国海洋大学是目前中国研究北极问题的成果主产地，各为19篇，占论文总数51%；复旦大学、同济大学、上海政法学院、上海国际问题研究院、中国极地研究中心和江南社会学院等6个单位的论文共计23篇，占31%；剩下15个单位完成了13篇（其中有2篇属于不同单位合写），约占18%。这些学术论文除了具有明显“重理轻文”的研究特点外，还反映出国内国际政治（包括国际关系及外交）等主要研究单位和专家学者对其重视不够。从论文所涉及的研究机构看，中国致力于研究北极问题的科研院所仅10家左右，除去上面提到的8个单位外，或可再加上国际关系学院、现代国际关系研究院、北京师范大学等单位，人数仅约60名。比较突出的研究人员，比如大连海事大学的李振福与阎铁毅、江南社会学院的陆俊元、中国海洋大学的郭培清和刘惠荣，中国极地研究中心的张侠等教授和研究人员是目前从事北极问题研究著述较多的，最多者达10篇。据此判断，研究北极问题的国内主力军目前并不是以国际政治（国际关系及外交）著称的科研院所，而是以海洋学专业研究著称的“两大学一中心”体系——前者是大连海事大学与中国海洋大学，后者是中国极地研究中心。这种学术研究构成与北极问题日益突出的政治化倾向和跨专业特征越来越不对称。需要特别说明的是，北极问题并没有引起中国社会科学主流学术界的应有重视和持续关注。

在研究领域上，国内论文主要涉及北极问题的8个方面，根据论文数量由多到少分为：北极航道、北极战略、国际法、地缘政治、北极政策、国际治理、主权安全和区域经济。这些问题既有“低政治”也有“高政治”，但中国学者的研究兴趣倾向与问题本身是否是“低政治”还是“高政治”问题并无直接的关系。从现有数量看，这8方面分布并不平衡。为便于分析，将上述8方面按照人为标准分为三个级别：高度关注（10篇以上），中度关注（5～9篇），低度关注（1～4篇）。

表1 中国北极研究论文数量分布与关注级别划分（1991～2012年）

编号	北极问题	数量（篇）	分布比例（%）	关注级别	数量（篇）	分布比例（%）
1	北极航道	29	39.2	高度	51	68.9
2	北极战略	12	16.2			
3	国际法	10	13.5			
4	地缘政治	7	9.5	中度	19	25.7
5	北极政策	6	8.1			
6	国际治理	6	8.1			
7	主权安全	3	4.0	低度	4	5.4
8	区域经济	1	1.4			
合计		74	100		74	100

国内论文在“高度关注”领域涉及“低政治”问题（北极航道和国际法）和“高政治”问题（北极战略），并以“低政治”问题为主。

在低政治问题领域，国内研究最关注的是北极航道。此类研究主要从法律应用、航道控制、权益维护、经济分析、技术分析、事件分析、机遇挑战等不同视角来研究北极航道问题。首先，法律应用方面的文章最多，有10篇，分别是：中国海洋大学梅宏的《北极航道环境保护国际立法研究》、中国海洋大学刘江萍与郭培清的《浅析美加两国西北航道核心问题》与《加拿大对西北航道主权控制的法律依据分析》、中国海洋大学刘惠荣与刘秀的《西北航道的法律地位研究》与《北极群岛水域法律地位的历史性分析》、中国海洋大学郭培清与管清蕾的《北方海航道政治与法律问题探析》、贵州大学刘海裕与江筱苏的《论国际法上北极航道的通行权问题》、大连海事大学阎铁毅与李冬的《美、俄关于北极航道的行政管理法律体系研究》、大连海事大学阎铁毅的《北极航道所涉及的现行法律体系及完善趋势》、大连海事大学李志文与高俊涛的《北极通航的航行法律问题探析》。其次，航道控制方面的文章有2篇，分别是，中国海洋大学刘惠荣和林晖的《论俄罗斯对北部海航道的法律管制》与中国海洋大学郭培清和管清蕾的《探析俄罗斯对北方海航道的控制问题》。第三，权益维护方面的文章有5篇，分别是，上海对外贸易学院周洪钧和钱月娇的《俄罗斯对“东北航道”水域和海峡的权利主张及争议》，大连海事大学李振福、李亚军和孙建平的《北极航道海运网络的国家权益格局复杂特征研究》，大连海事大学白春江、李志华和杨佐昌的《北极航线探讨》，北京第二外国语学院肖洋的《北冰洋航运权益博弈：中国的定位与应对》与大连海事大学李振福的《北极争端的历史、现状及前景》。第四，经济分析的文章有5篇，分别是，上海海事大学任重和陈金海的《上海出口集装箱运输北极“东北航道”的经济效益分析》，青岛远洋船员学院方瑞祥的《气候变暖下的“西北航道”航线选择》，大连海事大学王杰和范文博的《基于中欧航线的北极航道经济性分析》，中国极地研究中心张侠、屠景芳、凌晓良与中国海洋大学郭培清、孙凯合著的《北极航线的海运经济潜力评估及其对我国经济发展的战略意义》与大连海事大学史春林的《北冰洋航线开通对中国经济发展的作用及中国利用对策》。第五，技术分析的文章有3篇，分别是，大连海事大学李振福的《中国北极航线战略的SWOT动态分析》《北极航线问题的鱼骨图分析及应对策略研究》，以及与田严宇合著的《基于KJ法的北极航线问题研究》。第六，事件分析的文章有1篇，是中国海洋大学郭培清与刘江萍合著的《曼哈顿号事件与加拿大西北航道主权权利的扩张》。第七，机遇挑战的文章有3篇，分别是，中国海洋大学刘江萍的《探索“西北航道”》、大连海事大学李振福的《中国面对开辟北极航线的机遇与挑战》与北京第二外国语学院肖洋的《北冰洋航线开发：中国的机遇与挑战》。

国内论文关注的另一低政治问题领域是国际法。国际法研究侧重于两极法律对比、海洋法制度、原则与应用等视角。在两极法律对比研究上，中国海洋大学高威的《南北极法律状况研究》、上海外国语大学张磊的《国际法视野中的南北极主权争端》。在海洋法制度、原则与应用上，有国际关系学院吴慧的《“北极争夺战”的国际法分析》、中国海洋大学董跃和宋欣的《有关北极科学考察的国际海洋法制度研究》、中国海洋大学刘惠荣与韩洋的《北极法律问题：适用海洋法基本原则的基础性思考》、中国海洋大学刘惠荣与陈奕彤的《北极法律问题的气候变化视野》、武汉大学匡增军的《2010年俄挪北极海洋划界条约评析》、武汉大学黄志雄的《北极问题的国际法分析和思考》、大连海事大学李响的《极地法律问题》、大连海事大学阎铁毅的《〈鹿特丹规则〉在北极航道的适用》。

国内论文唯一关注的高政治问题领域是北极战略。此类研究既针对北极国家的北极战略，也针对中国自己。其中，对俄罗斯的战略研究占了较大的比重，有5篇：中南财经政法大学刘新华的《试析俄罗斯的北极战略》、吉林省社会科学院俄罗斯研究所余鑫的《俄罗斯的北极战略及其影响分析》、华东理工大学程群的《浅议俄罗斯的北极战略及其影响》、复旦大学万楚蛟《北极冰盖融化对俄罗斯的战略影响》、解放军外国语学院李绍哲的《北极争端与俄罗斯的北极战略》。对中国北极战略研究也有5篇：江南社会学院陆俊元的《中国在北极地区的战略利益分析——非传统安全视角》与《“北极航线”预期及其战略思考》、中国科学技术大学潘正祥与郑路的《我国北极战略浅见》、北京师范大学张胜军与李形的《中国能源安全与中国北极战略定位》、中国海洋大学郭培清的《大国战略指北极》。其他有2篇研究加拿大和欧盟北极战略：中国海洋大学田延华与郭培清的《加拿大北极战略》与上海政法学院何奇松的《气候变化与欧盟北极战略》。

国内论文在“中度关注”领域涉及高政治问题（地缘政治）和低政治问题（北极政策和国际治理），并以低政治问题研究居多。

在高政治领域，地缘政治研究触及领土争端、解决方式、气候变化、国民待遇、演变趋势、动力机制和安全指数等不同纬度。分别是武汉大学胡德坤与邓肖亭的《20世纪初期北极地区领土争端及其解决》、上海政法学院何奇松的《气候变化与北极地缘政治博弈》、大连海事大学王淑敏的《地缘政治视域下的中国海外投资准入国民待遇保护》、大连海事大学李振福的《北极航线地缘政治格局演变趋势分析》《北极航线地缘政治格局演变的动力机制研究》《北极航线地缘政治安全指数研究》与大连海事大学李振福、闵德权和马玄慧的《北极航线地缘政治格局演变的能量地形仿真》。

在低政治领域，北极政策研究主要关注北极大国——美国、俄罗斯、加拿大。研究美国政策的是中国海洋大学白佳玉与李静的《美国北极政策研究》；研究俄罗斯政策的是武汉大学匡增军的《俄罗斯的外大陆架政策评析》和上海国际问题研究院钱宗旗的《俄罗斯北极开发国家政策剖析》；研究加拿大政策的是同济大学潘敏和夏文佳的《近年来的加拿大北极政策》、上海政法学院赵雅丹的《加拿大北极政策剖析》和复旦大学陶平国与林松的《加拿大海洋安全政策探析》。此外，国际治理是另一关注领域，触及公共物品、北极理事会、法律与政策、国际合作等不同侧面。关注公共物品研究的是武汉大学严双伍的《北极争端的症结及其解决路径——公共物品的视角》；关注北极理事会的是同济大学王传兴的《论北极地区区域性国际制度的非传统安全特性——以北极理事会为例》；关注法律与政策是上海国际问题研究院全球治理研究所程保志的《北极治理机制的构建与完善：法律与政策层面的思考》与《刍议北极治理机制的构建与中国权益》；关注国际合作的是复旦大学秦倩的《后冷战时期北极国际合作》与陈玉刚、陶平国和秦倩的《北极理事会与北极国际合作研究》。

国内论文在“低度关注”领域触及高政治问题（主权安全）和低政治问题（区域经济）。其中，主权安全研究主要关注北极环境变化影响及北冰洋主权归属。环境变化影响方面有 2 篇，分别是同济大学夏立平的《北极环境变化对全球安全和中国国家安全的影响》和同济大学潘敏与周燚栋的《论北极环境变化对中国非传统安全的影响》；主权归属方面有 1 篇，是中国现代国际关系研究院王郦久的《北冰洋主权之争的趋势》。区域经济研究主要对北极地区国家 2001～2005 年的经济状况、资源潜力和发展趋势进行统计和分析。

（二）国外研究现状

出于对时效性和重要性的考量，本书对国外研究成果出版的时间段也定于 1991～2012 年，语言为英文。依据该条件，利用科学网（Web of Science）的 SSCI、CPCI－SSH、BKCI－SSH 等子数据库，Google、Amazon 和 WroldCat 等网络图书检索，Springer 和 Willey 数据库，Google 和 Aol 等网络引擎，与北极研究相关的 38 个国际组织网站的公开出版物和报告，以及号称全球最大的免费全文学术文献库网站（http：//highwire. stanford. edu）对与北极“低政治”和“高政治”问题相关的专著、论文、报告、官方文件进行搜索。结果显示，重要专著 49 部，重要论文、报告和其他官方文件近 280 多篇。诚然，这不是北极问题全部研究成果，但是其代表性毋庸置疑，基本涵盖近 20 年尤其是最近 10 年国外主要成果，可以满足本书研究需要。鉴于国外论文、报告和其他文件的数量庞大，不适合统计方法研究。为了不影响研究结果，本书变通采用“专著统计分类为主，其他重点抽样为补”的方法。

通过上述方法的分析比较发现，由于在地理、气候、经济、战略上受北极影响突出，国外研究政府和非政府投入相对积极而充足，吸引了众多专业研究人员。“北冰洋沿海国家”都出台各自北极战略，为北极研究进一步追加动能；北极理事会通过自己的工作组和专门会议，发布北极研究报告；欧盟、英国、法国、德国、日本、韩国、印度等非北极国家（或国家联合体）都在加大力度开展北极研究。

1. 专著研究状况

出于对研究成果的时效性和重要性的考量，论文将国外专著出版的时间段定于冷战后至今20多年，语言为英文。根据该条件，通过亚马逊（Amazon. com）和谷歌（Google. com）图书网络搜集到相关研究专著共计49部。国外研究北极问题主要关注13个方面。与国内研究成果类似，每个方面的著作分布也不均匀（如下表）。同国内研究分析类似，论文根据著作分布数量将13个方面人为分为3个级别：高度关注（5部以上）、中度关注（3～4部）、低度关注（1～2部）。下文将分类具体说明。

表2　关于北极问题的国外研究专著数量分布与关注级别划分（1991～2012年）

<table>
<tr><th>编号</th><th>北极问题</th><th>数量（部）</th><th>分布比例（%）</th><th>关注级别</th><th>数量（部）</th><th>分布比例（%）</th></tr>
<tr><td>1</td><td>主权安全</td><td>8</td><td>16. 4</td><td rowspan="4">高度</td><td rowspan="4">27</td><td rowspan="4">55. 29</td></tr>
<tr><td>2</td><td>原住民</td><td>7</td><td>14. 3</td></tr>
<tr><td>3</td><td>地缘政治</td><td>7</td><td>14. 3</td></tr>
<tr><td>4</td><td>北极政策</td><td>5</td><td>10. 2</td></tr>
<tr><td>5</td><td>国际治理</td><td>4</td><td>8. 2</td><td rowspan="5">中度</td><td rowspan="5">17</td><td rowspan="5">34. 7</td></tr>
<tr><td>6</td><td>北极航道</td><td>4</td><td>8. 2</td></tr>
<tr><td>7</td><td>国际法</td><td>3</td><td>6. 1</td></tr>
<tr><td>8</td><td>气候变化</td><td>3</td><td>6. 1</td></tr>
<tr><td>9</td><td>能源资源</td><td>3</td><td>6. 1</td></tr>
</table>

续表

编号	北极问题	数量（部）	分布比例（%）	关注级别	数量（部）	分布比例（%）
10	北极战略	2	4.1	低度	5	10.19
11	北极渔业	1	2			
12	国际合作	1	2			
13	环境保护	1	2			
合计		49	100		49	100

国外专著在“高度级别”关注领域以高政治问题为主并兼顾低政治问题，前者涉及主权安全、地缘政治，后者涉及北极政策和原住民。其中：

主权安全研究侧重以下四方面。第一，侧重于军事、外交、安全等综合性研究，涉及不同区域、气候变化、制度体系、外交安全政策等具体内容，强调北极地区成为国际政治关注的重心并引起复杂的主权与安全问题。代表性著作是：Barry Scott Zellen 的《快速变化的北冰洋：暖化世界中的防卫与安全挑战》（The Fast – Changing Maritime Arctic：Defence and Security Challenges in a Warmer World）、Edgar J. Dosman 的《北极主权和安全》（Sovereignty and Security in the Arctic）和 Scott Romaniuk 的《全球的北极：主权和北极未来》（Global Arctic：Sovereignty and the Future of the North）。第二，侧重于北极国家的国别研究。James Kraska 的《在气候变化时代的北极安全》（Arctic Security in an Age of Climate Change）从北极国家的视角来研究北极防务政策和军事安全，着重分析了北极国家如何调整其安全政策以适用于北极地区增长的航运，扩大的海军行动和能源矿产开发；还分析了俄罗斯上升为第一个“北极超级大国”，北极安全对北约和北欧国家的重要性日益增长，加拿大和美国在本地区的作用上升。第三，侧重于合作与冲突的关系研究。在这方面，国外研究一方面探讨北极的诸多争议，如谁控制西北航道、谁拥有上万亿美元的北冰洋底油气资源、谁主张的边界可以被接受、如何把握北极商业利益而又能保护北极环境等，另方面尤其强调北极所应呈现的前景是合作而不是冲突，国家行使主权应该为了全人类的利益。代表性的著作有，Michael Byers 的《谁拥有北极？：理解北极主权争议》(Who Owns the Arctic?：Understanding Sovereignty Disputes in the North)、Paul Arthur Berkman 的《北冰洋环境安全：推动合作防止冲突》(Environmental Security in the Arctic Ocean：Promoting Co – Operation and Preventing Conflict)、Scott Nicholas Romaniuk 的《新北极地平线：北极的冲突与安全》(New Polar Horizons：Conflict and Security in the Arctic) 等。第四，侧重历史研究。如 Shelagh D. Grant 的《极地规则：北美之北极主权历史》(Polar Imperative：A History of Arctic Sovereignty in North America) 回顾了北美极地地区主权诉求的历史，研究了气候变化、资源开发对原住民的影响，以及为了控制阿拉斯加、加拿大北极地区和格陵兰岛而进行的高风险博弈，重新定义了北美对北极主权和责任的认知。

地缘政治研究关注：控制与竞争、观念与认知、冲突与合作。在控制与竞争方面，Alun Anderson 的《冰之后：新北极的生、死和地缘政治》(After the Ice：Life, Death, and Geopolitics in the New Arctic) 认为，北冰洋沿海国共同控制了北冰洋周边，北极将迎来一个充斥着油井钻机、钻油船、远洋船和为财富而战的新时代。Charles Emmerson 的《未来北极历史》(The Future History of the Arctic) 认为，能源安全、争夺资源、不确定的气候变化、大国竞争的回归、全球贸易模式再造等问题突出了北极地区充满机会和竞争。在观念与认知方面，Barry Scott Zellen 的《北极厄运与繁荣：北极气候变化的地缘政治》(Arctic Doom, Arctic Boom：The Geopolitics of Climate Change in the Arctic) 指出全球暖化正在改变人们对北极的认知。Richard Sale 和 Eugene Potapov 的《争夺北极：远北地区的所有权、开采和冲突》(The Scramble for the Arctic：Ownership, Exploitation and Conflict in the Far North) 认为随着全球暖化，对北极所有权的认知将重新界定。Sanjay Chaturvedi 的《极地地区：政治地理学》(Polar Regions：A Political Geography) 认为极地地区在 21 世纪的价值将自然上升，在很大程度上是出于对全球性问题的重新理解。在冲突与合作方面，Gail Osherenko 和 Oran R. Young 的《北极时代：热冲突与冷现实》(The Age Of The Arctic：Hot Conflicts and Cold Realities) 描述了北极地区出现的军事、政治和社会经济冲突，探讨了解决之法、美国的应对之策、非政府组织的作用和国际合作的可能性。Oran R. Young 的《北极政治：北极地区的冲突与合作》（Arctic Politics：Conflict and Cooperation in the Circumpolar North）从北极社团关系和国际关系的不同角度来探讨北极的国际政治、经济和环境中的冲突与合作。

北极政策研究主要关注俄、美、加三国。对于俄罗斯，Elana Wilson Rowe 的《俄罗斯和北极》（Russia and the North）探讨了俄罗斯北极政策的影响因素及其面临的机会与挑战，强调了俄罗斯将在北极国际政治中继续充当地区和全球关键角色。Stephen J. Blank 的《处于北极的俄罗斯》（Russia in the Arctic）全面分析了北极的风险和俄罗斯的作为，认为北极是能源与安全国际竞争的新地区。促使俄罗斯与其他北极国家展开竞争以增加在北极地区的能力和影响力。对于加拿大和美国，Elizabeth B. Elliot - Meisel 的《北极外交：西北航道之美加关系》（Arctic diplomacy：Canada and the United States in the Northwest Passage）强调西北航道既是加拿大国家认同不可分割的一部分，也是美国和加拿大争论的原因。作为伙伴和联盟，双边西北航道的争议解决取决于双边合作的历史和精神。Kenneth Coates 的《北极前沿：在远北保卫加拿大》（Arctic front：Defending Canada in the Far North）认为，加拿大在过去几个世纪忽视了其北极地区，应积极面对 21 世纪北极地区在政治、环境和经济等方面的紧迫现实。此外，北极政策研究还关注其他国家，如欧盟。Ida Holdhus 的《发展一项欧盟北极政策：走向关联性的路径?：北极外交政策关联性研究》（Developing an EU Arctic Policy：Towards a Coherent Approach?：A Study of Coherence in European Foreign Policy）认为，北极的发展不仅牵动着北极国家的神经，也牵动着其他利益相关者的注意力，比如中、韩、北约和欧盟等——可能试图影响北极走向，因此有必要了解其意图。欧盟应该拥有单独而连贯的北极政策，制定北极政策是欧盟的挑战与机会，应将北极政策纳入欧盟政策过程内，并建立一项外交政策分析、多层治理和外交政策相联系的选择性分析框架。

对北极原住民的研究主要侧重其生存、文化、权利和国际地位四个层次。在生存层次，Grete K. Hovelsrud 的《北极社区的适应性与脆弱性》（Community Adaptation and Vulnerability in Arctic Regions）分析了北极原住民社区在应对环境变化过程中表现出的脆弱性以及由此导致的适应性。在文化层次，Heather E. McGregor 的《东北极地区因纽特人教育与学校》(Inuit Education and Schools in the Eastern Arctic) 阐述了20世纪中叶以来，因纽特人与外来者的持续联系已经导致北极教育发生深刻变化。Mark Nuttall 的《保护北极：原住民和文化生存》(Protecting the Arctic：Indigenous Peoples and Cultural Survival) 关注北极原住民在北极环境和可持续发展问题上的政治行动方式，以及在国际环境政策制定中的相关性。在权利层次，Kathrin Wessendorf 的《一个原住民议会?：俄罗斯和北极地区的现实与前景》(An Indigenous Parliament?：Realities and Perspectives in Russia and the Circumpolar North) 研究了俄罗斯和环北极其他地区——阿拉斯加、北加拿大和格陵兰岛等地原住民之间的状况，并指出在原住民政治制度、土地诉求、自治协议有许多积极之处，可以相互借鉴。Natalia Loukacheva 的《北极诺言：格陵兰岛和努纳武特的法律与政治自治》(The Arctic Promise：Legal and Political Autonomy of Greenland and Nunavut) 关注因纽特人自治前景与格陵兰岛和努纳武特之间现存的公共管理制度的关联性，以及对于属于更大国家的地区单位能有多少自治；分析了北极自治权的形式、演化和范围，认为自治权应该包括并保护因纽特人在法律制度和司法行政方面的管辖，应该允许因纽特人参加与他们的生存之地有问题关联的国际事务。Barry Scott Zellen 的《破冰：从北极土地诉求到部落主权》(Breaking the ice：from land claims to tribal sovereignty in the Arctic) 用比较研究方法对阿拉斯加和北极西北地区存在的“土地主张”和“原住民权利”等运动进行研究，从而证明阿拉斯加原住民通过和平谈判实现了诉求，并进一步提出，土地主张的时代已将北极相同的部落力量变形为聚合的东西：通过和平方式实现原住民自治新架构。在国际地位层次，Barry Scott Zellen 的《如履薄冰：因纽特人、国家和北极主权挑战》(On Thin Ice：The Inuit，the State，and the Challenge of Arctic Sovereignty) 探讨了在地域广大、人口稀少的北美北极地区因纽特人与现代国家之间的关系，尤其是因纽特人参与建构和执行北极地区外交与国家安全政策，促进北极安全的概念重建。

国外专著研究在“中度级别”关注领域都是低政治问题，包括北极国际治理、北冰洋航道、国际法、气候变化和能源资源五大领域。其中，北极国际治理研究关注机制构建、话语分析、综合系统与国际合作，并被视为一种将可持续性秩序付诸实践的地区性努力。比如，

Geir Hønneland 和 Olav Schram Stokke 的《国际合作与北极治理：机制效力与北方地区构建》（International Cooperation And Arctic Governance：Regime Effectiveness And Northern Region Building）区分了三类影响因素，分别是效力、政治动员和区域构建，重心落在三个组织上，分别是北极理事会、巴伦支欧洲—北极委员会和波罗的海国家委员会。Monica Tennberg 的《北极环境合作：治理研究》（Arctic Environmental Cooperation：A Study in Governmentality）则基于三个话语分析，分别是主权、知识和发展。在主权话语中，国家和原住民在环境国际合作方面的发展关系是中心；在知识话语中，不同形式的知识和不同知识生产者在合作中的作用被讨论；在发展话语中，关注可持续发展及其在界定环北极和北极理事会行动的未来应用。Oran R. Young 的《创造机制：北极共识与国际治理》（Creating Regimes：Arctic Accords and International Governance）则揉合了许多与国际机制构建的理论问题和与北极作为国际事务中特殊地区的北极身份相关的实际问题，将机制构建过程总体分为三阶段：议程构建过程、谈判过程和操作化过程，并主张每个过程都有自己的政治动力，还试图解释或预测在具体地区的发展问题。Timo Koivurova、E. Carina H. Keskitalo、Nigel Bankes 的《北极气候治理》（Climate Governance in the Arctic）则重视机制、组织和治理系统如何支持缓解气候变化，北极地区不同的治理安排在何种程度上支持本地区的适应和发展过程。

北极航道研究重视航道的技术性、商业性、政治性与社会性意义。在东北航道研究上，Claes Lykke Ragner 的《21 世纪——东北航道的转折点？》（The 21st Century – turning Point for the Northern Sea Route?）广泛讨论了东北航道的国际航运问题，从商业、政治和海事等方面进行了评估。Willy Østreng 的《东北航道的自然与社会挑战：一项考证》（The natural and societal challenges of the Northern Sea route：a reference work）运用综合方法对航道问题的复杂性、航运技术、成本收益比较、政治与管理障碍、保险状况、安全问题、监管与环境法等诸多领域进行研究。在西北航道研究上，Cynthia Lamson 和 David L. Van Der Zwaag 的《西北航道运输管理：问题和前景》（Transit Management in the Northwest Passage：Problems and Prospects）深度分析了北极资源使用、开发和管理的环境、技术、政治、经济、社会和法律问题。Franklyn Griffiths 的《西北航道政治》（Politics of the Northwest Passage）将西北航道问题作为加拿大北极水政策问题予以讨论，建议加拿大更好理解其北极海洋空间和作为北方民族的自我升值。

国际法研究共同强调 1982 年《公约》在应对北极问题时应继续扮演基础法律框架（legal framework）的角色。在这方面具有代表性的成果是：Alex G. Oude Elferink 和 Donald Rothwell 的《海洋法与极地海洋划界和管辖》（The Law of the Sea and Polar Maritime Delimitation and Jurisdiction）、Donald Rothwell 的《极地地区和国际法发展》（The Polar Regions and the Development of International Law）和 Linda Nowlan 的《北极环境保护的法律机制》（Arctic Legal Regime for Environmental Protection）。

北极气候变化研究多以专家合作为主要特征，通过建立分析框架、互动机制和案例应用等具体形式来实现对气候变化的评估。由 Carolyn Symon、Lelani Arris 等 300 多位科学家、专家共同完成的《北极气候影响评估》（Arctic Climate Impact Assessment）是第一个对北极气候变化、紫外线辐射变化及其对地区和全球影响进行全面评估的报告。Eva Carina Helena Keskitalo 的《北极的气候变化与全球化：对脆弱性的整合方法评估》（Climate Change and Globalization in the Arctic：An Integrated Approach to Vulnerability Assessment）通过建立评估数量框架来分析气候变化和全球化多重影响，并运用这一框架来研究北极地区几个可再生自然资源利用的案例。Hans Meltofte、Torben R. Christensen 和 Bo Elberling 的《气候变化中的高北极生态动力》（High – Arctic Ecosystem Dynamics in a Changing Climate）对气候变动如何影响北极生态系统与北极生态系统如何有内在反馈机制与气候变动形成互动等关系提供了一个全面而权威性的分析。

北极能源资源研究承认北极能源资源开发利用的必要性和重要性，既预见到其诱发资源战争的潜在危险，也看到构建可持续发展框架的必要性与可能性。Aslaug Mikkelsen 的《北极油气：风险中可否持续？》（Arctic Oil and Gas：Sustainability at Risk？）以“规则和话语”作为方法，通过对五个案例研究，探讨了北极油气资源的可持续发展框架的建构，分析了这种架构在人权、原住民、国家认知和管理方面所面临的挑战。David M. Standlea 的《石油、全球化和北极保护区之战》

（Oil，Globalization，and the War for the Arctic Refuge）提出了未来可能出现伴随价值观冲突的“资源战争”，认为地区性的冲突是美国文化间更大冲突的一部分。Roger Howard 的《北极淘金热：为来日自然资源的新竞赛》（The Arctic Gold Rush：The New Race for Tomorrow's Natural Resources）探讨了北极开发自然资源的重要性，以及为开发利用这些资源所展开的激烈竞争。

国外专著研究在“低度级别”关注领域以低政治问题为主并兼顾高政治问题，前者包括北极渔业、国际合作和环境保护，后者包括北极战略。其中，北极渔业研究主要侧重于渔业国际合作。Geir Honneland 的《发展渔业协议：巴伦支海后协议交易》（Making Fishery Agreements Work：Post - Agreement Bargaining in the Barents Sea）调查了挪威与俄罗斯伙伴关系的经验教训，认为巴伦支海渔业是世界上管理最好的渔业之一。国际合作研究主要探讨俄罗斯和欧洲之间的合作可能。Olav Schram Stokke、Ola Tunander、Fridtjof Nansen - stiftelsen på Polhøgda 的《巴伦支海地区：北极欧洲部分的合作》（The Barents region：cooperation in Arctic Europe）分析了欧洲北极地区合作，认为欧洲与俄罗斯可以在该地区进行共同政治行动，尤其是双方基于彼此的历史和制度架构以及对北极地区经济环境管理的奉献。北极环境保护研究侧重于生态物种保护。David M. Haugen 的《北极国际野生动植物保护区的钻探应该被限制?》（Should Drilling Be Permitted in the Arctic National Wildlife Refuge?）对在美国“北极国家野生动植物保护区”进行石油钻探的背景和问题进行分析说明，并给出了不同的观点。北极战略研究突出了北极大国（美、俄）在北极政治中的重要性。Alan L. Kollien 的《趋向北极战略》（Toward an Arctic Strategy），力荐美国应该发挥全球领导力，通过设计综合战略来实现美国的北极目标。Alexey Piskarev 和 Mikhail Shkatov 的《俄罗斯北极海域的能源潜力：发展战略的选择》（Energy Potential of the Russian Arctic Seas：Choice of Development Strategy）全面评估了俄属北冰洋内沉积盆地里潜在的油气资源，描述了在俄发展离岸油田的经济和法律挑战，探索了将这些油气资源输往国际市场可能的方式和时间。

2. 论文研究状况

经过分析、比较和筛选，除专著涉及的 13 个问题领域外，论文研究部分又增加了6个，包括核问题、风险管理、军事行动、旅游、综合研究和中国参与。显然，增加的问题既有“高政治”问题（核问题和军事行动），也有“低政治”问题（风险管理、旅游、综合研究和中国参与），并以后者居多。

在高政治问题领域，北极核问题主要关注俄罗斯北极核废料的安全性。Steven G. Sawhill 的《清除北极冷战遗产核废料与北极军事环境合作》（Cleaning - up the Arctic's Cold War Legacy Nuclear Waste and Arctic Military Environmental Cooperation①）研究了1996年由美国、俄罗斯与挪威三国签署，目的是管理俄罗斯北方舰队的核废料和放射性废料的《北极军事环境合作宣言》的成功与风险之处，以及与美国战略武器削减和不扩散目标的关系。军事行动研究主要关注北冰洋沿海国家在北极问题上的防务政策和军事行动。斯德哥尔摩国际和平研究所 Siemon T. Wezeman 的《Military Capabilities in the Arctic》对“北极五国”目前和将来的军事能力和行动进行了概述和展望，认为各国北极军力增长是地区现代化和应对地区新挑战的结果，而不是为了应对彼此对威胁的认知。

在低政治领域，风险管理研究主要关注如何应对北极漏油问题。比如，Maria Ivanova 的《Oil spill emergency preparedness in the Russian Arctic：a study of the Murmansk region》②。该论文对摩尔曼斯克地区漏油紧急应对的机制进行了调查研究，得出了制度不完善和资金缺乏是降低紧急应对机制成效重要原因的结论。北极旅游研究主要关注对北极地区环境、经济、社会和文化的影响以及可持续性问题。比如，联合国环境计划署发表的报告《Tourism in the Polar Regions：the Sustainability Challenge》③ 全面介绍了极地旅游的历史背景、现状和发展趋

---

① Steven G. Sawhill：Cleaning - up the Arctic's Cold War Legacy Nuclear Waste and Arctic Military Environmental Cooperation ［EB/OL］. Cooperation and Conflict September 1，2004，39：255 - 281，http：//cac. sagepub. com/content/39/3/255. full. pdf + html.

② Maria Ivanova：Oil spill emergency preparedness in the Russian Arctic：a study of the Murmansk region ［EB/OL］. Polar Research 2011，http：//www. polarresearch. net/index. php/polar/article/view/7285/pdf_ 135.

③ John Snyder：Tourism in the Polar Regions：the Sustainability Challenge ［EB/OL］. United Nations Environment Programme，2007，http：//www. unep. fr/shared/publications/pdf/DTIx0938xPA - PolarTourismEN. pdf.

势，并就如何建立可持续性从问题管理、技术管理、特殊案例、文化资源管理和大众市场管理等五个层次提出了建议。在北极综合研究方面，Klaus Dodds 的《A Polar Mediterranean? Accessibility，Resources and Sovereignty in the Arctic Ocean》① 认为，北极地区的国际地位是有竞争性的，它源于三个增长关系：现代科技水平导致了北冰洋的可进入性增加；国际法和沿岸国的权利导致了对北冰洋资源的诉求增加；域内和域外国家的角色差异导致北冰洋主权争议增加。北极合作因为相关国家地位的不同（北极五国、其他北极三国、北极理事会永久观察员和临时观察员）与利益诉求差异而存在潜在的危险。对于中国参与北极事务，国外论文认为，中国不是北极国家，因而应被排除在北极政治与制度管理之外，但是北极潜在的环境改变必将影响中国的自然、能源和贸易环境。鉴于此，尽管中国尚未发表任何与北极有关的官方声明，但是中国部分官方与非官方人士对即将开放的北极都表现出极大的兴趣。在战略上，中国在北极问题上采取了一种低姿态，希望依靠北极国家的邀请与合作的方式参与北极事务。此类文章主要包括，瑞典斯德哥尔摩国际和平研究所 Linda Jakobson 于 2010 年 3 月提交的研究报告《中国正为无冰北极做准备》（China Prepares for an Ice - free Arctic）② 和美中经济安全审议委员会（USCC）Caitlin Campbell 于 2012 年 4 月提交的研究报告《中国与北极：目标与障碍》(China and the Arctic：Objectives and Obstacles)。

（三）国内外研究差异

对比中外北极研究，主要在研究的领域、重点和层次方面存在差异。

1. 研究领域差异

中国研究主要涵盖 10 个领域，而国外至少涉及 19 个，并且中外

① Klaus Dodds：A Polar Mediterranean? Accessibility，Resources and Sovereignty in the Arctic Ocean [EB/OL]. Global Policy Volume 1，Issue 3，October 2010，http://onlinelibrary.wiley.com/doi/10.1111/j.1758 - 5899.2010.00038.x/pdf.

② Linda Jakobson：China Prepares for an Ice - free Arctic [EB/OL]. SIPRI Insights on Peace and Security，No. 2010/2，March 2010，http://books.sipri.org/files/insight/SIPRIInsight1002.pdf.

呈现“被包含与包含”的关系，即中国研究领域基本没有超出国外现有研究的范围；仅就本书所获资料显示，中国尚未深入研究而国外已涉猎的领域几乎是目前中国研究领域的一倍。在现有研究领域中，中国研究几乎没有涉及的领域涉及“低政治”和“高政治”，前者如原住民、渔业、应急管理和旅游，后者如核问题——低政治领域明显多于高政治；此外，还有部分领域虽有所研究，但触及不深，这些领域基本属于低政治，如气候变化、国际合作和能源资源等。这种差距的存在，既不利于全面了解北极，不利于北极研究系统建设，不利于国家间横向交流，更不利于国家综合有效的政策设计和积极参与北极事务。

2. 研究重点差异

中国研究排在前五位的是北冰洋航道、国际治理、北极战略和地缘政治；而国外研究排在前五位的是主权安全、原住民、国家战略、地缘政治和国际治理，海洋航道与资源利用则排在前五位之外。相比之下，中国研究更关注有形利益、政策制定和国际法应用，而国外更突出国家安全、原住民权益、政策制定和国际治理。虽然中外双方研究重点有所交叉，但是中国明显关注低政治问题，而外国更关注高政治问题，这是双方研究重点最明显的差异。这种差异必将反映在彼此对外政策上，即中国在北极事务上比较不受领土（海）主权和主权权利的困扰，而具有较低的楔入点和较大回旋余地。

3. 研究维次差异

中国研究基本上沿袭“北极国家”与“非北极国家”（或“近北极国家”）的二元维次；与之相应的身份是“北极理事会成员”和“北极理事会永久观察员”，前者是北极国家的现实身份，后者是中国经过多年努力后于2013年5月取得的新身份。这种二元层次在一定程度上限制了中国的研究取向，它传递的信息似乎是，应该更多围绕着如何成为“北极理事会永久观察员”而进行。国外研究并不仅限于上述二元维次，比如，国外研究将“北极国家”进一步分为“北冰洋沿岸国家”和其他北极国家，前者是俄罗斯、美国、加拿大、挪威和丹麦，即后文所谓“北极五国”，后者是冰岛、瑞典和芬兰。这个层次的突出事件发生在2008年，“北极五国”撇开其他北极三国不顾，共同发表了《伊卢利萨特宣言》（the Ilulissat Declaration）——似乎是预示

“北极五国”主导北极事务的开端。另外，研究者还关注北极的权力层次——核心层与非核心层，核心层次包括美国与俄罗斯，非核心层次包括其他北极国家、非北极国家、国际组织和非政府组织等等。按照这一逻辑，核心层次将在很大程度上决定北极问题国际治理的成效。

四、思想运用

根据《现代汉语词典》解释，所谓理论是人们由实践概括出来的关于自然界和人类社会知识的有系统的结论。根据马克思主义的观点，理论是认识的高级形式，是人们把实践中获得的认识和经验加以概括和总结所形成的某一领域的知识体系。所谓科学理论是对某种经验现象或事实的科学解说和系统解释。由此可知，科学理论是从实践中抽象出来，又在实践中得到证明的，并正确反映了客观事物本质及其规律的知识体系。但与自然科学理论相比，社会科学理论（如国际关系理论）在解释和预测功能上往往具有局限性。如果将多源于西方社会特定时空背景所谓社会科学理论直接拿来解释中国的行为往往出现“水土不服”现象。为慎重起见，本书特将中国“和”（主要源自和平崛起与和谐世界）与国际“治”（主要源自国际治理）等未被实践充分证明的“理论”统称为“思想”。

（一）中国之和

1. 和平崛起

“和平崛起”思想是前中共中央党校常务副校长、中国改革开放论坛理事长郑必坚在2003年11月3日博鳌亚洲论坛第二届年会上发表《中国和平崛起新道路和亚洲的未来》主题演讲时首次使用，阐述了中国在由落后大国走向世界大国的过程中以和平发展方式处理对外关系的基本战略思想。此后，和平崛起思想不仅引起国内外关注，尤其得到中共党政高层领导人的重视与回应，从而极大推进了中国和平外交理论的发展。随后，时任中国总理温家宝在哈佛大学演讲时首次使用“和平崛起”一语。同年底和次年初，时任中国共产党总书记胡锦涛分别在纪念毛泽东诞辰110周年座谈会和中共中央第10次集体学习会上连续强调中国要走和平崛起的发展道路。

2004年3月，温家宝在“两会”后的中外记者会上明确阐述了和平崛起五要义：第一，充分利用世界和平的大好时机，努力发展和壮大自己，同时又用自己的发展维护世界和平；第二，中国的崛起，基点主要放在自己力量上，独立自主、自力更生、艰苦奋斗，依靠广阔的国内市场、充足的劳动力资源和雄厚的资金储备，以及改革带来的机制创新；第三，中国的崛起离不开世界，中国必须坚持改革开放的政策，在平等互利的原则下，同世界一切友好国家发展经贸往来；第四，中国崛起需要很长时间，恐怕要多少代人的努力奋斗；第五，中国的崛起不会妨碍任何人，也不会威胁任何人，更不会牺牲任何人。

和平崛起与和平发展的中文涵义没有根本不同，和平崛起强调的是发展目的，和平发展强调的是发展过程，中国的和平崛起就是多个和平发展过程阶段的累积。但是崛起（rise）和发展（development）的英文意思却差异明显，rise有“挑战”的意味，而development则无此意。因此，为了明确区别于以往“大国崛起”的非和平方式，对外清楚表达中国崛起的和平内涵，2005年后，“和平发展”逐渐替代了和平崛起并成为一种正式表达形式。

2005年3月，温家宝在政府工作报告中强调，中国社会主义现代化建设道路是一条和平发展的道路。“就是利用世界和平的有利时机实现自身发展，又以自身的发展更好地维护和促进世界和平；就是在积极参与经济全球化和区域合作的同时，主要依靠自己的力量和改革创新来实现发展；就是坚持对外开放，在平等互利的基础上，积极发展同世界各国的合作；就是聚精会神搞建设，一心一意谋发展，长期维护和平的国际环境和良好的周边环境；就是永远不称霸，永远作维护世界和平和促进共同发展的坚定力量。”① 2005年4月，胡锦涛在亚非商业峰会晚宴上说，“中国的发展离不开世界，世界的繁荣也需要中国，一个坚持和平发展道路的中国，一个稳定、开放、繁荣的中国，

① 《2005年政府工作报告》，资料来源：网易，2010年2月11日，http://news.163.com/10/0211/00/5V6V2M55000145PP_5.html。

必将为维护世界和平、促进共同发展做出更大贡献。”[①] 2006年6月，温家宝在第六届亚欧财长会议开幕式上说，“中国已成为亚欧和世界经济发展中的积极力量，中国将坚持走和平发展的道路，致力于同亚欧各国发展富有活力和长期稳定的全面合作关系，与欧洲各国相互支持，携手前进。”

2013年3月，现任中国总理李克强在十二届全国人大二次会议上作政府工作报告中指出，中国将继续高举和平、发展、合作、共赢的旗帜，始终不渝走和平发展道路，始终不渝奉行互利共赢的开放战略。[②]

由上可知，所谓和平崛起，主要是指中国由发展中大国转变为世界大国，实现中国民族伟大复兴的“中国梦”过程中，始终坚持走和平发展道路。它包括两层涵义：在国内层面，坚持改革开放，但主要依靠自力更生实现既定目标；在国际层面，抛弃“崛起等于非和平加霸权”的窠臼，坚持“和平、发展、合作、共赢”的理念，坚持独立自主和平外交政策与和平共处五项原则，与国际社会友好往来。和平崛起是对霸权主义和强权政治的根本否定和彻底抛弃，是对“中国威胁论”的有利回击，是对世界持久和平、共同繁荣的不懈追求。

2. 和谐世界

和谐世界思想源于和谐社会思想，源于中国共产党人对“小康社会和中国特色社会主义事业”要促进人与自然相和谐的基本认知。和谐社会思想是和谐世界思想的重要组成部分，后者是前者的国际延伸和拓展。和谐社会的实践程度决定着和谐世界思想的国际接受程度。作为一种思想，和谐世界的目标是：持久和平、共同繁荣。宗旨是：和平发展、相互合作、彼此包容。实现方式是：政治上相互尊重、平等协商，共同推进国际关系民主化；经济上相互合作、优势互补，共同推动经济全球化朝着均衡、普惠、共赢的方向发展；文化上相互借鉴、求同存异，尊重世界多样性，共同促进人类文明繁荣进步；安全

---

① 《抓住机遇，全面合作，共同发展——胡锦涛在亚非商业峰会晚宴上的演讲》，资料来源：新华网，2005年4月22日，http：//news. xinhuanet. com/world/2005－04/22/content_2862064. htm。

② 《李克强：2014年政府工作报告》，资料来源：中国政府网，2013年3月17日，http：//www. gov. cn/zhuanti/2014gzbg_ yw. htm。

上相互信任、加强合作，坚持用和平方式而不是战争手段解决国际争端，共同维护世界和平稳定；环保上相互帮助、协力推进，共同呵护人类赖以生存的地球家园。

自 2005 年以来，中国领导人在不同场合系统阐述了追求和谐世界的立场。2005 年 2 月，中央党校省部级领导干部构建社会主义和谐社会能力专题研讨班上，首次讨论构建社会主义和谐社会的问题。其后，在“和平崛起”思想与和谐社会实践探索的基础上，中国提出了“和谐世界”构想。为此，中国领导人在不同的国际场合不断阐述、丰富和完善构想，从而形成和谐世界理论体系。4 月，时任中国国家主席胡锦涛在亚非峰会上首次提出和谐世界构想，呼吁亚非各国要发扬求同存异优良传统，倡导开放包容精神，尊重文明、宗教、价值观的多样性，尊重各国选择社会制度和发展模式的自主权，推动不同文明友好相处、平等对话、发展繁荣，共同构建一个和谐世界。[①] 9 月，中国在联合国成立 60 周年首脑会议上第一次向世界全面阐述了和谐世界思想。10 月，在二十国集团财长和央行行长会议开幕式上，胡锦涛说，中华民族历来重视亲仁善邻、讲信修睦，历来热爱和平；中国人深刻认识到，只有通过和平方式实现的发展才是持久的牢靠的发展，也才是既有利于中国人民也有利于世界人民的发展；中国将坚定不移地走和平发展的道路，努力实现和平的发展、开放的发展、合作的发展。和平的发展，就是通过争取和平的国际环境来发展自己，又通过自己的发展来促进世界和平；开放的发展，就是中国将主要依靠自身力量实现发展，同时坚持对外开放战略，积极参与国际经济技术合作和竞争，不断优化透支环境、开放市场，全面提高对外开放水平。合作的发展，就是中国将同世界各国广泛开展交流合作，积极参与制定和实施国际经贸规则，共同决绝合作中出现的分歧和问题，努力实现互利共赢。12 月 6 日，时任中国总理温家宝在巴黎综合理工大学强调，不同文明共存和发展归根到底在于“和”，这就是国与国之间的和平，人

① 《与时俱进，继往开来，构筑亚非新型战略伙伴关系——在亚非峰会上的讲话》，资料来源：新浪网，2005 年 4 月 23 日，http：//news. sina. com. cn/c/2005 - 04 - 23/14565730926s. shtml。

与人之间的和睦、人与自然之间的和谐。[①] 12 月 22 日，中国政府发布《中国的和平发展道路》白皮书，用民主、和睦、公正、包容四个词语概括了“和谐世界”的内涵。

2006 年 3 月，温家宝在政府工作报告中强调，中国将继续坚定不移地走和平发展道路，在国际事务中，坚持民主公正，推动协调合作，坚持和睦互信，维护共同安全，坚持平等互利，促进共同繁荣，坚持开放包容，推动文明对话，积极促进国际秩序向公正合理的方向发展，并表示中国政府和人民愿与世界各国人民一道，为建设和平、公正、和谐的新世界而不懈奋斗。8 月，中共中央外事会议强调，中国坚定不移地走和平发展道路，永远不称霸，既通过维护世界和平来发展自己，又通过自身的发展来促进世界和平，努力实现和平的发展、开放的发展、合作的发展、和谐的发展；推动建设和谐世界是中国坚持走和平发展道路的必然要求，是中国实现和平发展的重要条件；中国要与各国相互尊重、扩大共识、和谐相处，深化合作、共同发展、互利共赢，促进世界普遍繁荣，共同建立和谐世界。

2007 年 6 月，胡锦涛在八国集团同发展中国家领导人对话会议上发表讲话，呼吁世界各国加强协调与合作，共同建设一个持久和平、共同繁荣的和谐世界。10 月，胡锦涛在党的十七大报告中说：和平与发展仍然是时代主题，求和平、谋发展、促合作已经成为不可阻挡的时代潮流；同时，世界仍然很不安宁，世界和平与发展面临诸多难题和挑战；共同分享发展机遇，共同应对各种挑战，推进人类和平与发展的崇高事业，事关各国人民的根本利益，也是各国人民的共同心愿；各国人民要携手努力，推动建设持久和平、共同繁荣的和谐世界。

2009 年 9 月，胡锦涛在六十四届联大一般性辩论上说，面对金融危机带来前所未有的机遇与挑战，国际社会应该继续携手并进，秉持和平、发展、合作、共赢、包容的理念，推动建设持久和平、共同繁荣的和谐世界，为人类和平与发展的崇高事业不懈努力。2010 年 4 月，胡锦涛在“金砖四国”领导人会晤时说，中国的发展只能也必然

---

① 《尊重不同文明，共建和谐世界——温家宝总理在法国巴黎综合理工大学的演讲》，资料来源：中国政府网，2005 年 12 月 6 日，http：//www. gov. cn/gongbao/content/2006/content_ 161208. htm。

是和平发展。一个繁荣发展的中国，一个和平合作的中国，愿意也能够随着自身发展为人类和平与发展做出新的更大的贡献。

2013 年 3 月，现任中国共产党总书记习近平在接受金砖国家记者联合采访时说："随着国力不断增强，中国将在力所能及范围内承担更多国际责任和义务，为人类和平与发展作出更大贡献。中国将坚定不移走和平发展道路。我们也希望世界各国都走和平发展道路，国与国之间、不同文明之间平等交流、相互借鉴、共同进步，齐心协力推动建设持久和平、共同繁荣的和谐世界。"①

3. 内在关系

从和平崛起到和谐世界的思想拓展在理论与实践上是一种丰富与升华。和平崛起在很大程度上是一种国内发展指导思想，和谐世界则是与和平崛起一脉相承的国际战略和外交理念；和平崛起是中国对"实现中华民族伟大复兴的中国梦"战略目标所采取和平方式的政策宣示，和谐世界则是中国在实践自身国内战略目标过程中对与国际社会始终建立一种和谐关系的"世界梦"的政策宣示；和平崛起是和谐世界的前提和基础，和谐世界是和平崛起的延伸和保障；和平崛起秉持和平发展的道路，和谐世界强调与国际社会一起走持久和平、共同繁荣的道路。

从历史上大国兴衰发展规律判断，新兴大国与守成大国必然陷入"修昔底德陷阱"，即崛起新兴大国挑战守成大国与守成大国以对抗（战争）应对挑战的规律。为了证明这一西式历史认知的局限性并防止其有害性再次发生，中国主动提出和谐世界思想。该思想及时丰富和升华了和平崛起思想，进一步凸显了"和"思想追求内外价值均衡与共生的特征，不仅保证了国内目标实现的和平手段，还倾向于选择国际目标实现的和平手段，从而促使大国关系在战略层次有可能找到新相处之道——以"和"的方式达到"谐"的目的。

---

① 《习近平：坚定不移走和平发展道路 坚定不移促进世界和平与发展》，资料来源：新华网，2013 年 3 月 19 日，http：//news. xinhuanet. com/world/2013 －03/19/c_ 115083820_2. htm。

（二）国际之治

1. 关于治理

治理（Governance）一词在英文中可以追溯到古拉丁语和古希腊语，原意是指控制、指导或操纵，常与政府（Government）一词相互替代。到14世纪，西方第一次出现了“治理”一词，可解释为引导或领导。① 当民族国家产生之后，该词主要用于各种与公共、政治事务相关的活动之中。20世纪80年代以来，随着经济全球化趋势，治理概念开始在众多学科领域被广泛讨论和运用，其涵义也不断丰富，并突出了分权与授权、合作与协商、多元与互动、适应与回应等理念，并试图通过对以往范式整合来构建一个实用的动态框架。

根据詹姆斯·N. 罗西瑙（James N. Rosenau）、库伊曼（J. Kooiman）和范·弗丽埃特（M. Van Vliet）的定义，治理是比统治更宽泛的概念，是一系列活动领域里的管理机制，虽未获得正式授权，却能有效发挥作用；治理的主体不必是政府，亦无需强制力实现，但只有被多数人接受才能有效。治理的结构和秩序不由外部强加，并依靠相互影响的行为者的互动来发生作用。治理具有四个特征：是过程而不是一套规则或活动；其基础是协调而不是控制；是持续互动而不是正式制度安排；涉及公私部门。

2. 国际治理

国际治理思想兴起于20世纪90年代，是当今最流行的政治理论之一。国际治理思想产生的背景源于经济全球化，后者使政府的传统统治手段难以发挥其控制作用，政府不得不采用新经济政策与国际合作。于是，民族国家、国际组织、非政府组织和区域组织被纳入共同框架，从而促使新的治理形式出现——谈判、协商、协调等。随着全球化的深入，国际政治的标尺开始由政府权威的统治滑向没有政府权威的国际治理。出于应对全球性紧迫问题之目的，国际治理理念开始由思想变为现实。《1991年斯德哥尔摩倡议》（1991 Sockholm Initiative）的通过和1992年全球治理委员会（Commission on Global Govern-

① 邵鹏：《全球治理》，吉林出版集团有限责任公司，2010年，第39页。

ance）的成立是反映这一转变的两个标志性事件。前者标志着由通过国际合作向建立有效跨国机构来解决全球问题的基本转变，后者在1995年推出了一份报告——《我们的地球之家》（Our Global Neighborhood），提出了民族国家相互依赖的观点，并且呼吁加强联合国的力量。此外，美国前总统克林顿、英国前首相布莱尔、德国前总理施罗德、法国前总理若斯潘等人则提出了“第三条道路”，明确把“少一点统治、多一点治理”作为新的政治目标。

由于跟国家、主权、权威和公民社会等正在探讨与发展的概念密切相关，迄今为止，国际治理并没有形成确定的概念和涵义，比如它还被称为“全球治理”或“没有政府的治理”等。纵观国内外研究成果，本书只能尝试对其定义：

国际治理是指在国际社会不同层面，由公共或私人机构，甚至个人，以解决国际性事务为目的的诸方式之和，一般包括国际规制、协调和联合行动，是以人类整体和共同利益为价值导向的多元行为体的平等对话与协商合作，是经济全球化时代国际公共事务的全新管理方式，融合了西方自由民主传统与人类共同追求的价值观，如自由、平等、民主、公平、正义、人权等。国际治理的主体包括：主权国家、政府间组织、全球公民社会和社会菁英；客体包括：国际安全、生态环境、国际经济、跨国犯罪和基本人权等全球性问题；方式包括：多主体参与、协商与合作，从而形成多主体良性互动的国际规制；模式主要包括：国家中心治理、有限领域治理、网络治理、国内—国外边疆治理以及欧盟式“合作性世界秩序”治理；现实基础主要包括：科技发展、国际组织发展、公民社会发展、基本价值共识构建等。国际治理体现了国际社会对“民族国家为中心”范式的超越和对国际规制的扬弃；要求国际社会必须弥合因政治制度、价值观念、发展程度、文化传统差异而产生的重大分歧，即承认国际社会存在共同利益，人类文化具有共同基础，超越社会制度和价值观念分歧，克服民族国家和集团利益的限制，用一种全球视野的全新思维方式来认知现实与未来世界；要求国际行为体尽量增进共同利益、民主协商与合作，发展并完善国际新秩序以维护国际安全、和平、发展、福利、平等和人权。

虽然任何一种国际关系理论范式都无法系统解释国际治理，但是不同范式可从不同视角为其提供多面认知。现实主义认为，在国际治理的多元行为体中，国际组织的现实作用具有边缘性，仅在主权国家存在共同利益的非冲突领域能够促进合作，而在国家利益冲突的领域很难限制主权国家的行为，尤其在维护国际和平与安全方面作用有限。承认无政府状态和国际机制合作的新自由制度主义认为，国际治理就应强调相互依存和国际规制。因为国际体系有正式或非正式的结构存在，可以影响国家的行动，从而导致国际政治具有超越主权国家为中心的复杂性和层级性。将国际组织看作由权力和文化形成利益和行为的独立行为体的建构主义认为，国际治理概念在观念基础上依据法律和社会承诺而建立，其构成及多元行为体的身份和利益是国际互动的产物，其结构缺乏永久性。批判理论认为，国际治理是利用世界秩序现存历史结构来解决全球性问题，并以此满足主权国家和市民社会的需要。而要推动国际治理就必须承认国际关系基础的多元化和共同伦理。它还对国际组织提出了“由下至上”的多边主义——“在国际上重建市民社会和政治权威，以及由下至上尝试建立国际治理体系”①。

国际治理思想的不确定性导致学术界对该理论持截然相反的两种观点。持肯定观点的代表人物如美国政治学者及该思想的创始人罗西瑙、新自由主义理论代表罗伯特·基欧汉（Robert. O. Keohane）与约瑟夫·奈（Joseph Nye），英国学者戴维·赫尔德（David Held）与安东尼·麦克格鲁（Antony McGrew），以及中国学者俞可平、蔡拓等人。持否定观点的代表人物如传统现实主义者斯蒂芬·克拉斯纳（Stephen. D. Krasner）和罗伯特·吉尔平（Robert Gilpin），以及国内学者唐贤兴和吴兴唐等人。肯定者认为国际治理可以调和利益冲突并促成国际合作，最终化解全球性问题；否定者认为国际治理夸大了国际组织和公民社会的自主权和作用，忽视国际政治背后的权力基础，只能是个乌托邦幻想而已。面对上述矛盾观点，如何对待国际治理思想就成了研究者和实践者一道绕不开的坎儿。本书认为，如同全球化成果是“全球化运动”与“反全球化运动”长期互动的结果一样，国际治理的成败也必然是支持者与否定者共同作用的结果。在可预见的未来，比如气候变化、生态保护、资源开发利用、可持续发展等与全人

---

① Robert W. Cox，“introduction”，in Robert W. Cox（ed.），*New Realism*，London：Macmillan for the UN University Press，1997，P. xxvii.

类共同利益相关的全球性问题，在数量、重要性和紧迫性上都呈现上升趋势。其后果是，任何国家都越来越无法单独应对这些必须应对的问题，国家间经济层面相互依赖性加强将是国际关系越来越突出的特征。鉴于此，尽管国际治理思想存在争议，但是它仍然为国际政治打开了一扇观察与望远的窗户。在应对全球性问题上，本书不奢望它能成为创造人类福祉的不尽源泉，即使它是一汪池水也值得探索和期待。

（三）和治之道

随着全球化进程与中国崛起的共同推进，未来中国必将以更加积极的姿态广泛、深入地参与国际治理之中，尤其是区域经济国际治理。中国之“和”与国际之“治”两种思想在长期互动过程中为新国际治理思想的诞生创造了难得契机，或者说“和”思想可以对“治”思想进行中国式改造吸收，从而形成既继承前者又有别于后者尤能适应国际治理发展新要求的中国式国际治理思想与模式——简称为“和治之道”，这里的道者既指思想，也指模式，还指路径。从长期看，中国在参与国际治理过程中追求和治之道既有动力优势，也面临严峻挑战，但新国际治理思想的横空出世已是大势所趋。

首先，中国参与国际治理追求和治之道的必然性主要在于中国有足够的推动力——内动力和外动力。所谓内动力是指在全球化时代“和治”思想将全人类视为单一命运共同体，能够展现本国对他国利益的足够尊重和对人类共同利益的最大包容。具体而言，和治的目标、宗旨和方式不仅应以维护国家自身利益为出发点，而且须以兼顾利益相关方和全人类的共同利益为归宿，从而使自己在一定程度上具有超越自我利益和包容他者的价值判断与追求。唯如此，和治方能成为崛起中国以及为他国认同和乐于接受的国际治理思想和模式——两者一体两面，不能割裂。尽管如此，内动力在北极这一特定区域发挥作用还应把握好几个重点：在政策选择上，和治内在逻辑必然是在洞察和把握国内和国际两个大局基础上表达为和平、合作与共赢；在治理目标上，和治需顺应北极问题兼有低政治与高政治等复合特性以及中国作为非北极国家的特定身份，严格把握参与北极国际治理的重点和优势是低政治而非高政治领域；在合作方式上，和治应在重视与北极核心国（俄、美）和北极非核心国差别合作的基础上，积极鼓励与所有北极利益攸关方寻求合作。所谓外动力是全球化进程对国家利益外溢的正向推动关系。从全球化现实和趋势看，国家利益扩展到国门之外既是全球化的一个重要后果，也是进一步全球化的重要动因，两者互为因果，并呈不可逆之势。对中国而言，随着改革开放政策的进一步推进，国家利益相对于领土主权边界的持续外溢不仅具有正当性而且已是常态。换言之，追求具有正当性和外溢特征的国家利益即是中国参与国际治理的根本外动力。

其次，和治之道必将对国际治理既有伦理进行部分修正，从而面临一系列严峻挑战——内挑战和外挑战。所谓内挑战主要是指中国面临一场重大的认知变换和机制变革的挑战。在国家利益认知层面，中国正处在由非主导国家向主导国家（至少已由经济领域开始）转变的过程中，关注国内事务的“利益内向型”思维应与关注国际事务的“利益外向型”思维相平衡；在国际治理机制层面，中国国际治理涉及的学习项目和调整范围近乎全领域，重要的是应适时推出足以令国际治理其他主体信服的中国式国际治理理念。这类挑战的根本原因在于国力上升带来国家身份变迁和国际利益扩展，最大特点是历史上从未经历过，没有任何成功或失败的经验可鉴。所谓外挑战主要在于西方价值凌驾于东方价值之上的国际关系现实尚未改变。本质上作为“东西合璧”产物的和治终将成为中式国际治理理念与模式并对西方国际治理伦理具有修正倾向而极可能被视为异类。国际关系现实中，虽然和平、发展、合作、共赢正在凝聚起国际社会共识，但国际关系霸权对人类文明“西强东弱”的价值判断依然执着并不断固化。后冷战时代，突出的现象是世界发展认知充斥着西方强势和霸道话语，而东方因此势弱而近似失声。比如，较为流行的有否定东方肯定西方发展道路的“历史终结论”，有为霸权辩护的“单极稳定论”和“新帝国论”，有鼓吹西方民主制度的“民主和平论”，以及为未来国际冲突提前做注释的“文明冲突论”。尽管西方话语选择视角不同，但共同特征都是以西方价值为归依，暗含对维护西方价值的精心设计，即以自由民主为标签的资本主义制度是世界的“终极版本”，唯有西方文明才是人类进步的“不灭灯塔”。鉴于此，中国在北极国际治理中推进和治之道所面临的挑战决不能低估。

最后，和治之道应不断催生更大的国际（包括北极）适应性。测度和治国际适应性应至少把握四个维度：第一，国际治理环境不能偏离包容性和开放性；第二，理论上可解释既有国际治理机制的不足并给予合理修正；第三，实践中能够构建有利于不同利益攸关方多元诉求达致平衡的机制；第四，长期有利于利益攸关方之间形成“命运共同体”意识。其中，第一个维度是和治发挥作用的前提，第二、三维度是重要标志，第四个维度是长期目标。

五、研究方案

（一）研究方法

本书运用多种研究方法，主要有：归纳、比较和案例分析。尽管归纳法的结论因为归纳对象的有限而不具有必然性，但是这对于由不同视角、以不同方式进行的复合研究依然有很大裨益。北极问题涉及众多交织在一起的具体问题和彼此互动的国际关系行为体，运用归纳法来研究这些问题的明显优势是实用性。此外，归纳法在提出假说和预测方面也有优势，这一特点对把握北极问题的演化趋势以及中国对外政策走向等方面有一定便利性。其次，比较法和案例分析法作为辅助方法。其目的是通过对北极问题、北极国际治理机制、中国外交状况的比较，以及对部分问题进行案例分析，以明确北极问题与中国外交政策之间的缺口，对中国外交参与北极问题国际治理进行合理解释，并为其提供与目标和手段相关的合理参照。

（二）创新之处

本书创新有三处。第一，选题视角独特。首次将北极问题与中国北极治理联系起来，并将前者提炼成七大问题——北极暖化、资源利用、北极航运、生态保护、原住民、主权归属和军事因素。这种设计有利于从整体上把握彼此互动的北极问题。第二，英文材料占有充实。国内北极问题研究具有“多分散、少综合”的特征，研究材料存在明显的不足，尤其是在涉及“原住民”和“渔业”等方面更是如此。鉴于此，本书大量运用与北极问题相关的最新英语材料并以之为主。第三，选题体现与时俱进，提出建设“北方海上丝绸之路”的构想。这种提法具有为中国海洋战略建言的意涵，不仅符合北冰洋海运航线（主要是东北航线）季节性（夏季）通航的现实，也符合中国既有的“一带一路”战略设计，在空间与价值链上形成南北呼应，从而为中国和世界创造更多的发展机遇。

（三）研究难点

本书研究难点有两方面。第一，由于受到理论水平、知识结构、研究水平和经验累积所限，本书在框架设计、理论展开和方法运用上都不同程度存在难点甚至是盲点，这需要笔者在今后的研究工作中不断进行提炼、把握和提高。第二，由于受笔者的语言能力所限，对英文之外的其他外语研究材料，比如与北极问题研究相关的俄语、法语、日语、韩语材料等，几乎没有涉猎，它在一定程度上限制了研究视野，甚至降低了可信度。

（四）基本结构

本书共分三篇，即基础篇、实践篇和发展篇。每篇包含两章，共六章。其中：

基础篇（第一、二章）分论北极问题和北极治理机制。北极问题可归纳为“两类，七问题”。前者指“低政治”和“高政治”。低政治问题主要指北极暖化、资源开发、北极航道、生态保护、原住民权益；高政治问题主要指主权归属和北极军事因素。北极治理机制分国际和国内两部分，重点是国际治理机制。

实践篇（第三、四章）分论中国参与北极事务和北极国际治理理性认知两部分。中国参与北极事务部分主要运用归纳的方法，回顾总结了历史与现实；北极治理理性认知部分综合运用多种研究方法，突出了中国北极治理模式的非功能性和系统性制度设计，并进一步探究其在逻辑上与现实中存在的缺口。

发展篇（第五、六章）选择两维度：前者着重分析北极域外因素对中国北极国际治理的新影响，后者提出参与北极国际治理的方向与策略——方向是推动“北方海上丝绸之路”；策略是将东北航道开发利用纳入“一带一路”战略。中俄北极合作兼具建设性与战略性，是本篇的研究重点。在政策建议中，中国应秉持和治之道适时抓住俄加快“向东看”战略的机遇，将中俄全面战略协作伙伴关系适时由“利益共同体”导向“命运共同体”的轨道。

基础篇

第一章 ‖ 北极问题

中国参与北极治理的直接原因是全球变暖引起北极气候发生异常，从而引发一系列与北极相关的问题。这些问题在广义上都与全球气候变化相关，可以简称“北极问题”。但本书所要论述的北极问题并非仅着眼于此，而是有特定的内涵和外延。当北极问题与中国发展战略和国际治理相联系，它就由气候变化问题演变为与中国国际治理有关的国际关系问题，从而凸显中国研究价值。在系统阐述作为研究基础的北极问题之前，有必要首先确定北极定义及战略价值。

第一节 北极定义及战略价值

明确北极定义及战略价值对认识和把握北极问题、北极国际治理、中国参与北极事务等重要问题都是有益铺垫。

一、北极定义

北极一词并非专指“北极点”，“极点”或“地理极”在地理学上是指地球自转轴与地球表面的交点。地球有两个地理极，南半球的地理极为南极点，北半球的为北极点。与北极点单一定义不同，北极更多是指“北极地区”，其含义目前至少存在三种定义标准。

第一种定义标准最常用，称为“北极圈”。它是指北纬66°34′以北的陆地与海洋都属于北极地区。据此，“北极地区”应介于亚、欧和北美三大洲之间，包括北冰洋、边缘陆地海岸带及岛屿，其中心是“北极点”，面积约2100万平方千米，占地球表面积的6%。其陆地部分约800万平方千米，分属北冰洋周围的八个国家，分别是美国（阿拉斯加）、加拿大、俄罗斯、挪威、丹麦（格陵兰）、芬兰、瑞典和冰岛，它们通常被称为北极国家（Arctic States）或北极八国（A8）。北极地区冬季最低气温可达零下50℃，夏季最暖月（7月）平均气温最高也只有10℃左右，太阳高度角不会超过23.5°。

第二种定义标准是“10℃等温线”。它是指在最暖月（7月），陆地10℃与海洋5℃气温线相连接的一条不规则曲线，并以此作为北极地区的南部边界。该曲线一方面排除了北极圈以北的一些陆地和海洋，包括芬兰和瑞典的全部领土以及北极圈以北的阿拉斯加部分地区，另一方面却包括北极圈以南的一些陆地和海洋——几乎包括整个白令海和阿拉斯加的阿留申群岛。如果采纳这样定义，北极地区总面积就约2700万平方千米，其中陆地面积约1200万平方千米。

第三种定义标准是“北极林木线”。该线是北半球适合树木生长的最北维度，并以此作为北极地区的南部边界。在北极林木线以北，树木因天气寒冷、树液被冻、根不能深入永久冻土而无法生存。

由上述三种定义可知，北极并非统一概念，而是基于不同标准和用途的不同划分。三种定义下的北极虽多有重叠但毕竟不同，其后果必然影响到北极域内外相关国家的国家利益——这一点对北极国家尤为重要。北极国家的政治中心均不在该地区，而是位于远离北极圈的南方大城市，所以北极定义在实践中必须满足这些国家的利益需要。比如，加拿大认为，以北纬60°作为北极的南部边界比较合理，因为这样划分可以将其北方三块领地“育空地区（Yukon Territory）、西北地区（Northwest Territory）和努纳武特地区（Nunavut）”与南方各省分隔开来。然而，如果在芬诺斯坎迪亚（Fennoscandia）[①] 地区应用同样标准，那么北极将一直向南延伸到奥斯陆和赫尔辛基，其结果对北欧人没有实际意义。1984年，美国《北极研究与政策法案》（ARPA）第112条对北极做如下规定：北极圈以北的所有领土，以及阿拉斯加的波丘派恩（Porcupine）河、育空（Yukon）河和卡斯科奎姆（Kuskokwim）河所形成的边界以北和以西所有美国领土，还包括所有邻接的海

---

① 芬诺斯坎迪亚是一个地理名词，主要由斯堪的纳维亚半岛、克拉半岛、芬兰和卡累利阿地区组成。

洋和岛屿：北冰洋、波弗特海（Beaufort Sea）、白令海、楚科奇海和阿留申群岛。

此外，北极理事会（Arctic Council）在北极国际治理中已扮演越来越重要的角色，其北极定义对正式成员和观察员具有相对普遍意义。北极理事会因用途不同对北极做出两种定义。“北极监测和评估计划”（AMAP）工作组对北极的定义是：包括北极圈以北的陆地和海洋，北纬62°以北的亚洲地区，北纬60°以北的北美地区，还包括阿留申群岛、哈得逊湾以北的海洋区域，以及北大西洋的部分区域，包括拉布拉多海；北极理事会2004年的《北极人类发展报告（AHDR）》对北极的定义是：包括阿拉斯加、北纬60°以北的加拿大（连同北魁北克和拉布拉多）、格陵兰、法罗群岛、冰岛、挪威、瑞典和芬兰，以及俄罗斯的摩尔曼斯克州、涅涅茨自治区、亚马尔—涅涅茨自治区、泰梅尔自治区、楚科塔自治区、科米共和国沃尔库塔市、克拉斯诺亚尔斯克边疆区的诺里尔斯克和伊加尔卡，以及萨哈共和国最接近北极圈的那部分地区。按照上述定义，北极面积超过4000万平方千米，约占地球表面积8%。

北极地区基本人文特征是地广人稀，和学术用词表述存在差异。北极地区人口只有约400万，几乎一半位于俄罗斯境内，人口密度变化从格陵兰每平方千米0.025人，到挪威北部城镇的4.3人，再到法罗群岛的34人不等。此外，对北极地区的用词表述存在地域性差异。比如，北欧国家的一些学者喜欢用“高北”（the High North）一词来指代欧洲的北极部分。还有一些外国学者为了进一步区别“高北”和“低北极”（the low Arctic）或“次北极”（the subarctic）地区，特别将“高北”定义为靠近北极点的较冷区域，而将“低北极”或“次北极”定义为不是很冷并远离北极点的地区，但是这种划分并没有严格的界限。

无论采用上述何种北极定义，中国的领土与海洋边界都不曾进入北极地区。换言之，北极不同定义对于中国参与北极事务和应对北极问题的权利与义务没有本质差别。但是考虑到中国已经做出对“近北极国家”的自我界定以及成为北极理事会永久观察员的身份现实，本书认为，中国在北极定义的问题上可以借鉴北极理事会工作组“北极监测和评估计划”的划分标准较为有利。理由有二：一是符合中国对于“近北极国家”的身份界定；二是符合永久观察员的身份，从而有利于中国参与北极国际治理。

二、战略价值

北极因其所处的特殊地理位置、气候条件、资源禀赋、历史与现实而极具战略价值，突出表现在环境、经济、政治和军事四个领域。

（一）环境价值

作为全球环境的重要组成部分，北极的环境价值主要体现在北极气候变化必然对北极和全球环境产生直接和间接影响，足以影响到人类生存。首先，脆弱性和低恢复力是北极环境的突出特征。北极自然环境是名符其实的冰雪世界，冬季长而寒，夏季短而凉。冬季一般从11月起直到次年的4月，长达6个月，1月平均气温在－20℃～－40℃，最暖月的平均气温在－10℃～＋10℃。北极环境一旦受到外界干扰就很容易被打破，而且难以恢复，极可能引起生态恶化和衍生灾害。其次，北极暖化对于全球气候变化具有加速功能，对人类生产生活将造成重大影响。根据美国卫星观测记录，北极过去30多年的暖化速度是全球平均速度的两倍，其后果已经对北极的大气、积雪、冰盖、永久冻土、海冰、海洋等物理特征以及生态环境和人类社会产生重要影响。这些影响主要表现在五方面：第一，海冰、冰川和积雪融化将导致北极地区对太阳辐射的地球反射率降低，使得地球因吸热与散热的过程被打破而温度上升，从而进一步加剧北极暖化程度；第二，格陵兰岛的冰川逐步融化必将导致海平面上升（如果整个格陵兰岛冰川融化，海平面将上升约7米），从而根本改变全球海岸环境，危及沿海国家（地区）尤其是沿海低地国家（地区）的人类生存；第三，由挪威暖流、斯瓦尔巴暖流、北角暖流、东格陵兰寒流和拉布拉多寒流组成的对全球气候有重要影响的北大西洋温盐环流（Thermohaline Circulation)[1] 或将因北极暖化而减速，从而打破北大西洋海洋系统温度冷热交换平衡，最终影响北冰洋的生态与气候；第四，多种污染物和有毒物质已随大气和海洋环流进入、沉降、滞留于北极海洋和陆地环境，并通过海洋生物进入全球食物链，有可能对人类生命健康产生重要威胁；第五，北极地区永久冻土将逐渐解冻并释放出大量温室气体，结果导致地面出现沉降现象，从而直接危及冻土之上的基础设施。

（二）经济价值

北极的经济价值主要是指其丰富的不可再生资源与可再生资源。其中，最具战略现实价值的是石油和天然气，最具战略潜在价值的是北极航道。

在不可再生资源方面，北极的石油、天然气和矿产资源储量可谓丰富。目前，北极的石油产量占全球份额的16.2%。如果将已探明储量和未发现的石油资源包括在内，北极地区石油储量全球份额为13%左右。基于此，北极有可能在未来继续扮演一个重要石油供应者的角色。此外，全球已探明和未发现的天然气资源储量的25%左右位于北极地区，其产量也占全球产量的25%左右，即北极能够满足世界大约四分之一的天然气需求。[2] 其中，已探明天然气占世界已探明储量的21.7%。北极深海盆地石油潜力相对较低，北极大陆架则构成世界上最大的未勘探油气潜在区域。

2008年，美国地质调查局（U. S. Geological Survey）针对北极圈以北尚未发现的石油和天然气发布了一份评估报告。报告称，广阔的北极大陆架可能是地球上剩余最大的石油未勘探区域。其中，北冰洋大陆架面积可达584万平方千米，约占北极大陆架总面积的39.6%，尤以欧亚大陆一侧的宽度较大。报告评估，该地区约有900亿桶石油，占世界未勘探石油的13%；约有48万亿立方米的天然气，占世界未勘探天然气的30%；还有440亿桶液化天然气。上述油气大部分（约占

---

① 温盐环流（又称输送洋流）是一个大尺度的海洋环流，由温度及含盐度的差异所致。在北大西洋，环流的表面暖水向北流而深海冷水向南流，造成净热量向北输送。表面海水在位于高纬度的固定下沉区下沉。

② Glomsrød, Solveig and Aslaksen, Lulie, Economy of the North, Project Report, Statistics Norway, Oslo, Norway, P. 27, http://library.arcticportal.org/1553/.

84%）的储藏地预计位于近岸海域。报告进一步估计，北极地区所有未勘探的油气资源超过了所有已发现的石油和石油当量天然气①（oil－equivalent natural gas）2400亿桶，约占世界已知常规石油资源的10%。

北极除了石油和天然气资源外，还有其他丰富的矿产资源，包括煤、铁、铁合金等矿物质、非有色金属矿产及工业用矿物等。其中，上述矿产在开采量占世界总产量方面，煤炭占2.1%，铁矿石占2.3%，镍占10.6%，钴占11%，铬铁矿占4.2%，钛占0.3%，钨占9.2%，铝土矿占1.9%，锌占7.8%，铅占5.6%，铜占3.8%，钯占40%，金占3.2%，银占3.6%，铂占15%，钻石占11.6%，磷矿石占11.4%，蛭石占5.8%。②

在可再生资源方面，主要是指北极丰富的渔业和林业资源。渔业资源从大型海洋哺乳类动物，如北极露脊鲸；到大量的鱼类，如阿拉斯加鳕鱼、鲱鱼、毛鳞鱼和北极虾等；再到小而众多的物种，如浮游生物。北极渔业具有世界一流水平，水产业和海洋养殖业在许多地区发展良好，尤其是鲑鱼、大比目鱼、贝类和其他物种的养殖技术不断提高，市场也在扩大。北极林业资源地位特殊，北极周围寒带森林覆盖了全球陆地面积的17%，对保持生态平衡和“碳固定”（carbon sequestration）有巨大的作用。北极寒带森林是世界上最大的天然森林，但大部分处于未耕作状态。北极森林采伐面积只有全球的2.2%，但木材产量却占全球产量的8.2%左右，后者几乎是前者的四倍。此外，北极陆地生物资源也很有特色。高纬度农业和畜牧业，比如驯鹿（reindeer）和北美驯鹿（caribou）就是这样一种几乎无处不在的资源，也是有价值的收入来源。

北极的潜在战略价值是北极航道——主要包括“东北航道（the North Sea Route）和西北航道（the Northwest Passage）”开通后所催生的经济利益，即“北极航道经济”。北极暖化和海冰融化为北极航道开通创造了条件，尤其随着夏季无冰的到来，北极航道现在每年将会有几个月可以通航，从而有望成为国际贸易海洋航运的一部分。一旦通

① 标准油气当量是根据原油和天然气的热值折算而成的油气产量，一般取1255立方米天然气＝1吨原油，通常简化计算：1000立方米天然气＝1吨原油＝7.3桶原油。

② Glomsrød，Solveig and Aslaksen，Lulie，Economy of the North，Project Report，Statistics Norway，Oslo，Norway，P. 30，http：//library. arcticportal. org/1553/.

航，北极便可成为北美、北欧和亚洲北部国家之间最快捷的洲际海洋通道。比如：从华盛顿到莫斯科的北极航线将比经过欧洲的航线近1000多公里；从伦敦经由西北航道到东京（长1.64万公里）比绕道巴拿马运河（长2.8万公里）缩短1.16万公里（超原航程41%）。这一航线尤其能够降低中国、日本和韩国等东亚国家的运输和时间成本，从而增加这些国家商品的国际竞争力。加拿大魁北克学院国际部教授拉塞尔说："随着北冰洋海冰消融和航海技术的不断进步，加拿大沿岸的西北航道和西伯利亚沿岸的东北航道将成为新的'大西洋—太平洋轴心航线'。"亚洲、欧洲和北美之间的航线将因此缩短6000～8000公里，北极航道通航将意味着世界经济的新动脉和战略走廊启动。同时，必将带动沿岸地区的经济快速发展，从而形成新的经济带和惠及世界的经济增长点。

（三）政治价值

北极的政治价值主要体现在北极行为体之间的重要政治关系，即主要行为体在北极事务上的重大利益诉求。在全球化趋势下，北极政治既涉及地区行为体，也涉及地区外行为体，因此在本质上应属于国际政治关系。北极行为体不仅有主权国家，还有国际组织、非政府组织、跨国公司、原住民等等。尽管北极国际政治中的行为体不唯一，但是国家行为体依然扮演主要角色。北极行为体中最重要的是位于北极圈内的八个主权国家，分别是俄罗斯、美国、加拿大、挪威、丹麦（格陵兰）、冰岛、瑞典和芬兰，简称"北极八国"。北极八国自我界定为"北极国家"，并将其他国家称为"非北极国家"。

北极国家在北极事务上的地位并不平等，有"内外之别，大小之分"。所谓"内"和"大"是指北冰洋沿岸的五个国家，分别是俄罗斯、美国、加拿大、挪威和丹麦（格陵兰），简称"北极五国"；所谓"外"和"小"是指北极八国的其他三国，即冰岛、瑞典和芬兰，简称"北极三国"。不仅如此，北极国家的不平等地位还部分表现在它们分属不同的军事和非军事集团，从而具备维护上述集团利益的潜力。比如，"北极五国"中除俄罗斯之外都是北约成员，不仅如此，丹麦还是欧盟成员；在"北极三国"中，冰岛是北约成员，瑞典、芬兰是欧盟成员。

除国家之外，北极非国家行为体目前主要有两个政府间合作论坛，分别是1993年成立的巴伦支欧洲—北极理事会（Barents Euro - Arctic Council）和1996年成立的北极理事会（Arctic Council）。前一组织的成员包括瑞典、挪威、芬兰和俄罗斯四国，范围仅限于巴伦支地区，基本目标是促进本地区经济社会可持续和平发展；后一组织的成员是北极八国，范围涉及整个北极地区，基本目标是在可持续发展和环境保护方面推动北极国家间的合作、协调和交流。这两个组织的共同特点是不涉及北极军事安全问题，不同点是北极理事会比巴伦支欧洲—北极理事会的影响大。

鉴于北极事务的跨区域或国际性特征，非北极国家也绝非北极事务局外人，至少应是北极事务利益攸关方（Stakeholders）。根据《斯瓦尔巴条约》[①] 与1982年《公约》的规定，以及北极八国的缔约地位或接受程度，非北极国家参与北极事务具有完全的法理依据。比如，1982年《公约》的缔约方已经有162[②] 个，而《斯瓦尔巴条约》的缔约方是41[③] 个。在理论上，上述条约和公约的缔约方国家在北极地区依据上述公约规定参与北极事务具有合理性。

由上可知，北极政治价值至少体现在五类不同利益的平衡关系上。第一，北极内部的平衡，即北极国家中的“北极五国”与“北极三国”之间；第二，北极内部与外部的平衡，即北极国家和非北极国家之间；第三，北极两大权力中心之间平衡，即无军事集团背景的俄罗斯与有军事集团（北约）背景的美国；第四，非军事集团与北极大国的平衡，即欧盟与俄罗斯、欧盟与加拿大；第五，全球组织与地区组织之间的平衡，即联合国与北极理事会等。显然，北极在国际政治领域涉及一系列重大问题，存在国家、集团、地区和跨地区利益的交叉与冲突，如何实现自身利益诉求并兼顾其他利益攸关方的正当诉求是北极政治价值在国际治理范畴内应然的出发点和归宿。

---

① 《斯瓦尔巴条约》又称《斯匹次卑尔根条约》，条约正式语言为英文与法文，参考中文译文请见本书附录。

② 联合国官方网站：http：//www. un. org/Depts/los/reference_ files/chronological_ lists_ of_ ratifications. htm。

③ 维基百科网站：http：//en. wikipedia. org/wiki/Svalbard_ Treaty。

（四）军事价值

北极军事价值是由特殊的北极环境、冷战对峙、丰富资源、气候变化和大国关系等众多因素决定的。首先，特殊地理位置决定了其特殊军事价值。北极地区位于地球的最北端，中心是北极点（即北纬90°），中心区域是部分覆有终年不化冰盖的北冰洋，外围区域是由欧、亚和北美最北地区、岛屿组成的陆地。北冰洋是世界上最小、最冷和跨度最大的大洋：面积约1409万平方千米，占世界海洋面积3.9%；体积约1700万立方公里，占海洋总体积1.24%；平均深度987米，最深5502米；跨经度360°。[①] 上述特征使得北极在军事上有其他地区不具备的优势，从而成为战略必争之地。

其次，冷战对峙凸显了北极军事战略价值的重要性。在冷战期间，北极地区广阔的空间因为特殊的恶劣气候和冰雪覆盖环境将东西对抗两大阵营分割开来。以美国为首的北约和以苏联为首的华约分别在北冰洋的两边建有远程预警雷达站和情报搜集站，其最重要的功能是探测可能飞跃北极的核导弹和战略轰炸机。但随着冷战结束和苏联阵营的瓦解，美国将注意力及时转移到其他更紧迫的国际安全问题，北极军事价值迅速下降。

第三，21世纪北极新出现两大因素——丰富资源和北极暖化，再次提高了北极军事战略价值的重要性。这两大因素极大地刺激了相关国家探知北极气候变化的原因和影响，以及开发利用北极资源的广泛兴趣，同时也加重了北极国家之间、北极国家与非北极国家之间在维护各自合法权益上的不同认知。

第四，部分北极国家之间存在领土（或领海）争议，依靠强化北极军事存在来维护其对争议领土（或领海）的主张已成为相关国家的重要备选方案。这种态势导致北极地区军事因素的重要性呈上升趋势，客观上部分提高了北极军事战略价值的重要性。

从冷战经验看，北极军事价值主要包括四方面。第一，导弹威慑。从北极点到亚、北欧与北美的距离最短，在该区域部署弹道导弹由发射到命中目标所需时间最短，敌方反导系统没有足够时间应对，大大

---

① 大英百科全书：http://www.britannica.com/EBchecked/topic/33188/Arctic-Ocean。

降低其反导威慑力。第二，导弹防御与早期预警。由于存在有效导弹威慑，北极导弹防御与早期预警就成了北极军事战略的重中之重。比如，美国在阿拉斯加和东欧建立导弹防御体系。第三，水下武器系统部署。北冰洋部分水域常年受冰盖阻挡，再加上海面冰况噪音严重干扰甚至阻碍了各类反潜与卫星侦测系统的功能发挥，因此在北冰洋部署潜艇就成为实施军事和政治目标的重要手段。第四，海上战略封锁。北冰洋几乎是个半封闭的“地中海”，只有东西两边与外相通。东面经白令海峡与太平洋相通，西面经格陵兰海、挪威海、史密斯海峡和罗布森海峡与大西洋相通。如果两面出路被封锁，北冰洋中的各类舰船就可能成为“瓮中之鳖”，难以发挥出洋作战的效能。

第二节　北极问题

从气候学看，地球气候系统可以看成由多个相互连通、相互影响的陆地、海洋和大气空间等相对独立子系统组成的开放系统。由于双向作用，地球气候子系统必然受到整个气候系统的影响，反之亦然。以北极为例，如果将其视为一个相对独立的气候子系统，那么非北极地区气温升高必然导致北极暖化，而北极暖化反过来必将进一步加快其他地区气温升高趋势，从而产生地球气温升高的互动加速效应。

北极暖化是北极问题的主要诱因和内容之一。作为主要诱因，北极暖化引起的直接后果有很多，包括陆地冰川融化加快、海冰变薄且迅速退缩、北冰洋夏季无冰期延长、北冰洋航道趋向通航、永久冻土层融化面积扩大、固定在冻土层中的温室气体开始向大气中排放、资源勘探与开发项目不断增多、人类活动频度和强度增加、生态平衡因此面临多种威胁……作为主要内容之一，北极暖化不仅引起自然生态变化，还诱发了一系列关于经济、社会甚至安全领域的北极问题。在北极问题中，区域性、跨区域性、全球性、扩散性、复杂性和紧迫性是较为突出的特征。在全球化背景下，对北极问题的区域性、跨区域性和全球性特征不能割裂和孤立理解，否则以北极国家与非北极国家共同参与和协调合作为特征的“北极国际治理”将失去基础而难以为继。换言之，没有国际社会的共同参与和治理，单凭北极国家的一己之力无法处理好复杂的北极问题。

与北极相关的所有问题在逻辑上都可以称为北极问题，但是本书所指的北极问题是个严谨的概念，具有特定的内涵与外延。内涵是指发生在北极地区，由全球气候变化引起，对国际关系产生重要影响的突出问题；外延可简称为“两类，七问题”：“两类”是指“高政治（High politics）问题”和“低政治（Low politics）问题”，“七问题”是指领海（土）主权归属、北极军事因素、气候暖化、资源开发、北极航道、生态保护和原住民权益。虽然对北极问题的这一提法首先出现在国外研究成果中，且国内现有研究成果对七问题已多有涉及，但是中国社科界迄今为止尚未对此形成单一概念共识。将北极问题概念化不仅有益于把握北极问题的本质和主干，也有益于选择中国参与北极国际治理的研究重点和视角。

在七问题中，前两个属于高政治问题，后五个属于低政治问题。特别说明，“高政治”和“低政治”是西方国际关系学对国家政治过程的一套划分模式。所谓高政治主要指与战争、和平和外交等国家间关系相关的政治问题，还包括与国家主权和宪法变迁相关的问题，主要内容是国家安全，一般涉及国家管理中身居高位的菁英。与之相对，所谓低政治主要是指与经济政策和公共管理等相关的人类日常生存问题，一般包括：公共健康、教育和社会福利等公共领域。低政治较少涉及高层菁英领域，其活动多属于国家低级公务人员和执行政策的地方政府的职责范围。但是这种划分不是非常严格，低政治与高政治在“参与机制”（Participatory System）背景下往往会有所重叠。需注意的是，在以被统治者满意为基础的现代国家出现后，“安全问题在国家政治生活中被放大”这一历史平衡将向有利于低政治的方向发展改变。[①]从相互关系看，高政治问题和低政治问题并非孤立存在，往往是两类或多类问题交织在一起，从而增加问题复杂程度和应对难度，并引起北极国际治理和国际关系走向具有一定不确定性——既可成为国际合作的舞台，又可成为大国竞争甚至冲突的前线。从国家利益看，中国北极治理的主要关注和治理领域应该是“低政治”而不是“高政治”

① R. D. Dikshit, Political Geography, 3E, Published by Tata McGraw - Hill Publishing Company Limited, Ninth reprint 2006, p. 8.

问题。

一、低政治问题

低政治北极问题有五个，分别是气候暖化、资源开发、北极航道、生态保护和原住民。

（一）气候暖化

北极气候暖化是全球气候变化的直接后果，虽然存在不确定性，但是变化明显且影响深远。

第一，北极暖化是全球气候变化的受动者，也是全球气候进一步变化的施动者。如果将北极作为独立气候系统提取出来，那么北极暖化首先是全球气候变化的受动者，其后又是全球气候变化的施动者，施动与受动过程具有相对意义。北极暖化的动因是人类活动加剧所致，主要是温室气体排放导致气候发生明显变化。作为受动者，北极有可能成为第一个因为气候变化而引起生态系统恢复、适应性准备、可持续发展和社会福祉等诸方面都发生显著变化的地区。突出例子是，过去30多年，北极气温上升的速度是全球气温上升平均速度的两倍。作为施动者，北极自然环境迅速而深刻的转变很可能反过来推动全球气候进一步变化。众所周知，海洋是驱动大气能量的主要供应者和调节器，而北极大洋环流和海冰变化与北极大气环境有密切关系，并对全球能量平衡起重要作用。典型例子如，北极冷水通过“沉降作用”从海底向较低纬度地区输送，并因海水温度、盐度不同而形成全球“温盐环流”，从而对全球各大洋的热量和气体交换起着重要作用。如果“温盐环流”发生异常，将对全球的天气和气候产生重大影响。此外，北极暖化对全球的影响还有很多，比如，海冰范围缩小将严重影响海冰区的能量收支和海洋与大气间的热交换，从而导致地球冷却功能发生改变；长期被凝固在北极陆地、河床中的温室气体加速释放而引起大气升温；海平面上升将影响到沿海尤其是沿海低地国家的人类生存；引发极端气候和天气，对全球工农业生产带来威胁；导致地球生物习性发生改变等等。上述例子中，海平面上升和极端气候是北极暖化令全球感受最直接和最深刻的方面，这些变化必将作为新的施动者进一步加速全球气候变化。

第二，北极暖化有科学观测数据支持。北极冰盖对维持地球生态至关重要，主要作用是反射阳光，降低地球温度。虽然目前的科学水平对全球变暖的长期趋势预测依然存在不确定性，但是从近30年以来的北极气候观测记录来看，北极暖化的可信度在增加而不是降低。北极暖化最直观的感受是北冰洋的海冰面积和厚度以及终年不化的积冰在近30多年以来尤其在夏季逐年明显减少[①]（见表1）。由表1可知，2012~2013年度，北冰洋冰盖面积的平均值达到历史最低纪录。虽然，2013~2014年度出现明显反弹，但是其年度均值（10.1）并没有根本改变北极暖化的趋势。对此，美国国家冰雪数据中心（NSDIC）表示，尽管北极海冰在长期呈缩减趋势，但不排除近几年增加的可能。

表1　1979~2014年北冰洋海冰面积变化数据

年度	9月份平均海冰面积（百万平方千米）	3月份平均海冰面积（百万平方千米）	年度均值（百万平方千米）
1979~2000	7.0	15.7	11.35
1999~2000	6.2	15.3	10.75
2000~2001	6.3	15.6	10.95
2001~2002	6.8	15.4	11.1
2002~2003	6.0	15.5	10.75
2003~2004	6.2	15.1	10.65
2004~2005	6.1	14.7	10.4
2005~2006	5.6	14.4	10
2006~2007	5.9	14.7	10.3
2007~2008	4.3	15.2	9.75
2008~2009	4.7	15.2	9.95
2009~2010	5.4	15.1	10.25

① 美国国家冰雪数据中心（National Snow and Ice Data Centre）2011年的研究报告称，自1979年开始卫星监测以来，北极海冰历史同期面积以每10年3.3%的速度递减。报告显示，2011年1月北极海冰面积仅为1355万平方千米，比2006年1月创下的历史同期最低纪录减少约5万平方千米；比1979年至2000年的同期平均值减少约127万平方千米。

续表

年度	9月份平均海冰面积（百万平方千米）	3月份平均海冰面积（百万平方千米）	年度均值（百万平方千米）
2010～2011	4.9	14.6	9.75
2011～2012	4.6	15.2	9.9
2012～2013	3.6	15.1	9.35
2013～2014	5.4	14.8	10.1

资料来源：http：//earthobservatory. nasa. gov/Features/WorldOfChange/sea_ ice. php。

另一个值得关注的现象是格陵兰岛的广阔冰川在加速融化，从而加速海平面上升。[①] 格陵兰岛与南极冰盖是地球上最大的两大冰盖，占世界冰川总体积的99%。其中，格陵兰岛冰川约占总体积的9%。如果整个格陵兰冰川全部融化，将导致海平面上升约7米[②]。美国国家冰雪数据中心科学家迈耶说，北极地区每年大约失去15万平方千米的海冰，每两年失去的面积相当于美国一个州。[③] 北极海冰的减少已经改变北极气候模式，并对当地生态系统产生压力；而海冰减少又威胁到北极内陆冰，内陆冰融化将直接导致海平面上升。2012年，该趋势被现实证明而具有提前的可能。7月24日，美国航空航天局表示，他们对卫星独立采集数据分析后发现，仅在7月8～12日，格陵兰岛表层冰盖融化面积从40%突然达到约97%。其中，海拔最高、气温最低的“萨米特站”所在地的冰盖也有“开融”迹象，而过去30年，格陵兰岛冰盖融化程度观测值最高为55%。

第三，北极暖化可能引起重大新现象发生。其中，最突出的新现象莫过于出现夏季无冰。夏季无冰在逻辑上是指北冰洋所有海冰在夏季都融化殆尽，但是现实状况不会如此。只要北冰洋在特定范围内满

---

① 《北极海岸2010年状态》报告指出，过去10年北极海岸被海水侵蚀的速度约为每年1～2米之间，但是某些地方却高达每年10～30米。

② 《卫星显示格陵兰岛冰盖表层突显大范围融化》，中国天气网，2012年7月26日，http://www.weather.com.cn/climate/qhbhyw/07/1681828.shtml。

③ 《美国最新数据：北极冰盖面积缩至新低》，联合早报网，2012年8月29日，http：//www.afinance.cn/new/gjcj/201208/484025.html。

足海洋航运最低要求的无冰现象出现就可视为夏季无冰，由此带来的商业和战略价值举世瞩目。北极海冰2007年和2012年两次低覆盖记录引起国际科学和政策界的高度关注，并将其与全球气候变化直接联系起来。通过对北极气候变化的观测和研究，美国有科学家最近预测，最早到21世纪30年代末，北极地区在夏季就会出现无冰现象。[①] 据此推测，20多年以后，北极环境可能发生重大改变，即形成周期性无冰特征。根据2001年《联合国气候变化报告》的主要作者米切尔所言，那些曾经被批评为"危言耸听"的科学家，现在看来"几乎肯定是太保守了"，2012年的变化可能让北极夏季无冰的时点提早到2020年之前。更大胆预测发生在2012年9月，一位世界知名环球冰雪专家预测，北极进入夏季后海冰完全消融的情况会在四年内出现。[②]

第四，北极暖化趋势依然存在不确定性。截至目前，北极暖化可观察到的现实是：北冰洋海冰的面积和厚度，常年不融冰的数量，北极陆地冰川的数量都在减少，而且这一趋势似乎正在变得越来越明显。尽管如此，导致北极暖化的主要原因和未来趋势尚不能确定，或者说，科学界尚未就此达成共识。其中，"气候变异"可能导致北极暖化算是一种解释，但却不具有普遍性。它唯一能证明的是2007年曾经创纪录的北极海冰的缩小程度。具体而言，北极海冰受到北极温暖的气温和

---

① Muyin Wang and James E. Overland, "A Sea Ice Free Summer Arctic within 30 Years?" *Geophysical Research Letters* 36, no. L07502 (April 3, 2009): 10.1029/2009GL037820; Marika Holland, Cecilia M. Bitz, and Bruno Tremblay, "Future abrupt reductions in the summer Arctic sea ice", *Geophysical Research Letters* 33, no. L23503 (2006), http://www.cgd.ucar.edu/oce/mholland/abrupt_ice/holland_etal.pdf; David Adam, "Ice-free Arctic could be here in 23 years", *The Guardian*, September 5, 2007, http://www.guardian.co.uk/environment/2007/sep/05/climatechange.sciencenews. But see also Julien Boé, Alex Hall, and Xin Qu, "Sources of spread in simulations of Arctic sea ice loss over the twenty-first century", *Climatic Change* 99, no. 3 (April 1, 2010): 637-645; Wieslaw Maslowski, "Toward Advanced Modeling and Prediction of Arctic Sea Ice and Climate", in 2010 AAAS Annual Meeting, Session 1505, Toward Advanced Modeling and Prediction of Arctic Sea Ice and Climate, San Diego CA, February 19, 2010, http://aaas.confex.com/aaas/2010/webprogram/Paper1505.html; I. Eisenman and J. S. Wettlaufer, "Nonlinear threshold behavior during the loss of Arctic sea ice", *Proceedings of the National Academy of Sciences* 106, no. 1 (January 6, 2009): 28-32; Dirk Notz, "The Future of Ice Sheets and Sea Ice: Between Reversible Retreat and Unstoppable Loss", *Proceedings of the National Academy of Sciences* 106, no. 49 (December 8, 2009): 20590-20595.

② 《英教授称4年内北极冰盖夏季将完全消融》，新华网，2012年9月19日，http://news.xinhuanet.com/world/2012-09/19/c_123734826.htm。

来自北太平洋的温暖潮湿气流的双重影响加速融化，并推动海冰经过格陵兰岛海域进入大西洋。但是，这却无法解释2008年北极海冰的变化。一些科学研究发现，温室气体排放对北极特别具有挑战性，使得北极地区在整个21世纪呈变暖趋势。北极气温年平均增加1℃～9℃，大多数变暖现象会出现在秋冬季，北冰洋夏季的温度变化很小。尽管在北极暖化主诱因和趋势上存在不确定性，但是部分科学家似乎已取得共识并得出结论：北极气候暖化是人类诱因所致，过去30年，全球气候变暖的大部分原因极有可能是由与人类相关的温室气体（主要是二氧化碳）排放造成的。并预计，即使大气中的温室气体浓度以后能稳定下来，由温室气体造成的全球变暖也将再持续数十年。

第五，北极暖化的影响广泛而深刻，主要表现在五方面。首先，北极地区各种自然灾害明显增多。比如：风暴灾害；冰川、海冰和永久冻土融化导致海平面上升，海岸受到侵蚀，地面发生沉降；病虫害爆发等等。其次，北极脆弱环境面临压力，生态保护日益迫切。比如：北半球林木带向冻原地带推进，外来物种入侵，濒危物种亟需保护等等。其三，人类活动将更多涉足曾经被冰雪覆盖而无法到达的区域。比如：科学考察与研究活动、北冰洋近海油气和矿产资源勘探开发、航运、旅游、渔业等等。其四，影响范围已从北极内部向北极以外地区扩散。北极暖化必将引起北半球国家的气候发生变化，从而影响所在国的工农业生产，甚至影响国家安全。最后，低政治问题呈现“高政治化”，并相互交织在一起。比如：由于对北极丰富的自然资源可获得性和北极航道通航的预期越来越大，致使北极国家在海洋边界划分、领土（海）主权、主权权利、军事部署与行动等高政治领域的动作与力度不断强化，本属于低政治问题的气候暖化因此被附加上与国家安全相关的标签，而趋向高政治化。

（二）资源开发

北极资源包括两类：不可再生资源和可再生资源。前者如石油、天然气和矿产；后者如渔业和林业。这两类资源对本地区的生存与发展，乃至对整个世界的发展都至关重要。长期以来，北极不可再生资源因受到当地极端气候条件的影响和人类科技水平的限制而难以开发利用。但进入21世纪以来，随着北极暖化和科技水平的提高，尤其是国际市场能源资源价格不断攀升，突破北极极端气候条件，开发利用北极能源资源正在加快成为现实。国际上有部分专家认为，成功开发北极能源资源将有助于缓解全球市场的压力，从而提高能源安全。

1. 不可再生资源开发

首先，北极不可再生资源储量丰富。北极地区除了有分散储量的铀和煤炭等矿产外，能符合商业盈利需求并且储量丰富的不可再生资源主要是石油和天然气。但是，这些不可再生资源的确切储量数据长期以来不得而知。直到2008年，美国地质调查局（USGS）发布的一项研究报告表明，北极地区未开发石油和天然气储量十分丰富。报告指出，北极油气资源平均估值的总和表明：北极可能储存有900亿桶石油、1669万亿立方英尺天然气，440亿桶液化天然气，其中约84%可能储藏在北极近海区域。由于该研究报告采用了基于地质学的概率方法，所以北极地区油气资源的实际储量范围应该更大些。对北极石油，未发现储备的估量在440亿桶（>95%几率）和1570亿桶（5%几率）之间。这项研究表明，北极未发现石油的储量可能占全球平均估量的13%，约是618亿桶石油。[①] 对于北极天然气，未发现储备的估量更重要——按照能量等效计算，北极天然气储量大约是石油估量的三倍。具体来说，北极潜在未发现天然气的范围大约为770万亿立方英尺（TCF）(>95%几率）及约2990万亿立方英尺（5%几率）之间。估量中间值约占全球未发现天然气的30%。[②] 但是必须要注意的是，美国地质调查局的研究排除了对常规石油储量小于50万桶与常规天然气储量小于3000亿立方英尺的统计。不仅如此，该研究还排除了对非传统碳氢化合物的统计，如油页岩、重油、沥青砂、煤层甲烷和天然气水合物。天然气水合物未来将有很大用处，据估计，天然气水合物可能是全球传统天然气的6~600倍。北极地区储藏有巨量天然气水合物，但是开发此类资源所必须的安全技术与商业盈利可能要到

① Peter F. Johnston, *Arctic Energy Resources and Global Energy Security*, Journal of Military and Strategic Studies, Vol. 12, No. 2 (2010), page 2.

② Peter F. Johnston, *Arctic Energy Resources and Global Energy Security*, Journal of Military and Strategic Studies, Vol. 12, No. 2 (2010), page 2.

2030 年之后才可用。[①]

除了油气资源外，北极还有一极具战略价值的不可再生资源——淡水。从全球来看，淡水短缺的局面日益明显；从国内来看，淡水资源在长期呈减少趋势，地表水与地下水受污染的程度更是令人担忧，主要城市淡水资源缺乏已逐渐成为工农业生产和城市化进程的瓶颈，淡水安全未来有可能成为中国国家安全的重要关切。鉴于此，尽管淡水在理论上是可再生资源，但本书仍然将其视为不可再生资源。北极地区最大的淡水库是格陵兰岛，它拥有全世界淡水储备的 10%，以约 285 万立方千米的冰盖形式存在。如何利用如此巨量的淡水资源是未来中国可能面临的重要课题。

其次，北极不可再生资源开发利用成本依然高昂，达到商业盈利还有距离。丰富北极不可再生资源并不意味着都能被即时开发利用，而是由资源国际市场价格与将其投放到国际市场所耗费的开采、加工和运输等成本最终共同决定。北极资源开发成本高昂源于多重因素。一是，北极地区的资源勘探和开发仍然经常遭受恶劣条件的影响。特别在冬季，北极的极端气候特征增加了开发新油气田与矿物资源所必要的生产、储存和运输等方面的成本和挑战，从而导致以目前技术水平开采北极油气和矿产资源可能不具有经济性，即成本付出大于等于收益。二是，北极暖化正在引起永久冻土层融化，这可能对岸上的勘探与开发活动构成威胁，如以永久冻土层为支撑的地面建筑，包括管道设施和其他基础设施。三是，油气和矿产资源开发的基础设施的一个重要组成部分是“冰路”，即冬天建设和使用的路，但这样的路在温暖的月份却不可用。例如，阿拉斯加北部苔原道路的开放日期已从 1991 年之前的 11 月份改变至最近几年的 1 月份，推迟了近两个月，这意味着相关开采作业活动也至少同步推迟。四是，世界市场不可再生资源的价格波动是对北极资源开发成本的重要制约因素。美国地质调查局的报告特别指出，该报告不涉及经济考量，即在现有技术条件下可以获得上述油气资源，但不考虑获得这些资源可能付出的过高成本。

---

① Peter F. Johnston, *Arctic Energy Resources and Global Energy Security*, Journal of Military and Strategic Studies, Vol. 12, No. 2 (2010), page 2.

2. 可再生资源开发

出于保护北极生态的目的，北极国家已将北极林木业列为受限制甚至是禁止砍伐的产业。鉴于商业渔业在北极可再生资源中的重要性突出，本书对其将予以重点说明。

首先，北极渔业资源相对丰富。北极渔业涉及四大海洋生态系统：东北大西洋——巴伦支海和挪威海；中北大西洋——冰岛、法罗群岛和格陵兰岛周围的水域；加拿大东北海域——纽芬兰和拉布拉多地区；白令海。北极最重要的渔场位于巴伦支海、西白令海和鄂霍次克海水域。主要海产有毛鳞鱼、格陵兰大比目鱼和北极虾。其中，商业性生产鱼类有：阿拉斯加青鳕、大西洋鳕鱼、黑线鳕、太平洋鳕鱼、雪蟹等。在过去几十年，北极捕鱼量约占世界总量的10%，海洋甲壳类海产北极虾和雪蟹的捕捞量占5.3%，鱼类养殖鲑鱼和鳟鱼占7.7%。其中，俄罗斯和挪威是北极地区两个主要捕鱼国，北冰洋大部分的渔场基本上位于两国的专属经济区内。两国白鲑（whitefish）渔业，主要是大西洋鳕鱼和阿拉斯加鳕鱼的渔获量占全球白鲑总供给的20%～30%。巴伦支海拥有地球上最后的鳕鱼大渔场，每年法定渔获量45万吨左右，超过国际大西洋鳕鱼市场上总量的50%。在俄罗斯远东地区，阿拉斯加鳕鱼是捕鱼的一个重要物种，平均年度配额为100万吨。其主要捕鱼区有两块：西部白令海和鄂霍次克海，重要性彼此相当。但随着渔船数量和捕鱼力度的加强，北极商业捕鱼能力快速提高，许多鱼类正处在被过度捕捞状态，造成渔业产量下降和对生物资源的更多压力。

其次，北极非法捕鱼活动猖獗。非法捕捞和过度捕捞是海洋保护的两个重大威胁，已造成严重的经济、社会和环境问题。在全球范围内，非法捕捞成本据估计每年已经达到155亿美元；巴伦支海2005年鳕鱼非法捕捞估计超过10万吨，价值3.5亿美元；俄罗斯远东地区非法捕鱼自20世纪90年代以来不断升高，据估计，仅在鄂霍次克海，其价值每年超过7000万美元，如果再加上税收、行业和公众的损失，约为3.27亿美元。这一事实部分反映了各国对《反海洋渔业非法捕捞法》的执行不力。但是也有例外，在巴伦支海，俄罗斯和挪威在渔业管理方面已经合作多年，形成了一系列的控制、管理和监督措施。这一定程度上显示了政府、企业和非政府组织之间的协调努力可有效遏制非法捕鱼活动。

第三，北极渔业管理框架不一。在国际渔业管理框架下，为了以更严格的管理原则来控制公海渔业，1995 年，在联合国大会主持下，经谈判达成《联合国鱼类协议》（United Nations Fish Stock Agreement）。该协议规定了法理基础，加强了渔业管理地区合作，制定了更好实施管理的措施，并要求执行争议强制解决程序。更重要的是，渔业持续产量存在不确定性使得该协议更加注重渔业管理的预防措施。它希望各国政府在面对生物资源保护与渔业管理目标双重任务时要重视两者的不确定性并做出更加谨慎的选择。近来，预防措施和强化地区合作在北极渔业发展方面至关重要。比如，为了完成该协议目标，许多影响北极水域的渔业协议已经修改，包括西北大西洋渔业组织（NAFO）与东北大西洋渔业委员会（NEAFC）。后者包含了东北大西洋国际水域，其渔业条例实施和鱼类管理协调已经改善。另外，白令海峡关于在专属经济区以外禁止捕捞海洋生物资源的规定已经于 1992 年生效。

在国内渔业管理框架下，北极渔业管理正逐渐实现私有化，方式是发放个人捕鱼配额以及其他机制。1982 年《公约》为利用和管理海洋生物资源建立起规则与原则。其中，200 海里专属经济区的规定使得北极沿海国可以拥有资源控制权，并以实现“可持续的最大捕获量与最有效利用”作为生物资源管理的目标。在冰岛，保护鱼类与促进效率和安全的愿望推动冰岛政府在 20 世纪 80 年代执行了一项“单个可转让配额”的制度。1990 年，一项新法律将该制度扩展到几乎所有的冰岛渔业。根据这项制度，配额允许买卖，这对公共资源私有化观念的建立起了促进作用。研究显示，通过被严格监督的管理制度与有效的科学建议相结合的方式，单个配额制度具有优势。但是，这种制度也有弊端。在实践中，配额可能会集中在少数船主手上，从而滋养了强力垂直综合型的渔业公司，最终引起公有资源的社会分配是否公平的问题。

美国在白令海执行多种渔业管理方式。1996 年，对大比目鱼和裸盖鱼设立单个捕鱼配额项目。其他机制则集中限制对鲑鱼和其他渔业的准入。美国跟冰岛一样，目标是保护鱼类，提供效率和安全，增加渔业产品的价值。但是，美国的单个捕鱼配额项目也提高了对少数所有者和加工者的经济依赖性。管理阿拉斯加白令海渔业方面的一项特殊革新是采用“单一社区发展配额项目”，于1992年由北太平洋渔业管理委员会制定，该项目对鳕鱼、大比目鱼、裸盖鱼、多线鱼、太平洋鳕鱼和螃蟹的总许可渔获量直接分配小部分给西阿拉斯加已经得到确认的原住民社区联盟。这些社区发展配额的目的是扩大社区参与白令海渔业，创造就业，吸引新资本，同时也发展基础设施，改善社会经济条件。在阿拉斯加，约有56个社区组成的6个地区渔业公司参与白令海商业捕鱼。从1992年以来，单一社区发展配额项目已经创造了月9000个工作机会，收入达6000万美元。最近，在美国发表的《皮尤海洋委员会（Pew Oceans Commission）报告》集中于以生态系统为基础的管理，号召建立对海洋环境新的管理与责任，建立新的渔业管理制度架构，建立海洋储备，保护重要栖息地，促进海洋渔业研究和教育等。

（三）北极航道

北冰洋主要涉及三条海上航道——东北航道、中央航道（Central Arctic Shipping Route）和西北航道。其中，中央航道是一条穿越北冰洋中央区域的潜在航道，其他两条航道是北极主要航道，也是本书需要重点研究的北极航道。东北航道西起冰岛，经巴伦支海，沿欧亚大陆北方海域向东，直至白令海峡。由于东北航道的大部分位于沿俄罗斯北方边界专属经济区内，所以该段航道被俄罗斯称为“北方海航道”，即由摩尔曼斯克（Murmansk）到普罗维杰尼亚（Provideniya），全长约2600海里（4815.2公里）。北方海航道1931年开通，仅用于苏联的国内航运，直到1991年才开始有外国船只通过。尽管如此，该航线还是很少被非俄方船只使用。如果东北航道开通，将有助于东北亚（主要是新加坡以北地区）和北欧之间的海运贸易。

西北航道穿过加拿大北极群岛，实际上主要包括了南方线和北方线两条潜在航线。其中，南方线通过努纳武特（Nunavut）的皮尔松（Peel Sound）地区。南方线近几年到夏季才开通，其他大部分时间则被冰覆盖。此外，该航线还具有“水道窄、曲折多和吃水浅”的特征。北方线则经过巴芬湾（Baffin Bay）、麦克卢尔海峡（McClure Strait）、波弗特海一线。北方线比南方线直一些，也更具海运价值，但更容易被海冰阻断。西北航道有助于东北亚（主要是上海以北地区）和北美东北地区之间的海运贸易。对比两条航道，东北航道对东亚而言可能在经济上更优于西北航道。航道问题主要涉及上述两航道是“内陆航道”还是“国际海峡”的争议，及由此引起的航运安全、管理、管辖等相关法律问题。俄罗斯自苏联时代起就实际控制东北航道的大部分，并视其为俄罗斯的内水；加拿大将西北航道视为其内陆航道，认为应该接受其监督、规制和管理。与俄、加不同，美欧等国倾向认为北极两航道属于公海间的国际海峡。

从现状看，北极航道具有如下主要特征：

第一，北极航道的潜在商业价值非常明显。前文北极战略价值部分对东北航道和西北航道的潜在价值已做说明，商业价值部分就不再赘述。除此之外，位于东北航道和西北航道之间的中央航道是穿越北冰洋距离最短的北极航道，也是缺乏主权争议的国际水域，对非北极国家而言其潜在价值最突出。中央航道开通的前提是北冰洋中央区域海冰融化，或是北冰洋出现夏季无冰现象，但是该条件难以在短时期内满足，因此中央航道更具长期战略意义。

第二，北极航运受到北极冰况和北极旅游的双重影响。首先，北极航运主要受到北极海冰况的影响。北极货船运输目前主要是北极地区性而非洲际穿越性运输，几乎都是从北极运出自然资源，或运进一般货物用品供给当地社区和资源开采设施所用。比较两条航道航运状况，东北航道占据北极航运活动的大部分。东北航道西端的巴伦支海全年开放，东部仅有夏季两个半月开放期。现在东部的海冰状况正在快速变化，2011 年开放五个月，34 艘船在俄罗斯破冰船的导引下通过北方海航道。其次，以海洋航运为特色的北极旅游业的潜在价值随着海冰融化、航道开通的前景日增。2003 年，部分北极邮轮和旅游经营者成立了北极探险邮轮运营商协会（AECO），建立共同认可的安全和环保指针。该组织涵盖了格陵兰岛、斯瓦尔巴群岛和扬马延岛等北极部分地区。2007 年夏，据报道有三艘游轮从大西洋航行通过西北航道到达阿拉斯加的北坡地区。2010 年 8 月，有一艘载客超过 150 名的邮轮试图穿越西北航道，但不幸搁浅。

第三，北极航道的不可预测性仍然较大。首先，北冰洋海冰具有较大不可预测性。北冰洋多年积冰的厚度一般可超过 10 英尺，甚至对破冰船来说也是难题，但“一龄冰”的厚度通常不会超出 3 英尺。这些较薄的浮冰比较容易被破冰船或“冰级船”（泛指具有增强外壳和适于在冰况水域航行的货船）压碎。其次，冰流具有较大的不可预测性。在西北航道，由于融冰和水域开放，曾经覆盖一龄冰的水域飘来了大块浮冰，它们或是来自“远北”海域的多年积冰，或是来自格陵兰岛的冰山，共同流入潜在的航道。尽管气候变化，但是多年积冰的源头预计不会消失。夏季，漂入潜在航道的浮冰块的流动模式难以预测，如果航道中的浮冰减少，那么流冰的增加在一定程度上将对北极航运带来更大不可预测性。再者，天气具有较大不可预测性。北极航道地区经常遇到恶劣天气，不仅有强烈风暴，还有严寒，这些都能影响到甲板上的机械作业。此外，夏季海上通道开放之时，大雾在北极地区很普遍。不可预测性是集装箱船的最大关注，因为它们要装载来自众多客户数以千计的货柜，客户都期望在约定时间地点在不同港口装卸货物，而即使是来自格陵兰岛缓慢漂流的小冰山也能严重破坏航运行程。

第四，北极航道通航的运营成本依然较高。与其他航线相比，商船在北极航线航行将面临更高的运营成本。船舶大小是影响运输成本一个重要的因素。目前，许多在其他海域使用的船舶如果要在北冰洋航行将需要两艘破冰船为其破冰开道才能安全通过。为了降低破冰船服务费用，船东在北极海域可以使用较小的船只，但是这样做又将提高每个集装箱或每吨货物的单位成本。此外，与设计适用于更温暖水域的船舶相比，破冰船和冰级船将燃烧更多的燃料，并且航速更慢。北极地区通航季节目前只能持续几周，因此北极破冰船和其他具有特殊要求的设备在一年中的大部分时间将处于闲置状态。尽管如此，这些障碍也没能阻止人们对北极航道通航的渴望，但是只要增加的成本足以抵消因缩短航程而带来的收益时，人们可能会考虑暂时放弃使用北极航道。从纯商业盈利的角度看，北极航程缩短在特定时期并不一定意味着更便宜和更快捷。

第五，北极航道沿线的基础设施严重缺乏。如果北极航道通航成为现实，那么跨北极的洲际航运将需要对其航道沿线与航运相关的基础设施进行大量投资。目前，航道标示浮标和其他浮动目视航标在北极水域不可行的直接原因是流动冰盖不断改变其位置，因此北极商业航运必须依靠准确的北冰洋调查和海冰分布图。然而，北极部分地区海洋调查和海图过期与不准确现象很普遍。为了解决该问题，船舶经营者要随时得到准确的航空侦察冰情和卫星图像。除此之外，北极航道沿线还应建设其他基础设施，比如在可能的场所安装船到岸通信基础设施，建造必要的船舶加油站和中转港。此外，还要建设与基础设施相配套的人员储备和风向评估机制。具体而言，船舶公司需要开发一套具备北冰洋冰况条件下航行经验的大量船员储备，海险保险公司则需要计算北极航道适当的风险溢价水平。

第六，北极航道的国际治理机制缺乏北极针对性和强制力，导致北极航运国别治理特点突出。首先，有关国家对国际航运标准执行不力。由于航运业的国际性质，海洋贸易国都采用国际条约，并基于安全和防止污染等原则建立远洋船标准。这些标准由各航运国通过联合国 1959 年成立的国际海事组织（IMO）达成一致。截至目前，国际海事组织有 168 个成员国，通过对北极航道有约束作用的重要公约主要有三个，分别是：（1）《海上人命安全公约》（SOLAS）——最初源于 1912 年“泰坦尼克”号游轮灾难，后来修改过多次；（2）《防止船舶污染国际公约》(MARPOL）——1973 年通过，1978 年修订；（3）《海员培训、认证和值班标准国际公约》(STCW）——1978 年通过，1995 年修订。上述公约的标准原则上由缔约国执行，但是大多数海上贸易国家作为“船旗国”缺乏执行这些规定的能力，因为世界大部分商船队是在所谓的“方便旗”下登记的。虽然大多数船业主和经营者的总部都设在发达国家，但是除了“开放登记制度”外，他们往往在巴拿马、利比里亚、巴哈马群岛、马绍尔群岛、马耳他和塞浦路斯等小国注册其船只，因为后面这些国家提供更具吸引力的税收和就业管理制度。由于这方面的发展，大部分海洋贸易国根据“港口国控制”制度执行航运规定。也就是说，作为在港口停泊的条件，他们需要遵守这些规定。船舶所有权和经营权分离是监管执法的进一步障碍。货船由一方拥有，由另一方经营（推销仓位），由第三方管理（提供船员和船上需要的其他服务）的情况很普遍，而各方总部可以设在不同国家。其次，国际航运公约不具有北极针对性。虽然《海上人命安全公约》和其他国际海事组织公约包括了关于船舶在冰况水域航运的规定，但不专门针对极地地区。作为补充需要，2002 年 12 月，国际海事组织批准了船舶在北极冰覆盖水域作业的指针。需要说明的是，该指针对北极作业船舶只有建议功能，而不具法律约束力。再次，部分国家超越国际航运公约对抵达其港口或穿过其沿海水域的船舶执行额外规定。以美国为例，美国海岸警备队法规主要遵循国际海事组织的公约，但在部分地区则授权执行额外规定。美国沿海各州可以要求停泊其港口的船舶采取额外的安全和污染防治保障措施。此外，加拿大和俄罗斯对北极水域也有超过《防止船舶污染国际公约》的额外规定。美国海岸警卫队正在寻求与俄罗斯在白令海峡建立“船舶分道通航制”事宜达成协议，该处每年经过船舶超过300艘。

（四）生态保护

北极环境极端脆弱，北极暖化极可能对北极生态系统产生深远影响。比如，海冰、海平面、永久冻土、苔原带、林木植被分布、航运增多等变化将影响陆海哺乳动物、鱼类、驯鹿食物源的自然分布；日益增多的资源勘探与开发活动将危及脆弱的北极环境；北极食物链的变化已经相当明显，北极物种分布必须适应食物链的变化；物种分布发生变化将造成物种栖息地的丧失以及其他方面的冲击，甚至将造成周边地区与北极地区的动物间病菌的相互传播。相比之下，更为清楚的是北极留给北极物种和人类的适应时间越来越少，北极生态保护必将超越北极国家的区域或“中观”范畴，而具有治理的全球或“宏观”意义。鉴于这种认知，通过国际社会共同努力和协调行动是实现北极生态保护共同目标的必然条件。由于北极生态保护涉及范围广泛，本书仅以点带面，选择最具现实意义也是最有代表性的问题——北极污染。

人类活动产生的污染物通过海洋洋流和大气运动已经转移到并滞留于北极地区，污染物的存在越来越严重影响北极的生态环境。这些污染物的特点及其对北极的影响主要有以下几方面：

第一，北极污染物虽然种类繁多，但是污染程度尚处于低水平。北极污染物主要是指全球性和区域性输送的污染物质。全球性污染物的输送渠道主要是墨西哥湾暖流、西伯利亚河流和地球大气循环；区域性污染物质输送渠道主是北极国家工业活动的结果。近来的研究表明，海水、土壤、植物、动物和鸟类组织中的污染物：石油烃类、合成表面活性剂、酚类、氯有机化合物、多环芳烃、重金属和人造放射性核素等的含量仍然非常低，很少超过自然水平。

第二，重金属污染是北极生态系统的罪魁。到目前为止，虽然在北极已发现几乎所有“稳定有机化合物”（stable organic compound），但它们在北极地区的浓度比地球温带地区低很多。相比之下，对北极生态系统影响最严重的是重金属污染。重金属可以通过降水、河流和当地工业设施等不同方式进入北极海洋环境，但是北极重金属污染的主要成因由当地开采镍矿和铜矿及其伴随的酸化过程对土壤和地表植被造成的严重危害所致。部分重金属可能随着数量增加会对某些动物物种甚至人类产生不利影响，比如汞和镉。研究人员发现，北极地区的湖底和海底汞含量呈增长趋势。在过去20～30年里，海洋哺乳动物的组织器官中汞含量明显增加，这一般被认为是汞全球流动并最终在北极地区遇冷积聚的结果。在部分地区，尤其是格陵兰岛和西加拿大地区，由于当地的特殊地质条件，汞含量已经明显超出自然水平。此外，地区酸化过程的主要来源是含硫和氮的氧化物，北极已观察到的导致酸化的物质有六种，分别是：二氧化硫、一氧化氮、二氧化氮、酚、悬浮剂和甲醛。尽管如此，酸化问题在北极生态保护中还只是个区域性问题。

第三，对北极生态系统影响较严重的污染物是碳氢化合物。北极地区碳氢化合物主要来自石油和天然气的开采和运输，比如漏油、油污水排放等。北极地区主要的油气田位于：俄罗斯北极地区、挪威大陆架、阿拉斯加的南部和北部、马更些河地区。不久的将来可能开发的油田位于：巴伦支海、格陵兰岛西海岸和阿拉斯加北部。

第四，石油开采过程中的“钻泥”将对北极海洋环境产生不同影响。首先，污染发生的时间和地点不同，可能对生物个体和种群构成重要危害。其中，海洋哺乳动物、鸟类、底栖和潮间带物种，以及生物早期发育阶段的卵或幼虫对于水中污染特别容易受到伤害。其次，污染事故的影响相差很大，有较长时间的跨度，从几天到数年不等，在某些情况下，甚至能持续几十年。再次，污染可能对北极还不甚了解的“毒理效应”（toxicological effects）产生影响。例如，永久冻土上的漏油可能会持续相当长的时间，并通过植物根部吸收作用而危害其生命；漏油对北极特有物种，尤其是对适宜寒冷环境物种的影响，以及温度对毒性的影响等等。然后，高纬度、低温海洋环境地区污染的影响可能会比预期持续更长时间，并造成更大的危害。最后，在野生动物方面，北极种群恢复可能需要更长的时间，因为许多物种在北极地区寿命更长但繁殖速度较慢。

第五，对北极生态系统影响时间最长的是放射性污染。放射性污染源包括核电站、核动力舰队基地和维护基地、放射性废料的处理、存储和临时埋藏设施等。研究显示，北极地区放射性同位素最高含量发生在20世纪60年代，主要是地上核试验、地下原子弹爆炸、核废燃料储存和放射性废料埋藏等因素所致。如今，北极人造放射性污染主要是全球性放射性尘埃污染，主要源自地上核试验与来自欧洲核燃料处理厂的排放。但总的来看，北极放射性污染形势相对平稳。此外，从20世纪70年代开始，北极上空臭氧层出现空洞并呈扩大趋势，从而造成太阳紫外线直射到地球表面，对人类健康和海洋浮游生物构成威胁。

第六，对北极生态系统潜在威胁最大的是油污染。随着北极海冰减少、冰川后退和人类活动增多，以漏油为诱因的北极油污染很可能成为北极生态保护的一大威胁。北极油污染的风险主要来自油轮漏油和油井井喷事故。近几十年来，世界上许多重大石油泄漏事故都源自可以携带数百万加仑石油的油轮。虽然跨北冰洋的洲际航运尚不确定，但是在该地区加强石油勘探和开采活动似乎已是国际投资商的共识。如果北极航道实现通航常态化，那么该地区将面临相当大的整体性油污染潜在风险。虽然北极尚未发生重大漏油事故，但是近期的活动，如油气勘探和游船旅游，增加了北极油污染的风险。北半球高纬度地区曾发生过重大泄漏事故，例如1989年埃克森·瓦尔迪兹在阿拉斯加和北海的泄漏事件，就是最好的证明。相比之下，海上石油油井所产生的井喷事故也是重大油污染的来源，其污染程度甚至可能超过最大的油轮溢油事故。历史上最大的意外井喷漏油事件是2010年墨西哥湾发生的“深水地平线”（Deepwater Horizon）事件。在该事件中，不受控制的油井在80多天的时间里向墨西哥湾释放出约200万加仑的原油。第二大意外漏油事件是1979年墨西哥湾岸区水域的“艾克斯托克－I”油井发生的井喷事件，估计向外释放了140万加仑原油。此外，管理不力可能放大污染风险。即使在最严格的控制系统下，漏油事件和其他污染事故也可能因为管理错误而发生。比如，直到2010年

“深水地平线”事件之前，美国联邦水域海上平台的漏油记录中却依然显示：与往年相比有明显改善；2003 年，一项由美国国家研究委员会（NRC）主导的关于阿拉斯加北坡油气活动的研究报告显示：这些分析的结论是，导致大量溢油的井喷事故是不可能的；类似的结论还出现在 2010 年“深水地平线”事件之前有关墨西哥湾深水钻探的联邦政府机构的文件中。

（五）原住民

北极原住民问题是北极问题中唯一涉及少数族群权益的问题。因为北极原住民权利意识普遍觉醒，又掌握重要北极资源，再加上北极事务参与度不断提高，尤其是在与北极问题相关的国际关系中发挥着越来越重要的作用，所以他们在北极问题中具有特殊性，决不能忽视。北极原住民可从以下方面认知。

第一，北极原住民具有特殊历史背景。北极原住民并非单一民族，而是对居住在北极地区的众多少数民族的统称。他们的祖先在 1 万多年前就来到北极地区，比最早来北极的欧洲移民还要早很多。根据欧洲人记录，原住民初到北极地区的时间并不一致。最早可以追溯到公元 9 世纪俄罗斯的西北地区；公元 10 世纪在格陵兰岛；公元 16 世纪拉布拉多地区；17 世纪北极东北亚地区；18 世纪阿拉斯加地区；直到 20 世纪初才到其他北极部分地区。目前，北极原住民有几十种文化，以及源自八种或更多非印欧语系的几十种语言。在欧洲人到来之前，北极原住民生活主要靠渔猎和牧鹿为生，这种作为文化基础的生存方式已经有 1000 多年了。这种生存方式导致了原住民在生活、政治、饮食、文化、人口等方面具有特殊性。北极国家中有七国（冰岛除外）涉及原住民问题，大部分原住民在各自国家里属于少数族裔。目前，生活在北极的人口约有 400 万，原住民只占 10%。[①]北极原住民主要有：生活在阿拉斯加的因纽皮特人（Inupiat）、尤皮克人（Yupik）、阿鲁提克人（Alutiiq）、阿留申人（Aleuts）和阿萨巴斯卡人（Athapaskans）；生活在加拿大北部的因纽特人（Inuit）、因努维阿勒伊特人

---

① By Timo Koivurova, Henna Tervo, Adam Stepien: *Indigenous Peoples in the Arctic*, Sep. 2008, page 3.

（Inuvialuit）和甸尼族人（Dene）；生活在格陵兰的格陵兰人（Kalaallit）和极地因纽特人（Inughuit）；生活在北欧芬诺斯堪迪亚俄罗斯卡拉半岛的萨米人（Saami）；和生活在俄罗斯远东和西伯利亚的楚科奇人（Chukchi）、鄂温人（Evens）、鄂温克人（Evenk）、涅涅茨人（Nenets）、尼夫赫人（Nivkhi）和尤卡吉尔人（Yukaghir）。[①] 除了在格陵兰和加拿大以外，很多北极原住民社区仍然严重依赖狩猎、捕鱼、放牧等传统生活方式，从而与其他北极居民形成鲜明对比。

第二，北极原住民受殖民影响严重。欧美国家殖民扩张和同化政策对北极原住民产生严重结果。在被殖民化之前，北极原住民所在区域没有或未确定边境线。比如，萨米人居住地曾是一整片区域，但是殖民扩张的后果使该区域被“挪威、瑞典、芬兰和俄罗斯”四国的边境分开。北极原住民被殖民化的进程并不统一，16、17 世纪先是对欧洲和北亚的原住民，20 世纪后才完成对整个北极地区的原住民。在部分地区，除了土地被分割外，传教士在宗教或文字上对原住民进行了分割。北美的因纽特人和印第安人就是这种情况。他们不仅属于不同的教派，而且语言文字也存在差异。比如生在西加拿大北极地区的因纽特人使用罗马字母来书写因纽特人语言，而东部北美因纽特人却使用一种特殊设计的字母；格陵兰的因纽特人早在 19 世纪中期就有一种方言，而加拿大统一的因纽特人既没有宗教也没有书面语；当第一份格陵兰岛语言的报纸于 1861 年出版，而第一份因纽特人语言“努纳武特”（Nunavut）的报纸 100 多年后才出现。对原住民实行同化政策则是北极各国政府的共同战略。与同化战略相反，非殖民地化则成为北极原住民政治制度构建的一个重要趋势。但是这一趋势因为殖民地化的影响程度和各国国内政治制度的不同而具有很大的地区和国别差异。在加拿大和格陵兰，原住民通过与中央政府的谈判力争非殖民化；在芬诺斯坎迪亚，中央政府只有委托管理权；而在俄罗斯，苏联之后的短暂分权再次被集权所代替。

第三，北极原住民的传统生活领域受北极暖化影响明显。北极暖化对原住民的潜在影响将是全方位的，涉及经济、生活、卫生、人口、

---

① By Mark Nuttall, Fikret Berkes, Bruce Forbes Gary Kofinas, Tatiana Vlassova and George Wenzel: External Review, ACIA Scientific Report, Chapter II, Jan. 2004, pp. 11 ~ 15.

社会和文化等各个层面。首先，地理环境因素变化将影响原住民的传统生活方式。比如，海冰、海平面、永久冻土、树木与植被分布、冻原带和商业航运增加等多方面的变化将影响土地、海洋哺乳动物、鱼类和驯鹿觅食的分布，从而影响原住民的生活方式；原住民狩猎的风险和不可预测性将增加，从而降低食品安全性，改变饮食习惯，增加对外部非传统食品的依赖。其次，北极经济机会增加将影响原住民的传统文化。虽然油气和矿产勘探开发连同其他经济活动的增加，比如林业和旅游业，将增加北极居民的经济机会，但是它必将导致外来人口的增加，从而进一步改变原住民的传统文化。再次，北极暖化可能引起原住民健康问题。比如，经济发展可能会加剧北极污染问题，包括食品污染；可能会增加昆虫和野生动物传播的疾病；可能对水和卫生系统造成破坏，增加水传播疾病；可能会增加原住民心理和行为压力。

第四，北极原住民的权利意识日渐强烈。北极原住民与其政府的关系各异。一些原住民团体在自己土地上实行自治，比如美国和加拿大的原住民团体；另一些则建立特别的代表机构，比如挪威、芬兰和瑞典的萨米人（Saami）议会；还有一些地方存在原住民占绝对多数的一般性政府，比如丹麦的格陵兰、加拿大的努纳武特区（Nunavut territory）、阿拉斯加北坡（the North Slope）和西北北极自治镇（Northwest Arctic boroughs）。尽管是少数民族，但是北极原住民在厘清自身法律地位，维护自决权的意识方面已经觉醒。比如，1980～1981年，反对治理挪威北部阿尔塔河的“阿尔塔运动”动员了各国萨米人一起重申其原住民身份，加强自决要求，实现“共同决定自己未来的权利”的目标。虽然这次运动的目的最终没能实现，但是它催生了北极原住民，尤其是其青年和艺术家的民族觉醒。北极原住民与其国家和地方政府的复杂关系，以及对所生活土地的所有权及其他相关诉求，是应对北极问题必须重视的特殊因素。

第五，北极不同原住民之间的联系与合作不断加强。比如，萨米人和因纽特人的“环北极大会”发起了“跨白令海峡援助”运动；“北极领导人峰会”集中了原住民领导人，致力于健康、环境和文化多样性，以及推动政府采取必要立法和经济措施。但是，北极原住民的内部合作尚处在初级阶段，主要表现在这种合作还缺乏更多的主动性和明确的目标。例如，参加北极环境保护战略（AEPS）的原住民组织在北极理事会的宣言中不被当作创始成员。相比之下，因纽特人环北极理事会（the Inuit Circumpolar Council）、萨米人理事会（the Saami Council）、俄罗斯北方原住民协会（Russian Association of Indigenous Peoples of the North – RAIPON）却都被指定“永久参加者”（北极理事会给予北极原住民组织的特定成员身份）。后来，同样的地位给予阿留申人国际协会（Aleut International Association）、北极阿萨巴斯卡理事会（The Arctic Athabaskan Council）和哥威迅国际理事会（Gwich'in Council International）。

第六，北极原住民的国际影响力不断扩大。为了实现保护北极环境的目标，原住民组织在国际上的影响力不断扩大。目前，有六个北极原住民组织是北极理事会的永久参加者。这一地位为他们进一步在国际舞台上发挥影响力创造了条件。他们与“北极环境保护战略”（AEPS）和北极理事会之下的工作组有着密切合作。例如，他们认可“北极监测评估计划”（AMAP）工作组在确定北极污染影响方面的工作，并用它来推动政府签署全球性的《关于持久性有机污染物的斯德哥尔摩公约》——一项旨在保护人类健康和环境免受“持久性有机污染物”（POPs）[①] 污染的国际条约。这是北极原住民和北极科学界之间卓有成效合作的一个成功案例，2004 年 5 月 17 日，该公约正式生效。另外，因纽特人通过研究、公众教育、协调倡议和游说等方式影响着上述国际谈判，这与他们的人数很不成比例。但是这一特点在国际上却非常重要，因为北极原住民的作为能够被复制到其他北极议题的国际谈判当中，如气候变化、臭氧消耗和生物多样性保护等等。2009 年 4 月，因纽特人环北极理事会[②]在阿拉斯加召开世界范围内的“原住民气候变化全球峰会”。会议指出，由不可持续发展加速的气候变化要求北极原住民在国内和国际气候变化决策中发挥更大的作用，包括原住民传统知识在气候变化的研究、监测和缓解方面发挥更大的作用。2009 年 12 月，会议报告被转发到“哥本哈根联合国气候变化框架公约缔约方大会”。总之，北极原住民积极参与国际事务的成果表明，他们有能力通过影响国际谈判进程的方式

---

① 持久性有机污染物（POPs）是指通过各种环境介质（大气、水、生物体等）能够长距离迁移并长期存在于环境，具有长期残留性、生物蓄积性、半挥发性和高毒性，对人类健康和环境具有严重危害的天然或人工合成的有机污染物质。持久性有机污染物分为杀虫剂、工业化学品和生产中的副产品三类。

② 由阿拉斯加、加拿大、格陵兰和俄罗斯等北极地区的因纽特人建立的组织。

来捍卫自己的权利。

当然，北极原住民组织的国际影响依然受到诸多条件制约，仍然有很长的路要走。比如，北极理事会虽然开启了原住民与北极国家政府共同讨论人类发展和可持续性的平台，但是原住民代表与其政府的地位并不平等，主要因为他们还是上述国家的公民；原住民的财政资源非常有限，不能充分支持他们参与理事会及其工作组的会议；更重要的是，原住民的家园往往具有战略性，无论是军事价值，还是自然资源禀赋，都吸引着外部不同利益攸关方；原住民代表在“北方论坛”组织中的作用还比较弱；并非所有强调北极的努力都特别有效，如《关于可持续发展的世界峰会的约翰内斯堡宣言》的谈判中就不包括北极议题；北极原住民组织和特殊成员国之间的竞争，甚至冲突，可能会在北极理事会的背景下继续，尤其在定义与北极可持续发展相关的议题上。

二、高政治问题

高政治北极问题主要指北极领土（海）主权归属和北极军事因素。

（一）领土（海）主权归属

北极领土（海）主权归属主要源于部分北极国家在陆地与海洋边界划分，北极航道归属，以及对北冰洋海底延伸大陆架的确认和归属等问题上存在争议。该问题主要包括以下两类争议。

首先，北极地区部分存在领土（海）主权争议。具体而言，北极上存在四项未决主权争议。第一，北极航道法律地位存在争议。对于东北航道的国际法地位，俄罗斯和美国、欧盟存在分歧。俄方认为，东北航道是俄罗斯的内水，是“统一的国家运输交通线”；而美国和欧盟则认为该航道是国际水道，应向所有国家开放使用，服从共同承认条款。对于西北航道，其国际法地位主要是加拿大与美欧存在分歧。加方认为，西北航道属于其内陆航道，是加拿大的领土，应该受到其监视、管理和控制；美欧和其他国家则声称，西北航道构成了两公海间的国际海峡。第二，美国和加拿大之间关于波弗特海划界存在争议。2010 年 8 月，加拿大外交部部长劳伦斯 · 坎农宣布了一项新的《加拿大北极政策声明》，它重申了政府对该地区主权、经济社会发展、环境保护、对北方民族授权等的承诺。声明还强调，政府意图通过与美国谈判的方式来解决与美国在波弗特海划界问题上的争端。坎农还宣称，在边界问题上取得进展将是重中之重。第三，美国和俄罗斯在1990年针对有争议的白令海地区签署了一项协议，虽然美国参议院于次年批准了该协议，但是俄罗斯国家杜马始终未批准。第四，丹麦和加拿大对位于汉斯岛①的主权归属存在争议。对于丹麦与加拿大的争议，国外有专家认为，两国都在争夺未来海上航道的控制权。一旦北极海冰融化到足以开通西北航道，那么双方现在争夺的控制权就将为其带来物质利益。还有人认为，两国政府正在监视事态发展，或许该地区未来能发现自然资源，从而具有经济价值。尽管在汉斯岛归属上有争议，加拿大和丹麦在北极问题上还是以合作为主。2010年5月，两国军队参谋长签署一份关于北极国防、安全和业务合作的谅解备忘录，承诺两国要加强磋商、信息交流、访问和演练。

除了上述争议外，挪威和俄罗斯在巴伦支海两块所谓“灰色地带”的边界问题上已经争吵了几十年，据信该区域储藏有丰富的海底石油。2010年9月15日，挪威首相延斯·斯托尔滕贝格和俄罗斯总统梅德韦杰夫在靠近挪威边界的摩尔曼斯克签署了一项协议。根据该协议，双方各获约一半（17.5万平方千米）面积，明确双方在该海域的捕鱼权；并规定，如果未来在跨越边界地区发现石油和天然气，那么双方应该进行联合开发。有专家认为，俄罗斯在如此资源丰富的广阔地区归属问题上向周边国家做出让步是值得的。但也有人指出，俄罗斯希望与挪威合作开发海上资源，以及在俄罗斯根据1982年《公约》第76条提出诉求时获得挪威支持。

其次，部分北极国家之间对外延大陆架的确认和归属存在争议。根据1982年《公约》第77条规定，沿海国家对其大陆架的自然资源，包括石油和天然气，行使主权权利（sovereign right）。大陆架申请的建议机构是“大陆架界限委员会”。根据1982年《公约》第76条规定，如果沿海国的大陆架不足200海里宽，则可扩展到200海里；对于拥有超过200海里宽大陆架的国家，其大陆架延伸最远不得超过350海

---

① 汉斯岛是位于格陵兰岛和加拿大埃尔斯米尔岛（Ellesmere Island）之间小且荒芜的一座岩石岛。

里或 2500 米等深线以外 100 海里。[1] 尽管大陆架界线委员会的建议不具有法律效力，但是如果申请国接受该建议，那么对申请国就具有“最终且有约束力”（Final and Binding）的性质。

由于受到在北极地区日益增长的可获得油气和矿产资源的刺激，北极五国中有四国（美国因为不是 1982 年《公约》的签署国而除外）希望以行使主权权利来直接控制北冰洋大陆架中的自然资源，主要方式是向大陆架界线委员会申请扩展专属经济区。作为 1982 年《公约》缔约方，如果能够证明其大陆架自然延伸到 200 海里以外，并符合第 76 条的规定，那么它就可以对“下沉陆地”（submerged land）提出主权权利申请。1982 年《公约》的上述规定从法律上支持并激发了北极国家开发水下陆地的热潮。于是，北极国家纷纷进行相关测绘，以支持对那些可能埋藏大量石油、天然气、甲烷水合物和矿产资源的下沉陆地主权权利的申请。更有利的是，北极海冰减少意味着船舶可以拖带“地震台阵”[2] 勘探北冰洋、楚科奇海、波弗特海和其他以前一度无法进入但长期以来不存在与海上浮冰发生碰撞风险的北冰洋海区。与前几十年相比，科技水平的提高和利用还意味着北极海上钻探的季节性窗口打开时间更长，从而提高了勘探新发现的机会。

目前，北极五国中的多国已经提交了对北冰洋外延大陆架的申请。2001 年，俄罗斯根据 1982 年《公约》对北极外大陆架一部分向大陆架界限委员会首先提交申请。申请对象是“罗蒙诺索夫海岭”（Lomonosov Ridge）[3]；申请理由是在罗蒙诺索夫海岭采集到的岩石样本与其

---

① 中华人民共和国海事局译：《联合国海洋法公约》，人民交通出版社，2004 年 8 月，第 29 页。

② 根据研究目的，在一定研究区内按某一规则（十字形、圆形或方形等）布设的一组地震仪。

③ 罗蒙诺索夫海岭：北冰洋中部的海底山脉。1948 年发现。起自俄罗斯北冰洋岸的新西伯利亚群岛附近，沿东经 140 度线通过北极，延伸到加拿大北部的埃尔斯米尔岛东北侧。长 1800 千米，宽 60 ~ 200 千米。平均高出洋底 3300 ~ 3700 米。中部山脊距洋面 960 ~ 1650 米，最高峰距洋面 900 米。坡度大多超过 13 度，在北极附近达 30 度。海岭把整个北冰洋分为两部分，面向北美洲为“加拿大海盆”，面向亚欧大陆的为“南森海盆”，两部分在海流、海水运动方向和水温等方面都有明显的差异。在加拿大海盆以西有一条“门捷列夫海岭”，长 1500 千米，相对高度小，坡度平缓。在南森海盆外侧有一“南森海岭”“加克利海岭”或“奥托·斯密特海岭”，由几条平行海岭组成，自拉普帖夫海经格陵兰岛北端到冰岛接大西洋海岭。

西伯利亚海岸的土壤性质特征相吻合。如果俄罗斯所提要求被接受，它将可能再获得约120万平方千米的北冰洋，那么它将对几乎一半的北冰洋拥有主权权利。但是2002年，大陆架界限委员会以科学证据不足为由拒绝了俄罗斯的申请。初次申请遭拒绝并没有阻止俄罗斯寻求新证据继续申请的努力，俄方表示，将在2013年重新提交申请。面对俄罗斯的积极作为，加拿大、丹麦和挪威都将罗蒙诺索夫海岭视为各自大陆架的延伸，并提交了申请。虽然美国无法提交与罗蒙诺索夫海岭相关的外延大陆架申请，但是它通过“延伸的大陆架计划”来收集和分析数据，并采取与加拿大密切合作的方式，积极帮助后者准备相关数据作为加方对北冰洋外延大陆架申请的证据提交给大陆架界限委员会。

尽管加拿大和美国在罗蒙诺索夫海岭问题上密切合作，但是双方在北冰洋也存在大陆架划分争议。加拿大和美国两国海底存在一部分外延大陆边缘的重叠区域，但是双方已经进行了单独研究并共同测绘延伸的大陆架。2008年8月，加拿大总理宣布，加拿大将在未来五年花费1亿加元来测绘整个北极矿产和能源资源，并加强加拿大对北方资源的主权。2009年1月12日，美国布什政府颁布总统指令，解决在北极的延伸大陆架和边界问题。指令承认，美国和加拿大在波弗特海存在一个未解决的边界问题。

需要特别指出，由于美国不是1982年《公约》的缔约方，所以它不可能成为大陆架界限委员会的成员，也不可能根据第76条提出相关申请。但是多年来，美国已提交了对其他国家的申请意见，同时要求将其意见在网上公布并提交给大陆架界限委员会。此外，自2001年以来，美国已经开始收集和分析相关数据，以确定其外延大陆架的外部界限，奥巴马政府近来也多次呼吁美国国会早日批准1982年《公约》。

综上所述，尽管北极五国在北极地区存在部分领土（海）主权和外延大陆架争议，但是它们并不希望将这些争议扩散到北极五国之外。2008年5月，北极五国在格陵兰岛的伊鲁利萨特开会，重申承诺：各方认同以1982年《公约》作为在北极地区外延大陆架界线的法律框架。这一承诺既反映了北极五国对相关领土（海）主权归属和外延大陆架所承载的主权权利划分须达成“北极五国共识”的强烈愿望，也反映了北极五国排斥他国介入，企图独享北冰洋资源的潜在而强烈的愿望。

（二）北极军事因素

北极军事因素主要是指北极五国在北极地区的军事战略、存在、能力、活动和趋势等。表面上，北极军事因素整体表现出强化的共同趋势。

首先，北极五国的北极军事安全政策开始调整，北极军事人员与军事装备得到加强。俄罗斯在北极军事安全政策上为确保其北极战略顺利实现成立了针对北极军事安全的军事指挥机构。2008 年 9 月，俄罗斯确定了《到 2020 年及以后俄罗斯联邦北极国策的基础》（The foundations of the Russian Federation's State Policy in the Arctic until 2020 and beyond）的北极战略。该战略突出强调，将北极作为俄罗斯到 2020 年自然资源主要来源及其重要性，并提及与北冰洋专属经济区其他申请国的潜在冲突问题。2014 年 2 月，俄罗斯军队总参谋部透露，俄罗斯年底前将在北方舰队基础上组建一个新的军事机构——“北方舰队—联合战略司令部”，主要任务是确保其在北极地区的国家利益。[①] 俄罗斯在军事装备方面尤其重视潜艇建设与核威慑。2012 年 7 月底，俄罗斯总统普京在出席俄罗斯最新一代潜水艇的开工仪式时承诺，要加强俄罗斯海军核力量，捍卫俄罗斯主要海洋强国的地位，保卫俄罗斯在北极地区的利益；在军事人员方面，俄罗斯北方舰队、陆军北极旅、空军和防空部队的部分单位和相关管理部门被编入即将组建的“北方舰队—联合战略司令部”。

加拿大近年来在北极军事安全政策上出台了多项措施，试图以此捍卫北极主权。自 2006 年起，加拿大将保护和强化“北极主权”作为一项优先国家政策，其北极防务政策主要体现在 2008 年发布的《加拿大第一防务战略》文件中。加拿大的防务战略明确了今后 20 年国家军事投入计划，重点强调要保卫加拿大的“北极主权”。2009 年出台的《北方战略》进一步明确了加拿大的北极政策。在北极军事人员与军事装备上，加拿大将根据北极政策购买军事新装备，扩大北极专门武装

---

① 《俄总参谋部宣布组建北方舰队——联合战略司令部》，新华网，2014 年 2 月 18 日，http：//news. xinhuanet. com/mil/2014 - 02/18/c_ 126150287. htm。

力量，增加北极环境下的军事训练。2007 年，加拿大总理斯蒂芬·哈珀（Stephen Harper）宣布，将在康沃利斯岛（Cornwallis Island）的瑞索鲁湾（Resolute Bay）建立一个加拿大军队北极训练中心（Canadian Forces Arctic Training Centre）；加拿大骑兵巡逻队（Canadian Ranger）将扩大和重新装备，还将在巴芬岛的南尼斯维克（Nanisivik）建立一个深水停靠和燃料补给设施。

丹麦在北极军事安全政策、军事人员方面有所加强。丹麦议会 2009 年批准了在 2014 年之前建立北极军事司令部和特战队的计划，并在 2011 年制定了专门的北极战略。为了执行北极战略，丹麦将融合位于格陵兰岛和法罗群岛的两个司令部为北极军事司令部，总部将设于格陵兰岛的努克（Nuuk）。此外，丹麦还将建立一支由丹麦武装力量不同部门组成的模块化北极反应部队，在格陵兰和北极其他地区展开行动。

挪威在北极军事安全政策、军事装备方面呈现强化北极军事能力的倾向。挪威在 2007 年关于国际政策的《索里亚·莫日尔宣言》中明确指出，其国家防务政策给予挪威北部和斯瓦尔巴群岛地区以优先考量。2009 年，挪威武装力量总部从南方的贾塔迁到了北极圈北部，博德附近的雷顿；挪威陆军的总部则位于更偏北的巴尔杜弗斯；挪威皇家海军的基地主要位于南方的卑尔根；2010 年，海岸警卫队的总部北移至苏特兰。挪威防务政策的重点主要是俄罗斯，但是挪威认为，其面临的威胁已经从对整个挪威的威胁向由于北极地区存在潜在冲突利益而对挪威产生威胁的方向发生转变。尽管如此，挪威与俄罗斯双边关系发展呈现良好态势，双方在欧洲北极地区的合作不断加强，近年来还举行了几次联合军事演习。在北极军事人员与军事装备上，挪威非常重视与北约的演习与先进军备采购。在北极军事演习方面，挪威和北约以及其他联军自从 2006 年以来在挪威北部已经进行了五次大规模的“冷挑战”军事演习。这些演习直接指向寒冷环境下未指明的威胁，同时也为潜在的北极行动提供了一个良好的训练机会。作为支持，时任北约秘书长夏侯雅伯（Jaap de Hoop Scheffer）于 2009 年 1 月建议，北约需要在北极地区建立军事存在以缓和该地区紧张局势。在军购方面，挪威于 2012 年与美国正式签订价值 100 亿美元的军购合同，拟采购美国研制的第五代多用途战斗机——F－35 联合攻击机，这是挪威历史上最大的一笔防务采购。

与上述四国形成鲜明对比，美国作为北约领导者在北极军事安全政策、军事人员、军事装备等方面的变化有限，显示了其并不重视北极军事因素的增长趋势。在军事安全政策上，美国政府2009年发布了北极政策法案取代了1994年的法案，将安全作为六大优先政策之首；其后，美国海军以“北极路线图”作为美国北极政策、战略和投入的指针，但北极安全在美国的防务政策中只是扮演小角色；2010年，美国奥巴马政府发布《美国国家安全战略》，2011年又发布《美国国家军事战略》，这两份文件定义了美国的安全与军事政策目标，顺便提及北极。但是2012年1月发布的制定21世纪安全优先政策大纲的文件中则完全不提北极。美国正在建立一个监督北极军事行动的独立指挥机构的计划，北方司令部（USNORTHCOM）、太平洋司令部（USPACOM）和欧洲司令部（USEUCOM）在北极地区都各有相关职责。从2011年起，北方司令部被指定负责北极规划、协调其他美国政府和外国机构的事宜，位于阿拉斯加的美国部队被归入太平洋司令部之下的阿拉斯加司令部（ALCOM）。在军事人员与装备上，面对北极增长的商业活动，美国海岸警卫队司令罗伯特·巴伯上将已经表达了与伙伴一起在北极地区开展包括建立基地在内的行动需要。但他也承认，美国在该地区的战略利益尚不突出到足以支持任何事情，仅限于“拓展、规划和小规模的夏季部署”。

其次，北极军事因素虽有新变化，但程度依然有限。整体上，北极五国在北极领土保护和防务政策上都有所加强，主要是通过获取北极专用装备、提高军事基础设施和增加军事力量的方式来增加在北极地区军事存在和能力。其中，加拿大、丹麦和俄罗斯的外交与防务政策特别强调北极的重要性，不但强化其北极军事存在和军事能力，而且还有进一步的强化计划。挪威尽管没有效仿前三国的做法，却将其现有部队调到临近北冰洋的地方部署。在北极五国中，似乎只有美国在北极问题上少有新军事动向。尽管北极军事因素有了新的变化，而且常被媒体描述为北极安全的潜在威胁，但是从超出北极五国公认边境的军事投射能力方面看，北极军事因素的程度还很有限。

从根源上看，北极军事因素受到国际政治的关注主要有三方面：第一，北极暖化正促使北极地区变得比以前更容易进入，从而带来了新的国家安全问题；第二，北极因为自然资源丰富而成为国际关注焦点，北极军事因素增长有保护国家资源安全的意涵；第三，北极地区在冷战后并没有形成能同时容纳北极国家的有效军事安全制度安排，北极军事因素增加是北极军事安全制度缺失与俄罗斯谋求自助心理的集中反映。在很大程度上，北约在北极军事因素中“一家独大”产生两个重要后果：一是俄罗斯在北极长期面临来自北约的潜在军事安全压力；二是美国对通过北约掌控北极军事因素具有现实和心理优势。尽管北极五国中的北约成员在领土（海）主权和外延大陆架归属等问题上或存在争议与冲突，但争议与冲突应不会超出北约对成员的影响范围。

第三节 北极问题的特点与影响

作为一个系统性概念，北极问题是多个相关子问题的组合，必然兼具单个子问题与整个系统的特征，从而对北极区域内外产生不同影响。

一、主要特点

北极问题因不同类别、不同性质与相互关系而表现出不同特点。

（一）北极气候暖化是北极问题发展变化的催化剂

军事安全为代表的高政治问题曾是冷战期间北极的主导性问题，并掩盖了其他众多低政治问题。在冷战时期，由于北极地区特殊的战略位置，美苏双方在这里部署了世界上最多的核武器，使得该地区一度成为两大阵营对峙的前线之一。此外，北冰洋一年当中大部分时间被浮冰和积雪所覆盖，是美苏双方潜艇活动的最佳场所。鉴于冷战双方的需要，以军事安全为特征的高政治问题压倒了其他所有低政治问题。再加上全球气候变化和北极暖化的迹象尚未显露，恶劣的自然条件严重阻碍了人们对北极自然资源的开发利用，因此低政治问题没有引起世人过多的关注也就顺理成章。

冷战结束和全球气候变化成为不同类北极问题重要性发生变化的

转折点。1987 年，戈尔巴乔夫发表“摩尔曼斯克讲话”之后，北极地区的军事安全环境便出现了缓和的迹象。1991 年，苏联突然解体，冷战随之结束，北极地区军事安全对峙因此丧失了其最重要的存在基础。在这种形势下，作为苏联解体后的国家延续，俄罗斯不具备在安全领域挑战美国和北约的基本能力和足够意愿，北极地区的和平因素开始迅速上升，而军事安全因素则快速下降。换句话说，低政治问题的重要性由此时开始凸显，高政治问题则相对退后。巧合的是，全球气候变化的影响也开始显露出来，并日渐受到国际社会的重视。尤其是在 1994 年，国际社会通过了极具标志性的《联合国气候变化框架公约》，使得全球变暖成了世界性的热门争议话题和或然发展趋势。

在北极军事安全因素下降和全球气候变化的双重影响下，北极暖化凸显并最终成为北极问题发展变化的催化剂。北极暖化的直接后果是北极地区的陆地冰川、海洋浮冰、永久冻土层加速融化，海平面升高，生态环境改变，生物习性改变，极端气候增多，等等。结果，以前被冰雪覆盖的许多地区裸露出来，为该地区人类活动的增多创造了条件。2008 年，美国地质调查局公布了一份关于北极地区石油、天然气和矿产资源的调查报告。该报告不仅吸引了全球的注意力，尤其触动了跨国商业投资者的触角。新物质利益的诱惑和驱动在北极暖化的催化下被不断放大，北极问题的其他不同类别的子问题都因为对北极新物质利益渴望、觊觎和追逐而逐渐浮出水面，相互交织在一起，形成极具复杂性的系统性问题群，使得北极问题的解决不仅是个别问题的应对，还是一个系统性的治理过程。

（二）资源开发利用与商业利益是北极问题的重心

北极资源包括可再生资源与不可再生资源，这里所谓的资源主要指不可再生资源。简言之，资源开发利用主要涉及北极丰富的石油、天然气、矿产资源，部分涉及渔业和林业资源。所谓商业利益主要指北极航道（东北航道和西北航道）的开通对跨越北冰洋的洲际贸易所带来的巨大商业利润。在全球化背景下，北极资源开发利用和商业利益已经成为北极问题的重心，主要反映在三个方面。

首先，以油气为代表的化石资源在可预见的未来难以替代，国际社会对其增长需求依然强烈。未来 20 年，北极潜在而丰富的油气和矿产资源，特别是油气等化石燃料资源，在世界上将依然扮演重要角色。这一判断可以从2012年中国行业研究的预测报告中得到部分证实。该报告预测，到2030年，全球能源需求将增长40%，这相当于世界再增加一个“中美”现在的能源消费总量。不仅如此，全球能源需求增长的96%将集中在新兴国家，中国和印度将占其一半；化石燃料在全球能源结构中仍将保持80%的比例；石油需求会以每年略低于1%的速度持续增长，但到2030年，全球石油日产量将再增长1600万桶。[①] 结果，一方面整个世界期望主要产油国和地区提高产量，另一方面必须寻找新油源或其他可替代能源。不难看出，石油日产量不可能无限提高，而可替代能源的前景也并不乐观。比如，在日本福岛核事故后，世界对核能在未来能源中的贡献预期下降；而可再生能源如生物燃料、风能、太阳能和地热能，到2030年，总共也不会超过全球能耗的6%。[②] 因此，开辟新油源就成为未来20年世界提高石油产量“必须”的方式，甚至是最有效的方式。鉴于此，各国重视开发新油源也就不足为奇，北极现实与潜在的能源和矿产资源储备必将受到北极国家、非北极国家，尤其是能耗大国的强烈关注。

其次，北极航道通航所带来巨额商业利润极具吸引力。随着北极暖化加速，以及海冰融化和退缩，北极地区两条潜在的海上航道日益成为现实。这两条航道在地理上沟通了欧洲、东亚和北美，在商业价值上因为路程缩短和安全程度增加而对欧亚美“三方贸易”极具吸引力。2011年世界国际贸易数据显示，世界前22大贸易出口国[③]，前18大贸易进口国[④]都位于北半球。可以预见，如果北极航道开通，那么北极地区必然跟世界贸易链——尤其是商业海运部分联系起来，必然成为世界商业利益网络的一部分。众所周知，一旦北极航道开通，受到影响的不仅是国际贸易航运业本身，与之相关的配套基础设施、人员配备、通讯网络系统等等都会因此受到带动，从而在北极航道沿线可能产生新的经济带，

---

① 《2030年化石燃料在全球能源结构预测分析》，中国行业研究网，2012年7月23日，http://www.chinairn.com/news/20120723/683284.html。

② 《2030年化石燃料在全球能源结构预测分析》，中国行业研究网，2012年7月23日，http://www.chinairn.com/news/20120723/683284.html。

③ 维基百科：http://en.wikipedia.org/wiki/List_of_countries_by_exports。

④ 维基百科：http://en.wikipedia.org/wiki/List_of_countries_by_imports。

甚至产生重要的产品贸易和物流中心。鉴于北极航道与跨北极洲际航运所具有的潜在价值，无论是传统贸易强国，还是新兴贸易大国，都不会忽视利用北极航道的重要性。

第三，北极问题中最具诱惑力和争议性的很可能是蕴藏有大量油气和矿产资源的罗蒙诺索夫海岭的主权权利归属问题。尽管它在北极五国间以争议性高政治问题的姿态出现，但是骨子里散发的却是对获得该区域潜在资源的渴望与争夺。在本质上，高政治问题争议解决已经成为北极五国追求低政治问题商业利益的必要手段。

除上述三方面极具现实价值的资源外，北极还有另外一项特殊的具有潜在或未来商业价值的资源或不可再生资源——格陵兰岛的淡水。尽管淡水尚未成为主要国家的战略资源，但是随着世界性淡水缺乏的严重状况进一步恶化，淡水因其重要性和稀缺性必将在未来超越其他资源而成为国家的第一战略资源。因为与其他资源相比，油气资源缺乏固能影响人类或国家的发展速度和水平，但是淡水缺乏将直接决定人类的生存。全球目前有1/6的人缺乏安全的饮用水，还有30亿人没有干净的用水卫生设施。地球上的水资源有97%被盐化，仅有3%是淡水资源，且大部分是主要分布在南北两极地区的固体冰川。世界最大的淡水库分别是格陵兰岛和南极大陆的冰川，相对于北半球国家而言，格陵兰岛的冰川因距离短比南极大陆更有价值。有专家估计到2025年，世界人口将达到83亿，人们可能耗尽所有的储备淡水。[1] 鉴于此，如何保护和利用格陵兰岛的冰川将很快成为北半球国家的优先政策考量。

（三）北极地区生态保护面临严峻挑战

由于受到域内和域外因素的双重影响，北极生态保护面临严峻的挑战。所谓域内影响因素主要是指北极国家工业化水平提高导致北极地区人类活动增多，如油气资源的勘探与开发，更多基础设施的建设和北冰洋航运等等；所谓域外影响因素主要是指全球气候变暖、流经北极的洋流发生变化、跨越北冰洋的洲际航运增多、外来人口向北极地区移民、外来污染物在北极积留、外来物种入侵北极地区等等。更

① 《全球严重淡水缺乏危机 每天6000人丧命》，腾讯网，2008年4月7日，http://tech.qq.com/a/20080407/000110.htm。

为糟糕的是，作为区域性的北极生态系统，脆弱性和难恢复性是突出特点。它具体表现为成分单调，结构简单，自我调节能力弱，任何种群受损或灭绝都可能造成本地区食物链断裂甚至是引起系统混乱。加拿大女王大学教授约翰·斯莫尔（John Smol）曾警告：人类干涉行为对北极生态系统的影响已经接近崩溃的临界点。在如此众多的因素影响下，北极生态系统很容易发生变化，从而改变本区域原有生态平衡。鉴于此，保护北极生态系统并恢复北极原有生态平衡就变得异常严峻，它需要一个统一的具有北极针对性的国际治理制度安排。但是北极地区当前的生态治理机制并非统一制度安排，而是表现为治理主体的多元化与治理成效的"碎片化"。治理主体涵盖国家（包括北极国家和非北极国家）、国际组织（诸如联合国、欧盟、北约、北极理事会、巴伦支欧洲北极理事会等）、跨国公司（包括在北极开展业务的世界著名油气、矿产公司）和非政府性（如北极原住民组织）等；治理成效的"碎片化"主要是指各个治理主体之间缺乏横向交流与协调，缺乏基本的制度整合与分工协作。虽然上述主体都承认并重视北极生态保护的严重性，但是各方在应对该问题所涉及的目标、手段、技术、投入和政治等方面的判断存在较大甚至是根本性的分歧。结果是，尽管对北极生态保护的必要性有深刻的认知，但是各方在北极生态保护难以达成系统性的有效保护协议。于是，由于治理主体存在众多分歧导致北极生态系统亟需的区域性与全球性、分散性与系统性相结合的生态保护治理措施在实践中处于被忽视的地位。从中长期看，如果上述治理主体不能在北极生态保护方面达成共识并建立行之有效的制度安排，那么北极地区生态保护很可能只停留在不同主体的观念与能力上，而在现实中却因无法整合而日益边缘化。

北极生态保护日益边缘化窘况可从法律视角进一步理解。由于北极生态保护的专门性、系统性和强制性的法律框架缺失，导致治理主体即使有愿望、能力和行动却难以形成合力。为了说明问题，本书列出了自20世纪初以来国际社会达成的与北极生态保护有关的27项条约和协议，主要涉及气候、海洋和生物三大领域，包括多边协议和双边协议（见表2）[①]。由表中可知，有24项条约和协议是20世纪达成的，有3项是21世

① 资料来源：根据互联网公开资料编辑。

表 2　与北极生态保护相关的主要国际条约统计

气候类				海洋类				生物类							
								多边协议				双边协议			
编号	名称	生效时间	批准国	编号	名称	生效时间	批准国	编号	名称	生效时间	批准国	编号	名称	生效时间
1	《长程跨界大气污染公约》及其议定书	1983	51	7	《国际捕鲸管制公约》	1948	46	15	《保护毛皮海豹条约》	1911	美、英、日、俄	23	《美英（加）候鸟协议法案》	1918
2	《保护臭氧层维也纳公约》	1988	196	8	《防止海上油污国际公约》	1958	23	16	《濒危野生动植物物种国际贸易公约》	1975	21	24	《美墨候鸟协议法案》	1936
3	《关于消耗臭氧层物质的蒙特利尔议定书》	1989	197	9	《公海捕鱼及生物资源养护公约》	1966	38	17	《关于特别是作为水禽栖息地的国际重要湿地公约》	1975	134	25	《美日候鸟协议法案》	1972
4	《联合国气候变化框架公约》	1994	195	10	《对公海上发生油污事故进行干涉的国际公约》	1975	–	18	《加丹挪苏美北极熊保护协议》	1976	加、丹、挪、苏、美	26	《美苏候鸟协议法案》	1976
5	《联合国海洋法公约》	1994	162	11	《油污损害民事责任国际公约》	1969		19	《保护野生迁徙动物物种公约》	1979	8	27	《美俄关于保护和管理阿拉斯加—楚科奇北极熊种群的协定》	2007

续表

气候类				海洋类				生物类						
								多边协议				双边协议		
编号	名称	生效时间	批准国	编号	名称	生效时间	批准国	编号	名称	生效时间	批准国	编号	名称	生效时间
6	《京都议定书》	2005	191	12	《防止倾倒废物及其他物质污染海洋的公约》	1975	12	20	《生物多样性公约》	1993	193			
				13	《防止船舶和飞机倾倒废物造成海洋污染公约》	1982	12	21	《联合国防治荒漠化公约》	1996	191			
				14	《有关养护和管理跨界鱼类种群和高度洄游鱼类种群的规定的协定》	1982		22	《卡塔赫纳生物安全议定书》	2003	147			

纪达成的。21 世纪以来，只有两项条约和协议与北极生态保护直接相关，即 2003 年生效的《卡塔赫纳生物安全议定书》与 2007 年生效的《美俄关于保护和管理阿拉斯加—楚科奇北极熊种群的协定》。北极暖化的时间进程已有 30 多年（从 1979 年算起），但真正对世界产生冲击并引起世人关注的是 21 世纪之后的事情。20 世纪生效的与北极生态保护相关的大部分条约和协议却占全部的 89%。综合判断以上两种情况，与北极生态保护相关的法律制度安排不但不具备系统性，还缺少针对性和强制性，其后果进一步加重北极生态保护边缘化倾向。

（四）北极原住民对北极问题的国际影响力不断加强

北极原住民在北极问题中极具特殊性，因为原住民问题直接影响北极当地人的切身权益。北极暖化对北极原住民的影响是全方位的，尤其正在改变他们的生活方式和文化传统。这种状况使北极原住民逐渐认识到：首先要保护北极的生态环境，实现北极资源的可持续利用，同时还要保证北极原住民的人权和政治权利等基本权利，以此来保护其生活方式和传统文化。上述认知已经逐渐发展成为北极原住民的共同观念，并开始上升为北极原住民在北极国际治理中的政治诉求。

虽然北极原住民的数量少，但是他们现在对北极事务的国际影响力绝不容小觑。前文提到，整个北极地区的原住民约 40 万。北极原住民对北极事务施加国际影响力的方式一般是通过众多代表自己的非政府组织所构成的网络来维护自身权利。更重要的是，一些国际性组织当中也有北极原住民代表。比如，有六个北极原住民组织成为北极理事会的永久参加者；北方论坛中也有北极原住民代表；联合国人权理事会的决议过程中都受其影响。

从现实情况看，北极原住民对低政治问题具有突出国际影响力。最明显的例子是，他们可以利用国际影响力直接制约北极能源资源开发等低政治问题。鉴于北极原住民的重要诉求是维护其既有的生活方式和传统文化，而后者又与北极自然生态环境息息相关，因此他们维护自身权益的直接后果就变成“保护北极自然环境，维持生态平衡，实现该地区人与自然的可持续发展”。由此可见，北极原住民的重要诉求与部分低政治问题的解决目标存在交集和冲突，在客观上必然形成对国际社会应对低政治问题的直接制约。

北极原住民目前对高政治问题不具有国际影响力。尽管北极原住民的影响力已经具有国际性，但在国家框架内，北极原住民仍然属于其所在国的国民，仍然受到本国政府的管辖。在此意义上，凡是涉及北极国家的主权、安全和军事等高政治问题，北极原住民没有权利替本国政府决策，也没有迹象显示他们有能力影响其政府决策。换言之，北极原住民对高政治问题尚不具备国际影响力。尽管如此，由于不同类别的北极问题相互交织在一起，并且低政治问题具有“高政治化”倾向，所以北极原住民在一定程度上可以通过对低政治问题施加压力而间接影响高政治问题的解决。

（五）高政治问题因北极资源利益而得到强化

在北极国际关系现实中，当北极能源资源安全与高政治问题直接联系起来之时，高政治问题往往具有被不断强化的特征。上文提到，至少到2030年，化石能源在世界能源消费结构中仍然占绝对份额，开辟新油源将是满足世界迅速增长的能源需求的重要途径。因此，世界各国，无论是发达国家、新兴国家，还是广大发展中国家，都注重自身的能源安全。高政治问题所涉及的两个方面——领土（海）主权争议和军事因素，其内容恰恰与北极大陆架潜在的资源储备以及北极航道开通后所带来的巨大商业利益挂起钩来。近年来，北极国家军事战略变化、建设新军事基础设施、增加军事装备、军事人员和军事演练等事实都至少说明，北极国家对北极潜在资源和商业利益的重视程度和由此带来的担忧都在增长，各国的军事保护力度在不招致安全困境的前提下尽可能加强。

从目前发展态势看，高政治问题的发展趋势具有不确定。一方面，北极主权争议解决显露出和平的态势。比如，北极国家已经决定通过和平方式来解决彼此的主权争议，并且坚持认为，现有国际法完全可以解决此类争议。2010年，俄罗斯和挪威就巴伦支海划界问题达成协议就是一个良好开端。另一方面，北极领土（海）争议的背后也隐含着大国竞争的态势。北极最大的主权争议是俄罗斯和加拿大对罗蒙诺索夫海岭外大陆架主权权利的重叠性申请。尽管已经被联合国大陆架界限委员会驳回过一次，但是俄罗斯看起来志在必得，不仅继续通过正当的途径，即搜集新证据再次申请，而且通过增加该地区专门的军事力量，甚至是试图将“北冰洋”改名为“俄罗斯洋”的方式来强化对争议地区的实际控制。相比之下，北极五国中的北约一方也不甘示弱。加拿大在美国的帮助下不但向联合国提出了同样的申请，而且还不断强化加拿大在其北极地区的军事存在。众所周知，北约在欧洲部署反导系统的问题上与俄罗斯始终存在冲突，而且美国新一届总统候选人罗姆尼对视俄罗斯为头号敌人直言不讳。2014 年，“乌克兰危机”更是让俄罗斯和美国的关系严重倒退。可以预见，北约与俄罗斯之间，美国与俄罗斯之间的在全球的战略关系有可能以一定的方式反映到有争议的北极问题上。潜在大国竞争或将根本改变和平解决北极争议的初衷。

（六）低政治问题有“高政治化”趋势

低政治与高政治都关注权力跨越国界的分配与运作，但高政治关注的是外交、军事和安全等与国家权力政治相关的议题，而低政治关注的则是经济、社会和文化等议题，以及这些议题对国际权力分配和运作的影响。由于全球化进程深入、跨国问题凸显以及“政治正确”（Political Correctness）① 观念的提出，使得低政治议题高政治化倾向日渐突出。一方面，高政治主体具有碎片化和弱化的趋势；另一方面，低政治议题在全球化、跨国问题、“政治正确”观念的推动下，逐渐呈现高政治化。以此观之，北极低政治问题逐渐呈现“高政治化”趋势。

首先，全球化深入和跨国特征凸显是低政治问题“高政治化”的重要动因。全球化深入的突出特点是资源实现全球配置，北极地区作为全球资源库的一部分自然不会例外。这一判断可以解释为什么北极暖化促使国际关注聚焦北极潜在而丰富的能源资源的现实。此外，低政治问题往往表现出跨国特征。比如，北极暖化问题在很大程度上已经不仅是北极国家的区域性问题，而是全球人类活动的后果，并且对全球气候变化有进一步影响的全球性问题；北极资源

---

① “政治正确”起源于美国 19 世纪的一个司法概念，主要是指在司法语言中要“政治正确”，即“吻合司法规定”或“符合法律或宪法”。然而这一司法概念到了 20 世纪 80 年代却逐渐演变成为“与占压倒性优势的舆论或习俗相吻合的语言”。也就是说，在日常生活谈话中，凡不符合“占压倒性优势的舆论或习俗”的话，就被视为“政治不正确”。

利用问题涉及到诸多因素，不仅有主权和主权权利归属、公海资源利用，而且还涉及北极生态保护、技术、设备、资金和人员配置等其他方面；在全球化的背景下，很多方面已经不是某个或某些国家所能独立完成的，而是需要多方参与、共同应对，因此无法拒绝跨国或国际合作的要求；北极原住民问题涉及部落、国家、区域和国际等多个层面，他们在行动上已经具有明显的跨国特征，为了维护其生活方式和传统文化，力图通过多种渠道在不同的场合发出同一声音。

其次，低政治向高政治渗透是北极低政治问题“高政治化”的又一动因。上文曾提到，低政治和高政治的划分并不严格，在某些情况下双方会有所重叠。在全球化的背景下，部分低政治问题出现了向高政治渗透的现象。比如，北极变暖问题表面上是一个自然环境变化问题，但是随着以“温室气体减排”为主要特征的全球气候谈判的艰难步履，气候变暖问题在很大程度上已经演变成为发达国家与发展中国家之间“谁付出多少未来发展成本”的竞争性问题，从而影响到彼此未来的发展战略，并在一定程度上具有影响国家安全的特征。同样，北极资源利用问题也有类似特征。比如，上文提到，世界石油和天然气的需求和供给在2030年之前依然存在尖锐矛盾。尤其对能源消费大国而言，如中国和美国，保证化石能源的供给必然关系到国计民生，因此能源供给上升到国家安全的地位在一定程度上证明了低政治问题高政治化的趋势。

二、重要影响

北极问题所产生的影响不仅具有区域性，还具有跨区域性。这里所谓的区域性特指北极地区，所谓跨区域性是指超出北极以外的地区。具体来说，低政治问题整体上具有区域性和跨区域性的双重影响，而高政治问题目前主要是局限于区域性影响。

低政治问题的双重影响主要有以下几方面：

（一）北极暖化的区域性和跨区域性影响突出

就区域性影响而言，北极暖化已经形成了一个自我加速升温的暖化系统。首先，在北极暖化的影响下，北极地表冰雪，包括陆地冰川和海上浮冰，都在不断减少，裸露的陆地和海洋的面积逐渐增多。结果，曾经被冰雪反射回太空的太阳辐射减少，暗色陆地和海洋表面吸热的程度越来越大。其次，北极永久性冻土层因为北极暖化而逐渐融化，其后果之一就是释放出大量曾经长期凝固在冻土层中的温室气体——主要是甲烷。研究已经证明，温室气体增多是导致全球变暖的主要因素之一。在这两种因素的影响下，北极地区不可避免地形成了一个自我加速升温的暖化系统。就跨区域影响而言，北极暖化对全球气候变化将产生直接影响。这种影响可以由三方面来说明：第一，北冰洋温度上升将直接对流经北极地区的洋流产生影响，比如洋流的速度和路线；第二，海平面会因为北极冰川融化而上升，尤其是格陵兰岛上的冰川，这将直接改变全球沿海国家的海岸线现状，尤其对许多低地国家产生严重影响；第三，还将造成经常性的风暴和恶劣天气，比如“北极涛动”（the Arctic oscillation）[①] 发生异常，从而影响北半球各国的工农业生产和布局。

（二）北极资源利用的跨区域性影响甚于区域性影响

北极资源利用涉及不可再生资源利用和可再生资源利用两方面。首先，就不可再生资源而言，资源利用的区域性和跨区域性影响都非常明显，而且后者更甚于前者。在区域性影响方面，除了美国是世界上最大的能源进口国之外，其他北极国家基本上都是具有地广人稀、资源丰富的特点，其中尤以俄罗斯和加拿大突出。毫无疑问，北极不可再生资源完全有能力满足区域内需求。在跨区域性影响方面，北极国家在自然资源方面大多是出口导向型，比如俄罗斯、加拿大的油气和矿产资源出口，以及格陵兰新发现的稀土资源等等。

---

① “北极涛动”指数是关于北纬 20 度以北海平面气压的非季节性变化的主导状况。它的特点是北极的指数和北纬 37 度至 45 度的指数大致相反的态势。这个指数由 David Thompson 和 Jone Michael Wallace 在 2001 年提出。

这些不可再生资源更可能在全球来实现更大范围的经济性配置。不可忽视的是，开发北极不可再生资源需要众多的资金、技术、设备和人员，而这一切又不是任何一个北极国家所能自足的。相比之下，全球化为上述目标的实现提供了可能，即离不开其他国家和组织的积极参与。其次，就可再生资源而言，北极可再生资源的区域性与跨区域性都很明显。以北极渔业为例，自20世纪以来，北极地区就成为世界性的大渔场。随着市场需求和捕鱼技术设备的提高，渔业捕获量与北极地区鱼类保护存在着较大的矛盾。随着北极海冰的退缩，北极水域鱼类洄游路线和产卵海域很可能发生改变，也会有更多的海域向渔业开放。因此，为了实现北极生态保护和渔业可持续发展，北极渔业管理需要国内治理、区域治理和国际治理的有效协调。由此看，北极渔业的区域性与跨区域性影响都明显。

（三）北极航运的跨区域性影响远重于区域性

从北冰洋区域内来看，无论是作为内水，还是作为北极国家间的贸易航线，北极航运的商业价值和国际影响力都远逊于作为穿越北冰洋的洲际航运的价值。前文提到，北极航道将有助于联通北半球的欧洲、北美和东亚的贸易网络，而这三个区域集中了全球最重要的贸易强国。此外，北极航道通航将极大缓解马六甲海峡贸易航线的航运压力和依赖该航线的东亚国家的战略压力，从而具有战略价值的意义。综合两者，北极航运的跨区域影响要远重于区域性。

（四）生态保护的区域性与跨区域性影响并重

北极生态系统通过陆地连接、海洋水循环、大气循环、动物迁徙和人类活动等方式与地球系统紧密联系起来并形成一个不可分割的统一整体。这个整体的任何一部分发生变化，都可能对其他部分产生影响。因此，北极生态保护必然同时涉及区域内和区域外的双重保护。就目前看，区域外因素是北极生态保护关注的重点，因为北极暖化的重要原因之一是全球温室气体排放。另外，各种污染物通过大气循环和海洋水循环在北极停留下来。当然，随着北极人类活动的增加，北极生态保护对区域内的关注也将增加。鉴于此，北极生态保护的影响主要涉及两层：一是减少北极外部对北极生态环境的负面影响，二是减少北极内部对北极环境的负面影响。

（五）北极原住民的跨区域性影响与区域性并重

在理论上，原住民问题是相关北极国家的内部事务；在现实中，北极原住民因其特殊的历史背景和生存状况而超越国家范畴，兼有区域性和跨区域性的双重影响。在历史上，由于受到殖民化的影响，北极原住民不仅成为民族国家的一部分，而且同一民族在地理上还被不同国家人为分割开来。另外，正因为人数少，所以原住民更加认识到，只有通过整个民族和民族间的团结协作，并在国内、国际不同场合发出同一声音，才有可能有效维护自身权益，保护民族文化传统，维持既有生活方式，维护北极自然生态平衡。于是，北极各主要原住民族通过建立自己的非政府组织，参与跟自身权益有关的国内与国际性的事务，发表意见，提出建议，甚至影响会议日程和最终决策。迄今为止，北极原住民组织已逐渐发展成为北极问题应对过程中不可忽视的民间力量，它们在国内、地区和国际上的活动产生了超出世人预期的影响力。

（六）领土（海）主权归属和军事因素多限于区域性影响

北极领土（海）主权归属和军事因素升温主要源自北极暖化条件下对北极地区潜在而丰富的石油、天然气、矿产资源以及渔业等资源的渴望与重视。尽管如此，北极领土（海）主权争议和军事因素的影响更多表现出区域性。这主要由四方面决定：第一，北极国家已经具有治理北极问题的区域性组织——北极理事会，尽管该机制并不涉及主权与安全议题，但是北极国家在低政治问题上的协调机制已经在很大程度上成为彼此降低高政治冲突的润滑剂。第二，北极五国已明确表明和平解决争议的原则。在 2008 年的《伊鲁利萨特宣言》中，北极五国明确了共同遵守和平解决争议的基本原则。并进一步声明，北极国家将以 1982 年《公约》为法律基础，根据现有国际法来解决海洋边界和领土争议问题。第三，通过非和平方式来取得北极资源将与全球化相互依存的潮流背道而驰，其结果很可能会得不偿失。第四，尽管本地区存在美俄（或北约与俄罗斯）之间的大国竞争，比如美国帮助加拿大搜集证据在罗蒙诺索夫海岭归属问题上同俄罗斯展开竞争，但是双方所采取的应对方式依然没有超出现有国际法规则。

小结

本章主旨是介绍北极基本状况，包括北极定义和北极战略价值，重点在于阐明北极问题概念、特征、影响及其相互关系。北极问题分为“两大类，七问题”，前者是低政治与高政治，后者包括北极暖化、资源利用、北极航运、生态保护、北极原住民、北极领土（海）主权归属和北极军事因素。

在低政治问题中，虽然北极暖化的真实诱因和发展趋势尚不确定，但是暖化速度确实明显加快，其影响广泛而深刻。北极资源利用涉及不可再生资源和可再生资源利用：不可再生资源丰富，但是开发成本高昂；可再生资源相对丰富，但是非法活动猖獗，各国管理框架不一，难以形成有效治理。北极航运商业价值和战略价值明显，尤其是穿越北冰洋的洲际国际贸易和旅游潜力巨大。北极生态保护涉及范围广、程度深，最突出的是北极污染，最具威胁性的是油污染。北极原住民是北极问题中唯一直接涉及人的特殊问题，已成应对北极问题不可忽视的重要因素之一。

在高政治问题中，虽然北极军事因素出现了不同程度强化，但根本原因不是为了通过非和平方式占有主权未定的陆地和海洋，而是对潜在而丰富的北极资源的开发利用怀有渴望、关注和担忧，期望通过强化军事因素的方式达到保护北极资源的目的。鉴于此，北极军事因素强化可视为北极国家提高对北极新形势的环境适应性的正常反应。

北极问题表现出六大特征，分别是：北极暖化是北极问题发展变化的催化剂；北极资源利用与商业利益是北极问题的重心；北极生态保护在北极问题中具有边缘化倾向；北极原住民已对北极问题形成必要的制约；高政治问题因北极潜在资源而得到强化；低政治问题渐有“高政治化”发展趋势。显然，如果据此对北极问题按照重要程度排序，那么，低政治问题将排在高政治问题的前面。究其原因，主要由两方面的因素决定。第一，北极问题的中心是“资源利用和商业利益”，而不是其他问题；第二，低政治问题渐有“高政治化”的趋势，使得两类问题的边界变得模糊，距离被拉近。

北极问题的影响突出了区域内影响和跨区域影响的关系。在低政治问题中，除了资源利用和北极航运两问题具有明显的跨区域性影响甚于区域性之外，北极暖化、生态保护和原住民等问题都是兼有区域性和跨区域性的影响。相比之下，在高政治问题中，北极领土（海）主权归属和军事因素主要是区域性影响。这一结论预示，低政治问题的影响力具有扩散性，而高政治问题的影响力相对具有稳定性。在北极两类问题关系中，低政治问题是有关国家关注的中心，而高政治问题在很大程度上则成为前者目标实现的重要手段。综合观察，扩散性的低政治问题比稳定性的高政治问题更迫切需要国际治理，而高政治问题治理的部分目标则日益为低政治问题服务。

第二章 北极治理机制

本章开始探讨与应对北极问题相关的北极治理机制，重点是北极国际治理机制。北极治理机制是一套由不同层次的组织、协议、规则、措施和政策等组合在一起的混合性机制，整体呈现层次性。本章将以层次为楔入点，采用分类、比较和案例分析的方法，对北极治理机制进行勾勒，并进一步分析、认识和把握北极问题与北极国际治理机制之间的应对关系。虽然部分涉及北极国家内部治理机制，但研究重点主要是北极国际治理机制。

第一节 北极治理的层次

为北极治理机制划分层次可以选择不同标准，比如地理范围标准、功能标准和价值伦理标准等。本章采用的是地理范围和功能“双标准”相结合。为了便于分析问题，首先对北极治理机制的层次进行归纳：北极治理机制呈现“二层次、多机制”特征，所谓“二层次”是国际层次和国内层次，所谓“多机制”是指在“二层次”治理机制内部还可以进一步细分。具体而言，国际层次可以进一步分为：全球治理机制、区域治理机制和双（多）边治理机制三类；国内层次可以进一步分为：国家治理机制和原住民治理机制两类。

在分层和分类之后，有必要进一步明确北极治理机制的主体和客体。北极治理机制总体呈现“多主体”特征，彼此身份并非泾渭分明，而是相互联系，时有交叉，主要包括1982年《公约》与联合国部分专门机构的相关协议、规则的制定者，即联合国；与北极问题关系密切的区域组织及其宣言、协议和规则的制定者，即北极区域组织；北极国家北极战略的制定者，即北极国家；北极原住民组织政策主张的制定者，即北极原住民组织。当然，根据国际治理思想，还应包括相关的非政府组织、市民社会、公司组织等主体，甚至还应包括个人。但是，本章的研究目的不是深入探讨北极治理，而是重点分析北极国际治理机制与应对北极问题的关系，从而为中国如何参与北极国际治理与应对北极问题这一中心服务。鉴于此，北极治理研究的主体基本包括前四类：联合国、北极区域组织、北极国家与北极原住民；北极国际治理研究的主题重点是前两类：联合国与北极区域组织。与之相应，北极治理机制的客体是具有跨国性与区域性的治理对象，即“北极问题”。

一、国际治理层次

迄今为止，北极地区在国际层次的治理机制包括三类：

（一）全球性治理机制

在全球层面，与北极问题相关的全球性治理机制主要有：1982年《公约》，以及联合国部分专门机构如国际海事组织（IMO）、国际劳工组织（ILO）和联合国粮农组织（FAO）等所制定和实施的相关协议和规则。在所有全球性治理机制中，1982年《公约》具有突出的基础性地位，是包括全球性、区域性、双（多）边和国内治理机制在内的其他相关协议和规则参照的重要原则性文件。

机制一：《联合国海洋法公约》（UNCLOS）。

1982年《公约》取代了1958年《日内瓦海洋法公约》（GCLOS），并于1994年生效。1982年《公约》及其两个执行协议——第XI部分《深海采矿协定》（Deep - Sea Mining Agreement）和《鱼类种群协定》（the Fish Stocks Agreement），被认为是当前国际海洋法的基石，是世界大多数国家处理海洋问题的主要国际准则。1982年《公约》的总体目标是为海洋建立一个被普遍接受、公正公平的法律秩序或“海洋宪法”，从而在国际社会降低冲突风险，促进稳定与和平。其适应范围涵盖全球海洋环境，规定了管理国际水域的一般制度，包括海洋边界和领土诉求，但不涉及安全问题。目前，1982年《公约》缔约方有164个，第XI

部分《深海采矿协定》缔约方有 135 个，《鱼类种群协定》缔约方有 72 个。除了美国之外，其余北极国家都是上述三个协议的签署国。美国既不是 1982 年《公约》的缔约方，也不是《深海采矿协定》的缔约方，主要原因是美国反对第 XI 部分的规定。这部分规定主要目的是强调国际海底区域（International Seabed Area）及其资源是人类共同遗产，国际社会在区域内应利益分享。美国认为，这部分规定不利于美国经济和安全利益而拒绝批准。尽管如此，到 1990 年，美国已经接受了 1982 年《公约》除第 XI 部分之外的所有规定，并将其视为国际惯例法（Customary International Law）。2008 年 5 月，北极五国在格陵兰发布的《伊鲁利萨特宣言》中强调，“在关于大陆架外部界线、海洋环境保护、航行自由、海洋科研和其他海洋利用方面，‘海洋法’规定了重要的权利和义务。我们仍然完全相信这些法律框架，以及有序解决交叉诉求的可能性……我们因此认为，治理北冰洋没有必要制定新的全面性国际法律制度”。[①] 需要特别指出，虽然上述宣言中的“海洋法”与 1982 年《公约》并不是一个概念，但后者是前者的主要原则和内容。

1982 年《公约》涉及主权、主权权利、自由、管辖权和义务，对沿海国而言，最重要的概念是内水、领海、专属经济区（EEZ）、大陆架、公海和区域（the Area）。1982 年《公约》承认沿海国对内水、群岛水域和领海及其之上的领空、海床和底土的主权。主权赋予沿海国对生物资源和非生物资源的独占权和控制权，以及对人类活动的司法管辖权。领海最大宽度为从基线量起 12 海里，沿海国对其领海有完全主权，但外国船享有无害通过权（innocent passage）；毗连区最大宽度为从基线量起 24 海里，沿海国在其毗连区对外国船只可以行使必要控制，并执行与海关、财政、移民和卫生等相关的法律法规；专属经济区为从基线量起 200 海里，沿海国对其自然资源的勘探、开发、保护和管理有主权权利。另外，其他国家在沿海国的海洋区域内有航行自由，在沿海国的专属经济区和外大陆架，有飞越、铺设海底电缆、管道及其他与之相关的国际合法海洋用途的自由。1982 年《公约》第 XII 部分“海洋环境的保护和保全”允许沿海国出于防止、减少和控制

① The Ilulissat Declaration：www. oceanlaw. org/downloads/arctic/Ilulissat_ Declaration. pdf.

污染的目的进行相关国内立法监管，但是适用于外国船只的法律法规必须符合国际海事组织相关规则。

1982 年《公约》第 76 条规定，在某些情况下，沿海国如果认为有从测算领海宽度的基线量起 200 海里之外的大陆架，则必须将其外部界限信息提交给根据附件二成立的“大陆架界限委员会”（CLCS）。该委员会由 21 名包括地质、地球物理、水文等方面的专家组成。他们虽然由缔约国任命，却以私人身份工作。大陆架界限委员会的主要任务是在收到沿海国提交的对任何超过 200 海里专属经济区的外延大陆架的申请做出最后裁决。批准 1982 年《公约》的沿海国对外延大陆架提出要求的时间是 10 年，而沿海国在大陆架界限委员会建议的基础上划定的大陆架外部界限应该是有确定性和约束力的。根据 1982 年《公约》第 77、78 条规定，沿海国对其大陆架行使主权权利，但不影响上覆水域或水域上空的法律地位，也不得对其他国家的其他权利或自由有所侵害。

1982 年《公约》第 234 条“冰封区域”是唯一针对北极海域的规定：沿海国有权制定和执行非歧视性的法律和规章，以防止、减少和控制船只在专属经济区范围内冰封区域对海洋的污染，这种区域内的特别严寒气候和“一年中大部分时候冰封的情形”对航行造成障碍或特别危险，而且海洋环境污染能对生态平衡造成重大的损失或无可挽救的扰乱。这种法律规章应适当估计航行和以现有最可靠的科学证据为基础对海洋环境的保护和保全。[①] 虽然该条支持沿海国为了防止、减少和控制海洋污染的目的对外国船只进行监管，但是规定并不详细，从而造成执行方面的问题。例如，如何界定“一年中大部分时候冰封的情形”？沿海国仅在专属经济区有此权利的意义何在？此外，如果将该条应用于北极海域适用于国际航行的海峡就可能产生问题。

根据 1982 年《公约》第 156 条规定，1994 年成立国际海底管理局（ISA），总部位于牙买加首都金斯顿，主要任务是在所谓“国家管辖范围之外的海床、海底及其底土”的“区域”内组织和控制勘探开发其资源的一切活动，特别是管理“区域”内的资源。根据 1982 年

---

① 钱悦良：《联合国海洋法公约》，中国人民交通出版社，2004 年 12 月第 1 版，第 84 ~ 85 页。

《公约》规定，其缔约国是国际海底管理局的当然成员。目前，北极国家除了美国之外都是国际海底管理局的成员。

1982 年《公约》第 64 条对高度洄游鱼种的保护和适度利用做出原则性规定。但是，在 20 世纪 90 年代，因为对跨界鱼类的法律监管不足，从而导致国际渔业过度捕捞并且冲突不断。1995 年，联合国专门制定《保护管理跨界鱼类和高度洄游鱼类协议》（Agreement for the Conservation and Management of Straddling Fish Stocks and Highly Migratory Fish Stocks）。协议要求沿海国和船旗国制定相关安排，彼此告知其国内法律规章，支持并拓展区域和次区域组织在保护管理跨界鱼类中的作用。该协议对北极海域的意义在于：所有国家既有在北极公海捕鱼的权利，也有采取必要措施保护管理公海生物资源的义务。

机制二：国际海事组织（IMO）。

国际海事组织前身是 1948 年成立的“政府间海洋咨询组织”（IMCO），总部设在英国伦敦，1982 年易名，现有 170 个会员国（包括所有北极国家）和 3 个附属会员国。国际海事组织职责是保护航运安全与防止海洋船舶污染。国际海事组织治理机制涉及多项内容，包括维护《海上人命安全国际公约》(SOLAS)、《北极冰封水域作业船舶指针》(Guidelines for Ships Operating in Arctic Ice - Covered Waters)，管理二氧化碳排放量、国际船舶和港口设施安全守则（security code），以及采用《关于油污防备、反应与合作国际公约》。

国际海事组织主要制定六类治理标准，分别是排放标准、CDEM（建造、设计、装备和人员配备）标准、航行标准、意外事故标准、责任保险和特别敏感海域（PSSA）指针。其中，排放标准相关治理机制涉及两份公约：《防止船舶污染国际公约》（MARPOL）及其议定书和《压舱水管理（BMW）公约》。排放标准涉及液（固）体排放与气体排放，前者包括：油污、有害液体、污水和垃圾四类；后者包括：耗臭氧物质、氧化氮、氧化硫和挥发性有机物四类。《压舱水管理公约》规定：压舱水交换不应在离岸 200 海里以内，或低于 200 米水深的范围内进行，交换体积不低于压舱水体积的 95%。CDEM 标准相关治理机制分布在国际海事组织的众多规定中，尤其在《海上人命安全国际公约》（SOLAS）和《海员培训、发证和值班标准国际公约》（STCW）中。著名的“双壳船”标准就是在《防止船舶污染国际公约》附录 I

中所规定，并且是1989年埃克森公司瓦尔迪兹（Exxon Valdez）漏油事件所引起的重要后果之一。此外，附录VI中的燃料含量要求和《压舱水管理公约》中的压舱水处理要求必须被视为CDEM标准，国际海事组织的“北极航运指针”也是CDEM标准。通航标准相关治理机制主要有《海上人命安全国际公约》和《海上避碰规则国际公约》(COLREG)。航行标准相关治理机制包括船舶的分道通航措施、船舶报告系统（SRS）和船舶交通管理系统（VTS）三类。对于分道通航措施，应该参照船舶分道总则，比如分道航行制度、深水航线、警戒区域、避免和禁止抛锚区域等。除了生态保护目的外，1982年《公约》并没有授权沿海国在其领海采用强制性通航标准。1998年，船舶分道总则被修改并增加附录II，更名为《群岛海道的采纳、指定与替代》。从此，群岛海道等同于船舶分道制度。虽然国际海事组织的航行标准部分适用于北极水域，但是北极海域没有全面强制性或自愿性航行制度。意外事故标准相关治理机制主要规定在《国际油污防备、反应和合作公约》（OPRC）及其2000年的议定书当中。责任保险标准相关治理机制主要规定在1969年的《民事责任公约》(Civil Liability Convention)、1971年的《基金公约》(Fund Convention)、1996年的《海上运输有毒有害物质损害责任及赔偿国际（HNS）公约》和2001年的《船用油公约》当中。特别敏感海域标准相关治理机制不能直接发挥航运监管功能，而需要采用多种相关保护措施（APMs)。

1989年埃克森公司瓦尔迪兹漏油事件后，国际海事组织的治理机制得到改进，开始针对极地水域航行船舶编制规范守则，并制定《北极冰盖水域作业船舶指针》（the International Maritime Organization Guidelines for Ships Operating in Arctic Ice - Covered Waters），其目的是考量北极冰盖水域气候条件，满足海洋安全和防止污染的适当标准，促进通航安全，防止北极冰盖水域作业船舶污染。虽然制定这些治理机制是一种进步，但是它们没有法律约束力，而且还存在模糊不清之处。国际海事组织在不断改进这些指针后，到2013年使它们变成强制性治理机制——《极地规范准则》(Polar Code)。然而，有待观察的是北极国家能否愿意就北极船舶作业约束性管理制度达成共识。实施这一制度固然有助于加强国际海事组织对北极的影响力的作用，但是该机构面临着与北极理事会相同的弱点。因为国际海事组织的决定前提是一致同意，所以它往往通过不具约束力的建议，这方面突出的例子就是国际海事组织的《极地规范准则》。这份准则于2009年达成，前后谈判共花了10多年，它对穿越极地水域的船舶只规定“自愿性”航运指针和管理制度，重点关注的是船舶建造和命名船舶极地航运能力的“极地级”系统。不幸的是，其成员并不同意制定约束性极地规范守则，从而极大限制了国际海事组织治理机制的适应范围和影响力。

机制三：国际劳工组织（ILO）。

国际劳工组织与北极有关的治理机制是《国际劳工组织公约第169号》[1]（内容请见附录），又称为《1989年原住民和部落民族公约》。它是一项关于原住民的约束性国际公约，称得上是《联合国原住民权利宣言》的先驱。2010年，全球批准《国际劳工组织公约第169号》的有22个国家，北极国家中只有挪威和丹麦批准该约。[2] 鉴于此，《国际劳工组织公约第169号》在北极问题上面临重要的认同挑战。尽管签署该约的北极国家明显不足，但是丹麦与挪威在对待原住民问题上的示范作用与后续影响不容低估，尤其值得尚未批准该约的中国在参与北极治理过程中事先学习、积极借鉴。根据该公约的规定，政府有责任采取协调性和系统性的行动，来保护原住民和部落民族的权利，并确保他们能够获得适当的机制和方法。随着对原住民和部落民族咨询和参与的关注，该公约已成为激发政府与原住民和部落民族对话的机制，也成为预防和解决冲突的机制。尽管已经取得相当大的成绩，但是国际劳工组织的监管机构还是发现仍然存在很多挑战，尤其是在要求提供协调性和系统性的行动方面，以及在确保原住民和部落民族咨询和参与对其产生影响的决策方面。

国际劳工组织是根据《凡尔赛条约》于1919年建立，成为当时国联的一个机构；1946年，又成为联合国的第一个专门机构。其主要任务是处理劳工问题，尤其关注劳工标准和体面工作两个方面。国际劳

---

① 国际劳工组织网站：C169 – Indigenous and Tribal Peoples Convention，1989（No. 169），http://www.ilo.org/dyn/normlex/en/f? p = NORMLEXPUB：12100：0：：NO：：P12100_ ILO_ CODE：C169。

② 国际劳工组织网站：Ratifications of C169 – Indigenous and Tribal Peoples Convention，1989（No. 169），http://www.ilo.org/dyn/normlex/en/f? p = 1000：11300：0：：NO：11300：P11300_ INSTRUMENT_ ID：312314。

工组织的最大特点是其人员构成上的“三方制度”，就由政府、雇员和雇主三类人组成。2012 年，联合国成员国中有 185 个是国际劳工组织成员，所有北极国家都是该组织成员。

机制四：联合国粮农组织（FAO）。

联合国粮农组织在北极渔业管理方面也起到一定的作用，其治理机制主要是指 1993 年采用的《促进公海渔船符合国际保护和管理措施的协议》（Agreement to Promote Compliance with International Conservation and Management Measures by Fishing Vessels on the High Seas）。该协议于 2003 年 4 月 24 日生效，建立应用于船旗国登记的最低要求，对公海（包括北冰洋）捕鱼的渔船进行相关授权，目的是防止那些因偷捕和违反国际捕鱼法而被查获的船舶通过更换注册船旗国的方式来损害保护管理措施的有效性。

至于其他全球性治理机制，因其重要性相对较轻，本书不再赘述。

（二）区域性治理机制

机制一：北极理事会（AC）。

北极理事会（Arctic Council，AC）是根据 1996 年《渥太华宣言》（Declaration of Ottawa）成立的目前北极地区最主要的区域性组织机构。北极理事会的支柱涵盖三个方面：一是肯定北极居民的福祉；二是肯定北极可持续发展、健康水平和文化福祉；三是肯定保护北极环境。

《渥太华宣言》规定，北极理事会是高层次政府间论坛而不是政府间组织。其主要目标有三：在可持续发展和环境保护等突出问题上为北极国家提供合作、协调和活动的手段；监督协调各工作组的相关计划；采纳可持续发展计划的职权范围，并进行监督和协调；传播信息，鼓励教育，推动在北极相关问题上的利益。其主要功能是在环境保护和可持续发展方面谋求国际合作。北极理事会的政策基础是部长会议宣言而非公约或条约。鉴于政府间论坛的定位，北极理事会的能力仅限于不具约束力的宣言，不能对其成员、永久参加者、观察员和临时观察员等不同参与者施加任何约束性责任，因此北极理事会决策的法律地位较弱。更为重要的是，北极理事会还存在其他需要克服的障碍：缺乏固定和足够的资金来源；没有强制性授权机构；成员国执行理事会建议的政治意愿缺乏；不得涉及军事安全等北极高政治问题。2011

年 5 月之前，根据《渥太华宣言》规定，北极理事会不设固定秘书处，而是由各成员轮流做东召开部长级理事会，并提供临时秘书处。

北极理事会的参与者根据身份差异可以分成四个层次：成员、永久参加者、观察员和临时观察员。其中，成员仅限于北极国家。永久参加者目前包括六个北极原住民组织，分别是：北极阿萨帕斯卡人委员会（AAC）、阿留申人国际协会（AIA）、哥威迅人国际委员会（GCI）、因纽特人环北极委员会（ICC）、俄罗斯北方原住民协会（RAIPON）和萨米人委员会（SC）。观察员包括：主权国家、政府间组织、议会间组织和非政府组织四类。其中，非北极国家观察员有 12 个：德国、法国、西班牙、荷兰、波兰、英国、中国、意大利、日本、韩国、新加坡和印度；政府间组织和议会间组织有 9 个：国际红十字和红新月协会联合会（IFRC）、国际自然保护联盟（IUCN）、北欧部长理事会（NCM）、北欧环境金融公司（NEFCO）、北大西洋海洋哺乳动物委员会（NAMMCO）、北极地区议会专家常务委员会（SCPAR）、联合国欧洲经济委员会（UN - ECE）、联合国发展计划署（UNDP）和联合国环境计划署（UNEP）；非政府组织有 11 个：海洋保护咨询委员会（ACOPS）、北极文化门廊、世界驯鹿牧主协会（AWRH）、环极地保护联盟（CCU）、国际北极科学委员会（IASC）、国际北极社会科学协会（IASSA）、环极地健康国际联盟（IUCH）、原住民事务国际工作组（IWGIA）、北方论坛（NF）、北极大学和世界自然基金会全球北极计划。[①] 目前，欧盟虽然多次申请观察员地位，但尚未获得批准。

北极理事会参与者的权利义务因身份不同而有明显差异。其中，成员国具有相对垄断的权利。北极理事会的全部决策权属于成员国所有；成员国每两年开会一次，期间则不定期举行高级官员会议，以提供联络和协调的机会；成员国指定与北极理事会事务相关的一个焦点议题。永久参加者则在涉及北极理事会谈判和决策等方面有完全咨询权利。观察员有被邀请参加北极理事会会议的权利，主要任务是观察北极理事会的工作；观察员可通过参与北极理事会各工作组的方式为其做贡献，通过北极理事会某个成员或永久参加者为理事会建议新计

① 北极理事会网站：http://www.arctic - council.org/index.php/en/about - us/arctic - council/observers，2014 年 10 月 19 日登陆。

划，但是观察员对任何特定项目的财政捐款不能超过成员国的资金额度，除非“高级北极官员”（SAO）另有决定；观察员受邀参加北极理事会附属机构的会议，经会议主席认可，可在成员和永久参加者之后做出声明，并就所讨论问题提交文件和阐明观点，也可以向部长级会议提交书面声明。

在决策原则上，北极理事会以成员“协商一致”为基础。协商一致原则虽然便于构建广泛共识，但是对北极理事会授权带来较大限制，在很大程度上降低了其工作效率和效果的发挥。工作效率和效果是北极理事会始终面临的难题，其点是如何确保现有合作形式尽可能有效。这方面比较突出的例子是，在海洋哺乳动物和北极渔业管理等低政治问题上都没有实质性进展。

北极理事会应对北极问题的工作方式是采用和执行不同计划。北极理事会不是直接操作机构（operational body），而主要是通过不同项目工作组（Working Groups）以“计划驱动”为特征。目前，执行北极理事会具体计划的工作组已扩大到六个：北极污染物行动计划（ACAP），北极监测评估计划（AMAP），北极动植物保护（CAFF），应急预防、准备和反应（EPPP），北极海洋环境保护（PAME），可持续发展工作组（SDWG）。此外，还有不确定数目的特别组（Task Forces），包括制度问题特别组（task forces for institutional issues）、搜救特别组（task forces on search and rescue）和北极海洋油污染和反应特别组（task forces for Arctic marine oil pollution and response）；一个专家组（Experts Group），即基于生态系统管理专家组（EBM Experts Groups）；一个北极经济委员会（the Arctic Economic Council）。北极理事会“计划驱动”的突出特征是“研究成果不断”。例如，北极理事会已在评估方面投入大量资金，通过不同的工作组就本地区出现的主要问题形成报告，并将对这些问题的关切作为条款设计到北极理事会的日程当中，从而引起主要政策制定者对此类问题重要性的重视。这些文件无论在框架形成还是在强调北极理事会议程方面都发挥了重要作用。在可持续发展计划方面，北极理事会的职责目前只是程序性，而不是共识。

评估和政策性建议是北极理事会的主要工作内容。北极理事会仅在其成员事先商定的领域开展工作。比如，受部长理事会委托进行

“北极气候影响评估”（ACIA），以及对北极国家在特定领域如何运作提供指导并提出建议等。这些评估一般与北冰洋环境相关，往往形成非法律约束力的准则和指南，从而对国际环境保护进程产生持续影响。其中，《北冰洋环境保护计划》（PAME）的工作范围不断扩大，倾向采用2004年的《北冰洋战略计划》（AMSP），其推进方式借助北极理事会各工作组、机制和不同机构进行。《北冰洋战略计划》认为，北极最大的变化动因是气候变化和日益增加的经济活动，建议在多领域采取行动。这些行动主要包括：对北冰洋航运进行全面评估，2009年完成《北极海运评估》（AMSA）；为接受船源垃圾残留物的港口设施制定指针和规章；检查2009年《北极近海石油和天然气准则》是否适当；确定需要海洋环境新指针和规范的潜在地区；促进生态系统方法实际应用；推动建立海洋保护区，包括代表性保护网络；呼吁定期评估国际和区域协议和标准；促进履行与污染物有关的公约或计划，及其他全球和区域行动。

尽管北极理事会的治理机制不具约束力，但是这一底线似乎正在不断受到挑战。首先，2011年，在格陵兰岛努克部长级会议上，北极理事会决定在挪威的特罗姆瑟（Troms）设立固定秘书处。其次，更为重要的是，2011年5月，北极理事会成员国签订了其成立16年来第一份具有法律约束性的协议——《北极空海搜救合作协议》（Agreement on Cooperation on Aeronautical and Maritime search and rescue）（简称《搜救协议》）。《搜救协议》的根本目的是试图应对北极安全方面的一项重大挑战：搜索和救援。根据该协议，北极地区搜索和救援需要较强的区域和军事合作。协议第8条规定，当一国要求进入另一国的搜救区域时，应该得到后者的即时答复。协议签署国有义务“通过给予适当协作性考量来促进共同搜救”。《搜救协议》的主要价值不仅在于协议本身，而且可能是北极理事会扩大决策权，由高层论坛向国际组织转变的第一步。

机制二：北极地区议会专家会议（CPAR）。

北极地区议会专家会议是一个议会间组织，其代表由北极国家的议员和欧洲议会的议员组成，此外，还包括代表原住民的永久参加者和观察员。该组织每两年召开一次大会，第一届会议于1993年在冰岛的雷克雅未克（Reykjavik）举行，2012年9月在冰岛的阿库雷里举行第十届会议。非会议期间，其常务委员会（SCPAR）负责日常工作。常务委员会1994年的功能是作为北欧理事会（Nordic Council）的一个倡议，推动北极国家议会专家、欧洲议会、原住民代表和议会间区域机构（北欧理事会和西北欧理事会）之间的合作与互动。该组织建立初衷是成为一个非党派机构，联合不同政治观点和政治信仰的议员专家，共同促进北极及其人民的福祉，尤其强调萨米人议员专家理事会（Saami Parliamentary Council）和俄罗斯北方原住民协会（RAIPON）之间的原住民合作。

由于具有非党派背景，北极地区议会专家会议长期来在北极地区赢得客观与可信的声誉。该机制既没有基金，也不执行类似于北极理事会的诸多计划。然而，它恰恰是以议员专家的共同支持为基础在北极地区可持续性方面将自己塑造成为一个具有提供理念和建议的分析型组织。北极地区议会专家会议是建立北极理事会的鼎力支持者；是《北极人类发展报告》的重要倡议者，前者2002年被北极理事会采纳，是北极气候影响评估（ACIA）的重要论坛，是建立北极大学的重要推动者。

在议员专家会议上，北极治理问题变得越来越重要。2006年，北极治理是其主要议程之一；2008年，会议要求北极理事会召开年度部长级会议，强化北极理事会的法律与经济基础；2010年，除了强调强化前述基础的重要性之外，还呼吁主动与“非北极国家”进行对话，并建议召开由北极国家首脑和永久参加者领导人参加的“北极峰会”。此外，北极地区议会专家会议还强调北极理事会建立由成员国提供资金支持的足够而稳定的预算的重要性。在2010年会议上，其常务委员会提议建立专门小组制定《2030年北极愿景规划》。

尤为重要的是，北极地区议会专家会议完全承认1982年《公约》在北冰洋治理过程中的重要性。它认为，1982年《公约》为澄清与北冰洋司法管辖和管理相关的问题提供了法律框架；坚信北极理事会应该成为一个永久性组织机构，以确保在北极问题上具有坚定有效的协调与领导地位；北极理事会将以最有效的方式获得领导地位，但其治理结构在部分具体领域应该有所调整和加强。不仅如此，北极地区议会专家会议的重要性还体现在它是唯一将欧洲和北极国家吸纳到同一个治理框架中的议会间组织。目前，由于欧盟委员会尚未成为北极理事会的观察员，尤其是欧盟的北极政策在北极国家中受到部分排斥，因此该组织在北极理事会中的观察员地位有助于欧洲在北极理事会中间接发挥作用。

机制三：巴伦支欧洲—北极理事会（BEAC）。

巴伦支欧洲—北极理事会 1993 年由时任挪威外长 Thorvald Stoltenberg 发起成立，是巴伦支地区的政府间合作论坛。治理范围涵盖了挪威、瑞典、芬兰和俄罗斯四国的部分行政区域，包括挪威的诺德兰、特罗姆瑟和芬马克；瑞典的西博滕和北博滕；芬兰的拉普兰、北博滕和凯努；俄罗斯的摩尔曼斯克州、阿尔汉格尔斯克州、科米共和国、卡累利阿共和国和涅涅茨自治区。该理事会的成员包括北欧五国：挪威、瑞典、芬兰、冰岛和丹麦，再加上俄罗斯和欧盟委员会；观察员目前有九个，包括两个北极理事会成员：加拿大和美国；五个北极理事会的观察员：法国、德国、波兰、英国和荷兰；两个北极理事会临时观察员：意大利和日本。在机制运作上，由挪威、瑞典、芬兰和俄罗斯轮流作为该理事会合作的轮值主席。理事会的目标是"为既有合作提供动力，并考量新的倡议和建议"[①]。2008 年，建立"国际巴伦支秘书处"（International Barents Secretariat），地点位于希尔汉斯克"挪威巴伦支秘书处"（Norwegian Barents Secretariat）的同一建筑内，其作用是在巴伦支欧洲—北极理事会和巴伦支区域理事会（Barents Regional Council）框架内向多边协调行动提供技术支持。巴伦支欧洲—北极理事会的每一任主席国都组织一个巴伦支议员专家会议和一个欧洲议员代表团参加有关会议。会议于 2011 年 5 月在瑞典北博滕省的吕勒奥举行，2013 年 4 月在挪威特罗姆瑟的哈尔斯塔举行。

虽然巴伦支欧洲—北极理事会的规模不大，但是运作比较成功。为了避免在巴伦支海发生与能源相关和其他容易引起争议的问题，该组织决定避开巴伦支海，转而以陆地为导向，注重不同区域、城市、大学、原住民和其他市民社会之间的跨界合作。挪威将该组织视为与俄罗斯增进关系的基石，因此在财政和行动上对该组织提供重要支持。俄罗斯位于巴伦支地区的各州和地区非常渴望与该地区的芬兰人、瑞

---

① 巴伦支欧洲—北极理事会网站：http：//www. beac. st/in_English/Barents_Euro - Arctic_Council. iw3。

典人和挪威人合作。迄今为止，他们在此类合作中已经从俄罗斯政府处获得很多自治权。由于制定了跨界合作计划，以及建立了北方区域规划伙伴关系，欧盟在巴伦支地区受到格外重视。上述计划和伙伴关系已经通过相对小的投入成功吸引了大量资金，用于俄罗斯西北地区在水、卫生和核废料等方面缺乏的基础设施。从 1993 年开始，欧盟委员会就是该理事会的创始会员，并积极参加其高端会议，包括两年一届的部长级会议和一季度一届的高级官员委员会。总体上，俄罗斯希望在欧洲高北地区（主要是指北方区域规划政策和巴伦支欧洲—北极理事会涉及的区域）与欧盟保持良好的关系，但是由于在地缘政治影响方面存在传统的零和游戏观念，俄罗斯更希望将欧盟从环北极政治中排除。

机制四：《斯匹茨卑尔根条约》（Spitsbergen Treaty）。

斯瓦尔巴群岛（Svalbard Archipelago）位于北冰洋、巴伦支海、挪威海和格陵兰海之间，由三大岛、许多小岛和岛礁组成，面积 61022 平方千米[①]。其中，斯瓦尔巴岛是该群岛的最大岛屿。1596 年，荷兰探险家威廉·巴伦支（Willem Barents）首先发现了该群岛。17 世纪，由于斯瓦尔巴群岛资源丰富和地理位置优越，英国与荷兰便展开竞争；18 世纪，俄国人加入竞争行列；19 世纪后期，斯瓦尔巴群岛再次成为“无主地”（terra nullius）；20 世纪初，快速发展的北极采矿要求建立新的规则以及相应的立法与司法权限。1907 年，挪威建议在保持斯瓦尔巴群岛无主地地位的基础上建立新的法律制度。1919 年，“斯匹茨卑尔根委员会”（Spitsbergen Commission）成立，并达成一项基于挪威主权的条约——《斯匹茨卑尔根条约》。《斯匹茨卑尔根条约》又称《斯瓦尔巴条约》（Svalbard Treaty），是由美国、丹麦、法国、意大利、日本、荷兰、挪威、瑞典、大不列颠及爱尔兰联合王国和当时英国五个海外领地：加拿大、澳大利亚、印度、南非，以及新西兰等 14[②] 个国家于 1920 年 2 月 9 日在巴黎签署；1924 年，苏联加入；1925 年，中国与德国加入；1925 年 8 月 14 日，在最后一个签署国日本批准后正

---

① 维基百科：http://en.wikipedia.org/wiki/Svalbard_Archipelago。

② 包括：美国、英国、印度自治领、加拿大自治领、澳大利亚自治领、新西兰自治领、南非联邦、丹麦、法国、意大利、日本、挪威、荷兰和瑞典，http://en.wikisource.org/wiki/Svalbard_Treaty。

式生效。2014 年，该条约签署国已有 41 个。

《斯瓦尔巴条约》的区域治理价值在于该条约建立的五个治理原则，包括主权归属、非歧视性、税收权利、军事限制和环境保护。根据条约规定，在主权归属方面，挪威享有完全和彻底的主权；在非歧视性方面，签署国在特定领域享有平等权利，如“进入与居住，捕鱼、狩猎、海洋、工业、采矿和商业等活动，财产权与矿业权的获得与利用”；在税收权利方面，挪威可以收税，但必须完全用于斯瓦尔巴群岛；在军事限制方面，挪威不得建设任何海军基地，不得建设任何防御工事；在环境保护方面，挪威负责斯瓦尔巴群岛的自然环境保护。

机制五：《奥斯陆—巴黎公约》（OSPAR）

《东北大西洋海洋环境保护公约》（The Convention for the Protection of the marine Environment of the North - East Atlantic）是 1992 年 9 月 22 日在奥斯陆—巴黎委员会部长级会议上正式开放供签署的公约，因此也被简称为《奥斯陆—巴黎公约》（OSPAR）。该公约的缔约方目前共有 16 个，包括欧盟委员会和 15 个欧洲国家。其中，欧洲国家成员中有挪威、瑞典、芬兰、冰岛和丹麦五个北极国家，还有法国、德国、荷兰、西班牙和英国等五个北极理事会观察员。但是，在北极国家中，俄罗斯、美国、加拿大等重要成员并未签署该公约。尽管如此，《奥斯陆—巴黎公约》明确规定了其他国家的参与条件，如果该公约规定海域之外的国家，或其船只，或其国民参与该公约海域的活动，那么上述国家在该公约缔约方全票同意的前提下可以加入。例如，该公约的海域空间范围如果需要甚至可以重新定义，而其他国家可以获得观察员地位。

《奥斯陆—巴黎公约》包含一套基本规则和原则，在其五个附录和三个附件中予以详细说明。其中，附录 I 应对陆源污染；附录 II 应对倾倒或焚烧污染；附录 III 应对近海源污染；附录 IV 应对海洋环境质量评估；附录 V 保护生态系统和海洋区域生物多样性。附录 V（1998 年通过）与附件 III 一起于 2000 年生效，附件 III 为附录 V 提供了识别人类活动的标准。《奥斯陆—巴黎公约》通过执行六项战略来应对自身面对的威胁，这些战略包括：生物多样性和生态系统战略、富营养化战略、有害物质战略、近海工业战略、放射性物质战略和共同评估与监督计划战略。该公约的总体目标是：防止和消除海洋污染，实现区域内可持续管理，即对人类活动的管理要基于“海洋生态系统将继续支持合法使用海洋，继续满足当代和后代需要”的方式。按照这一目标，《奥斯陆—巴黎公约》委员会的具体目标是，保护实际或可能受到人类活动后果影响的海洋地区的生态系统和生物多样性，并且只要可行就对已经受到负面影响的海洋区域进行恢复。

将本属于欧洲区域性的治理机制作为北极区域性治理机制来看待主要基于三层原因。首先，《奥斯陆—巴黎公约》参与者与北极理事会参与者存在部分交叉关系；其次，该公约将东北大西洋分为五个区域：I 北极水域、II 大北海区、III 凯尔特海、IV 比斯开湾和伊比利亚海岸、V 宽大西洋区——显然，第 I 区域与北极存在重合的事实；第三，《奥斯陆—巴黎公约》治理海域与《东北大西洋渔业委员会公约》治理区域完全重合，从而为实现综合性、跨部门和基于生态系统的管理创造了潜在条件。

《奥斯陆—巴黎公约》涵盖所有对东北大西洋生态系统和生物多样性产生不利影响的人类活动的管理，但是对渔业管理和船舶航行监管有例外或限制性规定。尽管这些限制明显抑制了《奥斯陆—巴黎公约》委员会的有效应对能力，但是根据其第 6 条和附录 IV，《奥斯陆—巴黎公约》委员会在本地区海洋环境质量评估背景下对渔业管理和船舶航行监管可以给予适当考量。比如，2010 年《东北大西洋新质量状况报告》在内容上就有所体现，既包括人类活动数据，也包括渔业和航运的影响。

《奥斯陆—巴黎公约》特别规定执行 1982 年《公约》第 XII 部分、《生物多样性公约（CBD）》及其在区域层次内的海洋和沿海生物多样性工作计划，并建有与之配套的全面性法律框架；也承认国际海事组织的全球航运监管权。《奥斯陆—巴黎公约》委员会要求采用“预警原则”和“污染者负担原则”，并以“法律约束力的决定、非法律约束力的建议和其他协议”等三种措施来应对相关问题。虽然在渔业管理和船舶航行监管方面存在限制，但是《奥斯陆—巴黎公约》并非无所作为。比如对渔业管理来说，如果委员会认为其行动可取，则可首先促使国际海事组织注意相关问题，而作为国际海事组织的缔约方则必须给予通力合作，并做出适当回应。另外，还有一些补充行动，如采用区域自愿性指针，减少非本地物种通过船舶压舱水的途径被引进的风险，并作为一项临时措施直到《压舱水管理公约》生效。

（三）双（多）边治理机制

在双边领域，北极国家围绕着北极生态保护、渔业管理和海洋划界等问题展开谈判，并建立一系列治理机制。它们主要包括：1901年，大英帝国和丹麦签署《管理远离冰岛和法罗群岛渔场条约》（the Treaty regulating the fishing banks off Iceland and the Faeroe Islands）；1916年，大英帝国代表加拿大与美国签订了《保护候鸟公约》（Convention For The Protection Of Migratory Birds In Canada And The United States）；1923年，美国和加拿大签署了《保护大比目鱼渔业公约》（Convention for the Preservation of the Halibut Fishery）及其后续替代性的《保护被太平洋和白令海峡大比目鱼渔业公约》（Convention For The Preservation Of The Halibut Fishery Of The Northern Pacific Ocean And Bering Sea）；1957年苏联与挪威在瓦朗格尔峡湾签署《海洋边界协议》；1980年5月，挪威和冰岛签署《渔业和大陆架问题协议》（Agreement between Iceland and Norway Concerning Fishery and Continental Shelf Questions）；1981年10月，冰岛和挪威签署《冰岛和扬马延岛之间大陆架协议》（Agreement between Norway and Iceland on the continental shelf between Iceland and Jan Mayen）；1983年，加拿大和丹麦签署《海洋环境合作协议》（Agreement for Cooperation Relating to the Marine Environment）；1988年1月，美国和加拿大签署《美加北极合作协议》（the Canada – US Arctic Cooperation Agreement），两国在西北航道问题上采取求同存异的方式进行实际合作；1985年，美国和加拿大签署《美加太平洋鲑鱼政府间条约》（Treaty Between the Government of the United States of America and the Government of Canada Concerning Pacific Salmon）；1990年6月，美国和苏联签订《美苏海洋边界协议》（USSR – USA Maritime Boundary Agreement），但俄罗斯国家杜马至今没有批准该协议；1992年，俄罗斯和挪威签署《环境发展合作协议》（Agreement on Cooperation in Environmental Matters）；1992年，俄罗斯和加拿大签署《俄加北极合作协议》（Russian – Canadian Agreement on cooperation in the Arctic and the North）；1994年，俄罗斯和挪威签订《抗争巴伦支海油污的合作协议》（Agreement Concerning Cooperation on the Combating of Oil Pollution in the Barents Sea)；1997 年，美国和俄罗斯签署《应对白令海和楚科奇海污染的合作协议》(Agreement between the United States and the Russian Federation concerning Combating Pollution in the Bering and Chukchi Seas)；2000 年 10 月，美国和俄罗斯签署《美俄保护和管理阿拉斯加—楚科塔地区北极熊种群协议》(the Agreement between the Government of United States and the Government of Russian Federation on the Conservation and Management of the Alaska – Chukotka Polar Bear Population)；2003 年，美国和加拿大签署《美加海洋污染联合应急计划》(The Canada – United States Joint Marine Pollution Contingency Plan)；2007 年 7 月，俄罗斯和挪威签署《俄挪瓦朗格尔峡湾区域海洋划界协议》(Agreement between the Russian Federation and the Kingdom of Norway on the maritime delimitation in the Varanger Fjord Area)；2009 年俄罗斯和挪威签订《俄挪 2010 渔业协议》(Agreement on Norwegian – Russian fisheries for 2010)；2010 年 9 月，俄罗斯和挪威签署了《俄挪巴伦支海和北冰洋海洋划界与合作条约》(Treaty between the Kingdom of Norway and the Russian Federation concerning Maritime Delimitation and Cooperation in the Barents Sea and the Arctic Ocean)。

在多边领域，北极国家参与签署涉及北极问题的治理机制主要包括：北极国家都签署 1971 年《国际重要湿地公约》(Convention on Wetlands of International Importance) 和 1973 年《野生动植物濒危物种国际贸易公约》(CITES)；1979 年，丹麦、芬兰、挪威和瑞典签署《保护野生动物迁移物种公约》(Convention on the Conservation of Migratory Species of Wild Animals)，又称《伯恩公约》(Bonn Convention)；1989 年，除了美国之外，其他北极国家签署《有害废物跨界移动控制与处理的巴塞尔公约》(Basel Convention on the Control of Trans – boundary Movements of Hazardous Waste and their Disposal)，简称《巴塞尔公约》；1991 年，瑞典、芬兰和挪威[①]签署《跨界背景环境影响评估公约》(Convention on Environmental Impact Assessment in a Trans – boundary Con-

① 联合国欧洲经济委员会：Parties to Espoo Convention take stock of 20 years of transboundary environmental impact assessment in UNECE region，14/06/2011，http：//www. unece. org/press/pr2011/11env_ p24e. html。

text)，又称《埃斯波公约》(Espoo Convention)；1993 年，美国、加拿大与墨西哥签署《北美环境保护协议》(NAAEC)；1994 年，挪威和冰岛签署《欧洲经济区协议》(EEA)，正式加入欧洲内部市场；1995 年，挪威、瑞典、芬兰和丹麦签署《非洲—欧亚迁移水禽保护协议》(AEWA)。

双（多）边治理机制呈现出几个特征：第一，双边治理机制既涉及低政治问题，如生态保护和渔业管理等，也涉及高政治问题，如海洋边界划分。与前述治理机制不同的是，双边治理机制在高政治领域存在实质性突破，如俄罗斯和挪威分别于 2007 年和 2010 年达成的相关协议。第二，双边治理机制在整体上明显滞后于北极问题的治理需要。第三，多边治理机制基本只涉及低政治问题，而规避高政治问题。

二、国内治理层次

鉴于北极国际治理部分是研究重点，北极国家国内层次部分只选择了与北极问题关系密切的两个维度：北极国家北极战略和北极原住民治理机制，用作简单比较。

（一）北极国家北极战略

北极国家的北极战略直接影响其北极政策与治理机制设计，对北极国家参与北极治理产生重要指导性作用，有必要详细说明。为了正确反映北极国际关系现状，也为了方便比较研究，北极国家的北极战略将按照北极核心国与非北极核心国北极五国和其他北极三国模式进行阐述。

1. 核心国北极战略

北极核心国即俄罗斯与美国。在相当程度上，核心国的北极战略对北极治理具有某种指示效应。

从北极治理视角看，俄罗斯北极战略首先重视在北极国际治理中的核心地位（高政治问题），并将其与实现北极财富源泉（低政治问题）联系起来。俄罗斯因其广阔的北极地域和强大的军事实力而成为国际关系和北极治理的共同关注。2008 年 9 月，俄罗斯出台北极战略文件《到 2020 年及以后俄联邦北极国家政策基础》。战略文件强调两点：俄罗斯作为北极领导力量的地位；俄罗斯北极地区能源储备和海洋运输作为主要收入来源对其经济的重要性。为了强化北极核心地位，俄罗斯不断推进北极强军计划。鉴于北极军事因素具有高政治性敏感特征，俄罗斯北极强军计划的外在动因是应对低政治问题——反恐、走私、非法移民和环境保护。近年来，俄罗斯已经建立了适应北极环境的特种部队和训练计划。为了实现北极财富源泉的目标，俄罗斯推进多项目标设计：2020 年，北极地区将处于俄罗斯优先政策之首，将成为国内消费和国外出口的主要资源原产地；俄罗斯对发展东北航道沿线运输和通讯基础设施将优先考量；俄罗斯既强调北极合作的重要性，也积极推进将北极作为"世界和平区"的理念；俄北极战略还设定阶段性目标，如确定俄罗斯大陆架界限，强化北极军事建设等。2009 年 5 月，时任俄总统梅德韦杰夫批准了另一份重要文件《到 2020 年俄罗斯国家安全战略》。这是一份有助于进一步理解俄罗斯北极立场的官方文件。该文件更新并部分修改了 1997 年和 2000 年俄罗斯国家安全战略理念。具体到北极地区，俄罗斯国家安全战略重申了 2008 年北极战略文件中的安全因素，并坚持认为国际关注的重心在长期必将集中于能源区域，尤其是巴伦支地区、巴伦支海和俄罗斯北极其他地区。

美国是冷战最大赢家，也是当今世界头号霸权，虽然美国北极领土（阿拉斯加）面积远不及俄罗斯，但美国在北极国际关系中具有领导与心理优势，其北极战略对北极治理具有重要影响。2009 年 1 月，美国以《总统指令》的形式出台了类似北极战略文件。尽管正处于小布什政府第二任期即将结束之际，由于是美国两党的谈判成果，因此该文件对奥巴马政府仍然具有指导意义。总体上，该文件反映了美国对北极地区不断增加的关注，主要包括：气候变化及其后果所引起的变化，以及肯定北极理事会的工作成果。在文件中，美国首次承认"在北极地区有着广泛而根本的国家安全利益"。在策略运用上，一方面强调独立行动的重要性，另方面也强调借助国际合作，并在两者之间寻求某种程度的平衡。在实践上，由于缺乏先进的破冰船，而且建造此类船舶又不是美国的优先政策，所以美国政府的主流观点认为北极目前看来还是个比较遥远的问题。尽管指令公开支持国会批准美国加入 1982 年《公约》，但是美国存在强大的反对势力。2007 年，美国退役军官协会（Reserve Officers Association）通过了反对批准美国加入1982年《公约》的决议，并于2010年更新。目前，支持与反对加入公约的力量对比并没有逆转。2013年5月，美国出台完整北极战略文件——《北极地区国家战略》。文件强调，为了应对北极快速变化给世界和美国带来挑战和机遇，美国着重强调三方面的工作。第一，推进美国的安全利益（高政治问题），主要内容包括发展北极的基础设施和战略能力；强化北极地域意识；保护北极地区航海自由；作为美国未来能源安全的供给。第二，追求负责任的北极管理职责（低政治问题），内容包括保护北极环境和自然资源；运用综合管理来平衡北极经济发展、环境保护和文化价值；通过科研与传统知识来理解北极；测绘北极。第三，加强国际合作（低政治问题），内容包括追求促进北极国家繁荣共享、保护北极环境和强化安全的制度安排；通过北极理事会的工作推进美国的北极利益；加入1982年《公约》；与其他利益攸关方合作。①

2. 非核心国北极战略

除俄美之外，其余北极国家都属于北极国际关系的非核心国家。其中，加拿大、丹麦和挪威属于北冰洋沿岸国家，即北极五国；瑞典、芬兰和冰岛是北极国家中受到北冰洋沿岸国家歧视具有边缘化倾向的国家。鉴于上述身份地位存在差异，非核心国家的北极战略对应对北极问题各有侧重。

加拿大北极战略突出强调北极主权（高政治问题）。2009年3月，加拿大发布了其北极战略文件——《我们的北方，我们的遗产，我们的未来》。该文件首先强调的“北方领地”是加拿大领土明确的一部分，第一章的标题为“行使我们的北极主权”。此外，该文件将包括经济社会发展在内的人类维度放到了突出地位，还关注北极环境和治理。在北极治理中，突出了对加拿大北极原住民社区治理的权力转移。在北极国际合作方面，由于文件编者来自加拿大“原住民事务和北方发展部”，结果国际合作并没有成为加拿大北极战略的重要部分，而是被放到文件最后。2010年8月，加拿大政府另外发布的一份政策声明中

① 美国白宫政府网：National Strategy for the Arctic Region，www.whitehouse.gov/sites/default/files/docs/nat_arctic_strategy.pdf。

可以看出加拿大北极外交政策的主要内容。政策声明的主要目标是寻求对加拿大北极主权和存在的国际承认，并进一步强调在北极地区有必要采取积极行动来捍卫加拿大的价值。为了维护这些目标，该文件将国际合作、外交和尊重国际法视为主要机制。2009 年，加拿大议会正式将西北航道重新命名为“加拿大西北航道”，这一举动有着重要的国际影响。加拿大声称，西北航道穿越其内水，鉴于其特殊的环境脆弱性，应该受到加方的严格控制。对于加拿大的举动，美国并不认同，而是将西北航道视为国际航行的海峡，并经常派军舰穿越该航道。不同之处只是基于信息通报的缘故告知一下加拿大而已，但是对于潜艇的穿越航行的信息并不在告知范围内。近来，加拿大已经加速在北极地区的科学研究和军事演习，并以此作为对西北航道拥有主权的一种宣示。此外，加拿大还有部分相关计划：在西北航道沿线建设深水港，比如在努纳武特的南尼斯维克和雷索卢特湾两地；建立一支破冰船舰队；强化其北极骑兵巡逻队。

丹麦因格陵兰岛位于北极圈内而成为北极国家，丹麦北极战略突出强调应对北极低政治问题。因为格陵兰的军事外交权仍然属于丹麦王国，所以丹麦北极战略涉及两个主体——格陵兰和丹麦王国。2008 年 5 月，丹麦与格陵兰联合发布北极战略文件——《处在转变中的北极：北极地区行动战略草案》(The Arctic at a Time of Transition: Draft Strategy for Activities in the Arctic Region)。该战略主要有两个目标：一是支持和强化格陵兰走向自治道路；二是使丹麦在北极地区作为主要行动者。2011 年，丹麦又发布了《2011 ~ 2020 年丹麦王国北极战略》。该战略同时涵盖丹麦的三个实体——丹麦政府、法罗群岛政府和格陵兰政府，并具有双重目标：一是对北极地区重要的环境和地缘政治变化以及本地区日益增长的全球利益做出反应；二是重新定义丹麦王国的地位，尤其强化其作为北极行动者的地位。该战略集中于北极地区的人类、发展和环境方面，自定位为“有益于北极居民的最重要发展战略”，人类健康与社会事务作为优先领域受到突出关注。并强调，以自主性增长和发展促进北极的和平与安全，重视脆弱的北极气候，加强与国际伙伴密切合作。在传统渔业之外，格陵兰计划在北极地区发展新工业，包括水电、近海化石燃料和其他能源、采矿业和旅游业。但是，北极地区的跨域航运和海上通道却没有如其他北极国家那样受到重点关注。丹麦的北极战略在国家安全和保护格陵兰经济基础之间建立直接联系，同时考虑改善和建立新基础设施，以强化作为优先政策和紧急需要的海洋安全。丹麦支持以国际法为基础解决北极海洋边界争议，强化海洋安全，加强国家主权和安全。丹麦北极战略文件是唯一提及北约在北极治理中具有重要性的文件，同时也强调北极五国合作的重要性。该战略文件还明确认识到，为了发展北极地区，1982 年《公约》与国际和平与合作的重要性。

挪威北极战略的重心是应对低政治问题。2006 年 12 月，挪威是第一个发布北极战略文件的北极国家。根据习惯，北极在挪威被称为"高北"地区。挪威"高北战略"致力于在本地区建立可持续性增长与发展，并遵循三个重要原则：存在、行动和知识。高北战略包括七个政策优先领域：以可信、联系和可预测的方式在高北地区行使权力；在地区开发与本地知识推广的国际努力方面处于最前沿；成为高北地区环境与自然资源最佳管理者；为石油活动进一步发展提供适当框架；保护原住民的生计、传统和文化；发展人民之间的合作；强化与俄罗斯的合作。高北战略强调日益增长的国际合作，尤其强调与俄罗斯和其他邻国之间的周边合作。这些合作涉及环境管理与研究、资源开发和主要目标机制等。2009 年 3 月，挪威又发布高北战略的修订版，即《北方新建构》（New building blocks in the North）。修订版明确了挪威的环北极范围，明显超越挪威对巴伦支海区域的传统重视。比较两份文件，尽管主要政策目标未发生变化，但是修订版包括了一些具体行动要点：在高北地区发展关于气候和环境的知识；在北方水域改善监管、突发事件应对和海洋安全系统；促进海上石油和可再生资源的可持续发展；促进近岸商业开发；进一步发展北方基础设施；在北方继续稳健行使权力，并加强跨境合作；保护原住民的文化和生计。2009 年，挪威做出了一个重要政治决定，将挪威军部由位于南部的斯塔万格搬迁到位于北极圈的博德附近的雷顿。

瑞典北极战略基本上是对其北极理事会计划的重复，具有应对北极低政治问题的突出特征。2011 年 5 月，瑞典在接任北极理事会轮值主席之时出台了其北极战略文件，即《北极地区战略》。在这份文件中，没有什么创新，其优先政策大多与瑞典作为北极理事会轮值主席的计划相一致，主要包括三方面：气候与环境、经济发展、人类维度。

瑞典在开发北极资源方面寻求可持续性，并强调尊重国际法。整个文件将在全球和北极地区与气候变化做斗争放到了突出位置。瑞典在文件中除了重视北极理事会外，还强调“北欧合作”“巴伦支欧洲—北极理事会”“萨米人跨国合作”等组织的重要性。同时，文件也承认1982年《公约》和其他联合国公约对北极地区的适应性。

芬兰的北极战略重视周边（俄欧）合作，强调北极理事会的主导地位。2010年6月，芬兰在其外交政策中“北极觉醒”部分确定了其北极战略。传统上，芬兰外交政策的重心是两组关系：芬俄关系与芬欧关系。这一重心并没有将环北极问题作为其优先政策纳入其中。其实不难理解，自从1944年丧失北冰洋沿岸陆地领土后，芬兰对该地区就鲜有关注。在结构上，采用了类似于欧盟委员会相关文件的形式，并将环境考量放在突出位置。在北极事务上，欧盟在其他北极国家看来尚存在争议，作为北极理事会成员采用欧盟文件形式很可能会承担不必要的压力。除了两组关系外，排在第二位的是北极经济活动。该部分强调芬兰在北极地区的专门知识及其适用性，比如极地航运和亚北极区域林木管理等。而航运和原住民问题则出现在较次要的位置。芬兰北极战略文件认为，在北极治理机制中，北极理事会是北极政策的主要来源，同时兼顾部分传统组织，比如“巴伦支欧洲—北极理事会”和“北欧合作”等。另外，欧盟的“北方区域规划”（Northern Dimension）政策也受到芬兰的青睐。不仅如此，芬兰还建议在其拉普兰的洛瓦涅米建立一个欧盟北极信息中心。

冰岛北极战略重视应对低政治问题，强调北极理事会的主导地位。2011年3月，冰岛的北极政策获得议会批准。该文件的关注点是在多方面确保冰岛利益：气候变化影响、环境问题、自然资源、航运、社会发展，以及强化与高北地区面临同样问题的其他国家和利益攸关方的关系与合作。该文件重点强调：北极理事会作为应对北极问题的最重要谘商论坛；以1982年《公约》为基础解决与北极相关分歧；支持北极原住民的权利；与其他国家和利益攸关方达成协议并推动合作；反对任何形式北极军事化；进一步发展与北极国家间的贸易关系。

3. 北极国家北极战略评估

北极国家北极战略对高政治与低政治问题有不同侧重。在高政治问题上，核心国家的关注和行动远大于非核心国家，北冰洋沿岸国家

（北极五国）的关注和行动整体大于其他北极三国。对核心国家而言，俄罗斯对建立并维护其领导地位直言不讳；美国作为世界霸权虽未明言成为北极领导者，却追求北极事务负责任的管理者——可谁又能质疑世界霸权在北极事务上的领导力与特殊性呢？在主权与安全领域，俄罗斯因东北航道国际法地位和罗蒙诺索夫海岭外延大陆架归属存在争议而表现突出；美国在北极虽然没有领土（海）主权争议，但拒绝相关国家对北极航道国际法地位自我解释，同时在罗蒙诺索夫海岭外延大陆架争议中支持加拿大。尽管如此，北极核心国家依然重视国际合作与北极和平，美国同时强调独立行动的价值。在军事领域，俄罗斯有明确的北极强军建设目标与训练计划，美国虽然缺乏明确的军事目标和财力支持，但运筹与扩张潜力不容小觑。与核心国家不同，非核心北极国家在高政治问题上整体反对任何形式的北极军事化。在低政治问题上，核心北极国家的关注度普遍高，但依然有所区别。俄罗斯尤其重视其北极地区能源资源和东北航道现实与潜在的巨大经济价值；美国因有其他更迫切的国际关切，暂时无暇将发展北极经济列为国家优先政策。相比之下，非核心北极国家明显更重视低政治问题。它们普遍尊重国际法的基础地位，强调开展国际合作，并追求作为北极事务的“行动者”和“管理者”；重视人类、气候、环境、可持续发展和国际合作；重视存在、行动和传统知识；视北极理事会为北极政策的主要来源。加拿大短期内因西北航道地位未定和复杂多变的航道冰况未将与之相关的航道经济定为优先政策。

虽然北极国家北极战略之间存在高政治与低政治的重视程度差异，但整体态势依然均衡。俄罗斯凭借明显的地缘优势，在北极事务上已经有明确的经济目标、政治目标和军事后盾；美国因 1982 年《公约》非缔约国地位与战略重视程度不够而丧失了在北极事务上的主动性，表现为政治与经济目标相对滞后。俄罗斯对美国北极能力表面优势不能掩盖俄罗斯与北约在北极范围内整体失衡的现实。有必要再次指出，北冰洋沿岸国中美国、加拿大、丹麦和挪威都是北约成员。从北约视角看，加拿大在理论上可以成为北约应对俄罗斯的重要棋子，从而在一定程度上弥补美国北极能力的暂时不足。换言之，如果俄罗斯与北约能够和平共处，那么俄在北极国际关系中的领导地位和影响力将凸显出来；如果俄罗斯与北约难以和平共处或者矛盾升级，北极五国很可能会分裂为两派，那么俄罗斯对北极的影响力将大打折扣。鉴于此，俄罗斯在应对高政治问题表现出现实的影响力，而在低政治问题上表现出现实的领导力；美国在应对高政治问题上表现出潜在的领导力（北约领袖），在应对低政治问题上表现出潜在的影响力，双方基本形成不同质北极权力双中心。

（二）北极原住民治理机制

过去40年，北极原住民在各自国内经历了一系列重要变化，主要包括：美国对阿拉斯加原住民完成清理赔偿；格陵兰岛实现自治；挪威颁布芬马克地区法，维护当地原住民权益；加拿大北方地区关于19项原住民条约的谈判等等。上述变化在很大程度上促进了北极原住民对本民族自决权的长期追求，也为其进一步参与应对北极问题，继续维护自身的其他权益夯实了法律基础。从发展来看，原住民已经发展成北极国内治理和国际治理中不可忽视的一环。要实现北极有效治理，尊重北极原住民的权利、正当诉求及其在北极治理中的适当地位是谁也绕不开的现实。

总体上，北极原住民治理机制兼有国内和国际治理的双重特征，同时也面临一系列难题。

首先，北极原住民治理机制多依其国内法建立。1968年，美国政府因为阿拉斯加发现石油而买断当地原住民的土地权。为了回应原住民对土地权利诉求，美国国会1971年通过《阿拉斯加原住民清理赔偿法案》（the Alaska Native Claims Settlement Act）。法案支付给原住民约10亿美元和17.8万平方千米土地，并附加给原住民一个“公司制”而非“部落制”的政府。加拿大政府与其原住民签订的条约往往将加拿大原住民安置到边远贫穷的保留地。近年来，加拿大政府开始借鉴美国在阿拉斯加清理赔偿中的做法，承认原住民对土地的权利，建立原住民对其土地的治理，并贯彻可持续和共同管理原则。《育空地区“第三等级”自治协议》（the Yukon “third - order” self - government agreements）承认原住民对土地的权利是“准省级”的。挪威是北欧国家中在萨米人关系上的领导者。2003年，挪威政府出台《芬马克法案》，来管理芬马克郡的土地和资源，该法案承认萨米人是具有实质性权利的原住民，尊重原住民对其土地和水域的习惯权。这项新法律将

96%的北方区域，大约相当于丹麦的大小，转给由三个分别来自萨米人议会和芬马克郡理事会的代表组成的新机构。相比之下，格陵兰因纽特人可能是最接近获得主权国家地位的北极原住民。2009年6月21日，整个格陵兰获得自治地位，格陵兰语成为唯一官方语，丹麦制定影响格陵兰利益的法律将被要求提前咨询。当然，丹麦和格陵兰之间的历史性关系不会突然中断。一种新的收入资源分享制度将逐渐代替丹麦的国家补贴政策，但格陵兰现在可以与其他国家建立双边和多边关系。

其次，北极原住民治理兼有超越国内治理的国际治理特征。这方面的治理机制主要有：

1. 北欧国家萨米人的跨国协调和合作与因纽特人环北极理事会

1956年，萨米人理事会（the Saami Council）在挪威成立，主要功能是作为挪威、瑞典、芬兰和俄罗斯萨米人组织的协调机构；从1964年开始，芬兰、挪威和瑞典三国政府就已经在萨米人问题上展开合作，到2001年，北欧国家将这类合作转到有萨米人议员代表参与的政府机构。

2. 萨米人议会理事会（the Saami Parliamentary Council）

该理事会由来自芬兰、挪威和瑞典的三个萨米人议会成员组成，并有俄罗斯方面的观察员，目的是试图通过跨境协调来保护萨米人共同利益。萨米人议会希望该理事会在国际舞台上积极作为，一方面推动执行《联合国原住民权利宣言》（the UN Declaration on the Rights of Indigenous Peoples），另一方面积极参与北极理事会的事务。

3. 《北欧萨米人公约》（Nordic Saami Convention）

2003～2007年，挪威、瑞典和芬兰三国起草了《北欧萨米人公约》（Nordic Saami Convention）。萨米人议会将该公约草案视为萨米人权利的恢复和发展，它能使萨米人以与北欧国家几乎平等的地位参加国际条约。草案第三条规定，“作为一个民族，萨米人有自决权，这符合其国内法和本公约的相关规定。萨米人有权利决定其经济、社会、文化发展，并有权利为了其利益来处置其自然资源”。该条款还补充规定：萨米人议会应该在政府间事务中代表萨米人；国家应该推动萨米人在国际机构中的代表性和参加国际会议。

4. 因纽特人环北极理事会

因纽特人环北极理事会1977年成立，代表了加拿大、阿拉斯加、格陵兰和俄罗斯楚科塔地区的约 15 万因纽特人——俄罗斯因纽特人直到冷战结束才加入。因纽特人认为整合自身活力和智力，在共同关切的问题上用一个声音说话，是保护特有生活方式，维护自身利益的根本途径。鉴于此，他们设定了四个主要目标：加强内部团结；在国际范围内推动因纽特人的权利和利益；发展和鼓励保护北极环境的长期政策；在北极地区的政治、经济、社会发展方面寻求全面和积极的伙伴关系。其中，因纽特人最突出的跨区域影响就是帮助改变了 2001 年的《斯德哥尔摩公约》进程。

第三，原住民治理机制面临着一系列难题。最突出的难题是北极原住民在北极各国中所处的法律地位并不相同，从而限制了他们的治理主体身份。在部分国家地区，如格陵兰，原住民的地位已经接近独立主权国家所具有的地位；在其他国家地区，如瑞典，政府更愿意将萨米人视为少数民族，而不是原住民。不仅如此，北极原住民还面临如何实现所在国政府履行对其承诺的问题。比如 1990 年加拿大高等法院在“麻雀案例”中裁定：原住民生存性狩猎符合宪法。但是加拿大与墨美两国之间达成的《迁移鸟类公约》中却禁止春季狩猎，类似的协议还有《太平洋鲑鱼条约》和《关于北美驯鹿国际协议》。这种现实使得原住民不得不被动地接受所在国签署的国际协议，而所在国政府在与原住民利益相关的事务上并不履行事先与之磋商的承诺。

第二节　北极国际治理的主要特点

从北极国际治理机制性质来看，不同层次治理机制和同一层次的不同治理机制具有不同特点。但现有北极治理机制尚未实现对北极问题的全覆盖，尤其在高政治问题领域存在亟需填补的盲区。

一、介于单一和松散之间

如果将《南极条约》视为南极治理单一模式的法律制度，那么北极不存在类似治理模式，也不存在相应单一治理主体。尽管如此，北极治理机制并不匮乏，无论在全球、区域或双（多）边层次，都有不同形式存在，包括各种组织、协议或规章。整体看，北极治理机制并非彼此毫无瓜葛，而是既有联系又有区别。联系主要体现在以尊重公认海洋法和国际习惯法为共同基础，尤其重视1982年《公约》的基础地位；区别主要体现在上述治理机制分属不同领域、类别、侧重和区域等。简言之，北极国际治理机制的突出特点之一是介于单一和松散之间。

这一特点主要源自冷战政策遗留与治理机制彼此不完全兼容。首先，北极区域层次治理模式在很大程度上是冷战政策部分遗留。20世纪90年代初，北极国际关系还被固定在冷战时期。作为冷战重要前沿，北极形成全面单一的国际制度在政治上根本不可能。直到戈尔巴乔夫1987年发表“摩尔曼斯克讲话”之后，北极的国际政治形势才开始改变。这种变化一般被解读为：苏联在全球执行“缓和政策”的一部分，并试图将北极塑造成东西方区域合作的典范。戈尔巴乔夫的倡议最终由芬兰代为执行，“北极环境保护战略”（AEPS）便是实施该倡议的积极成果。随后，“北极环境保护战略”发展为“罗瓦涅米进程”（Rovaniemi process），1996年进一步构成北极理事会成立的谈判基础。北极理事会曾试图作为北极区域组织，但最终只继承了业已存在非正式的“北极环境保护战略”合作内容。尤为重要的是，与安全问题相关的事项被明确排除在合作之外。在政治上，北极理事会谈判过程清楚表明其对北极原住民和经济发展的态度：北极原住民的权利或者经济发展问题不直接在理事会中解决。美国是上述重要决定的另一个主要推手，其始终认为没有必要在北极理事会框架内进行安全合作，而北极理事会对美国的态度只能接受。其次，北极治理机制部分面临如何克服相互矛盾，实现彼此兼容的挑战。北极治理机制彼此间存在难以兼容甚至矛盾之处，比如1982年《公约》对北冰洋的主权和开采权的规定与《斯瓦尔巴条约》相关规定有不相容之处；美国未批准1982年《公约》而更多依赖国际习惯法，使得1982年《公约》作为“海洋宪法”的基础地位打折扣；俄罗斯与作为北约成员的北极国家在北极安全政策上存在潜在冲突，目前对北极军事环境合作（AMEC）表现积极的北极国家只有俄罗斯、美国和挪威三国。

二、以非约束性机制为主

作为全球层次北极国际治理机制，1982 年《公约》既有全球性和框架性机制特征，还有明显约束性特征。所谓全球性指 1982 年《公约》是针对全球海洋而非北冰洋专门制定。实际上，与北极直接相关的规定只有第 234 条“冰封区域”部分。所谓框架性指相关规定多属于不适合直接实施的原则，因此必须结合不同区域、组织或国家的特定立法和规章来共同完成。多个领域的全球性、区域性和双（多）边治理机制在 1982 年《公约》基础上建立起来。在渔业领域，联合国粮农组织（FAO）采用一项全球性的《负责任渔业行为规范》（Code of Conduct for Responsible Fisheries）；在生态保护领域，1992 年签署《生物多样性公约》（CBD）；在航运领域，1973 年签署《防止船舶污染国际公约》（MARPOL）及其 1978 年的议定书等。相比之下，其他区域治理机制多有部分北极适用性。在北大西洋和北太平洋公海区域，区域性渔业管理协议适用于所处北极海域；在东北大西洋，《奥斯陆—巴黎公约》环境保护规定则适用于所处北极海域。此外，双（多）边协议也适用于北极，1973 年的《北极熊协议》就是最好的证明。特别说明，1982 年《公约》的重要部分，包括对领海宽度和专属经济区的界定等都已成为国际习惯法的重要内容，从而对所有国家产生约束力，而不论其是否批准 1982 年《公约》。因此，尽管美国没有批准 1982 年《公约》，但是其在很大程度上已将此作为国际习惯法接受下来。

联合国专门机构的治理机制也兼有约束性和非约束性特征。国际海事组织的北极治理机制主要有三项:《防止船舶污染国际公约》（MARPOL）及其议定书、《压舱水管理公约》（BWM）和《海上人命安全公约》（SOLAS）。其中，《防止船舶污染国际公约》缔约国涵盖北极八国成员；《压舱水管理公约》因为没有满足最低批准标准而尚未生效①；《海上人命安全公约》缔约方涵盖除加拿大②之外的所有北极

① 国际海事组织《压舱水管理公约》生效的最低标准是：30 个国家批准并且占世界商船运输吨位的 35%。截至 2012 年 3 月 31 日，上述数据分别是：33 个国家批准，占世界商船运输吨位的 26.46%。

② IMO Documentation：https：//imo. amsa. gov. au/public/parties/solas78protocol. html.

国家。国际海事组织正在试图将非约束性治理机制“北极冰盖水域作业船舶指针”（Guidelines for Ships Operating in Arctic Ice - Covered Waters）变成约束性机制，但是这需要缔约方达成共识。《国际劳工组织公约第169号》具有明显的非约束性特征，因为批准该公约的北极国家只有挪威和丹麦两国。这一现实对北极原住民在北极治理过程中发挥积极作用很不利。联合国粮农组织的北极治理机制《促进公海渔船符合国际保护和管理措施的协议》的缔约方仅有17个国家，而北极国家中批准的只有4个，分别是美国、加拿大、挪威和瑞典。[①] 由此可知，国际海事组织采纳的北极治理机制中《防止船舶污染国际公约》和《海上人命安全公约》在北极地区依然有明显的约束性，而国际劳工组织和联合国粮农组织的北极治理机制则基本是非约束性的。

区域治理机制兼有非约束性和约束性特征。北极理事会本质上是“高层论坛”，不具有“法律人格”的国际组织，因此不会产生诸如国际条约或公约等性质的文件。北极理事会的重要文件基本上都是以部长级会议宣言的形式发布，这种宣言对成员国是建议性而非强制性。有所不同的是，北极国家2011年5月12日签署了一项具有法律约束性的《北极海空搜救协议》(Agreement on Cooperation on Aeronautical and Maritime Search and Rescue in the Arctic)。尽管该协议不是北极理事会的协议，但是鉴于北极理事会的积极推动及协议约束性特征，使得国际社会对北极理事会未来的发展方向预期发生重要变化。《斯瓦尔巴条约》具有明显的约束性特征。其缔约方截止2014年已达41个，涵盖全部北极国家与更多非北极国家。《奥斯陆—巴黎公约》在本质上是欧洲而非北极的治理机制，尽管北欧五国是该协议的缔约方，但是俄罗斯、加拿大和美国等北极主要国家并非其成员，因此《奥斯陆—巴黎公约》具有非约束性特征。

综上所述，北极国际治理机制虽然兼有非约束性和约束性特征，但是非约束性明显比约束性更突出、更广泛。

---

① EUROPA > European External Action Service > Treaties Office Database：http：//ec.europa.eu/world/agreements/prepareCreateTreatiesWorkspace/treatiesGeneralData.do? step = 0&redirect = true&treatyId = 558.

三、基本覆盖低政治问题

从制度设计看，现有北极国际治理机制基本覆盖低政治问题，主要涉及北极暖化、生态保护、资源开发、北极航道和原住民。

第一，涉及北极暖化的北极国际治理机制。

与北极暖化相关的国际治理机制主要有：1979 年的《长程跨境大气污染公约》（LRTAP）及其议定书，该协议仅适用于欧洲及北美以外的国家，北极国家均是该公约的签署国；1985 年的《保护臭氧层维也纳公约》（Vienna Convention for the Protection of the Ozone Layer）；1987 年的《消耗臭氧层物质蒙特利尔议定书》（Montreal Protocol on Substances that Deplete the Ozone Layer）；1992 年的《联合国气候变化框架公约》（United Nations Framework Convention on Climate Change）及其 1997 年的《京都议定书》（Tokyo Protocol），框架公约建立起控制减少温室气体排放的行动框架，议定书则规定了发达国家温室气体减排的具体目标；2000 年的《持久性有机污染物斯德哥尔摩公约》（The Stockholm Convention on Persistent Organic Pollutants）。

第二，涉及生态保护的北极国际治理机制。

北极生态保护国际治理机制主要涉及动植物保护、环境保护与放射性污染三领域。在动植物保护方面，北极国际治理机制主要涉及生物多样性、动物物种、海洋哺乳动物与动植物贸易等多个方面。在保护北极生物多样性方面，最重要的国际治理机制是 1992 年的《生物多样性公约》，它也是保护全球生态系统的第一个公约；在保护北极单一物种方面，重要的治理机制主要有：1911 年美、英、日、俄四国签署的保护北方皮毛海豹的《北太平洋猎捕海豹公约》（North Pacific Sealing Convention）；1973 年由加拿大、丹麦、挪威、苏联和美国五国签署的保护北极熊的《北极熊保护协议》（Agreement on the Conservation of Polar Bears）；1987 年由美国和加拿大签署的保护北美驯鹿的《北美驯鹿群保护协议》（Agreement on the Conservation of the Porcupine Caribou Herd）；在保护海洋哺乳动物方面，有 1946 年针对捕鲸的《国际捕鲸监管公约》（International Convention for the Regulation of Whaling）；在规范野生动植物贸易方面，有 1973 年的《野生动植物濒危物种国际贸易公约》（CITES）——主要目标是确保野生动植物国际贸易不威胁野生物种的生存，但该约与北极原住民传统狩猎与生存方式存在一定冲突。

在保护北极环境方面，北极国际治理机制主要有四个：1971 年签署《国际湿地公约》（Convention on Wetlands of International Importance especially as Waterfowl Habitat）（又称《拉姆萨尔公约》，Ramsar Convention）——是保护及善用湿地及其资源的国家行动和国际合作的框架，部分北极国家有指定的湿地；1972 年《防止源自废弃物和其他物质海洋污染公约》（又称《伦敦公约》）及其 1996 年的议定书；1973 年《防止船舶污染国际公约》(MARPOL）及其 1978 年的议定书和 1982 年《公约》。其中，1982 年《公约》最为重要，其附加规定适应于大陆架、公海和国际海底区域。为此，1982 年《公约》还建立三个专门机构：国际海底管理局——组织控制国际海底区域的活动；海洋法国际法院——用于解决海洋争议；联合国大陆架界限委员会——用于处理沿海国对外延大陆架申请。根据 1982 年《公约》第 XII 部分“海洋环境保护与保全”的规定，不同源的海洋污染均受到 1982 年《公约》的规制，沿海国应通过国内法来控制陆基活动、船舶和海上倾倒等造成的海洋污染。另外,《伦敦公约》1996 年议定书的附件 I 中规定了允许排放的物质清单，凡是清单中未注明的物质都在禁止排放之列。《防止船舶污染国际公约》的主要功能是控制船舶排放，但是它只是管理多种污染物的框架性公约。1995 年，达成一项非约束性协议《全球保护海洋环境免受陆基活动影响的行动计划》(Global Program of Action for the Protection of the Marine Environment from Land - Based Activities)，号召各国制定措施以应对进入海洋环境的陆基污染源。1995 年，联合国环境规划署（UNEP）达成《保护北极海洋环境免于陆基活动影响的区域行动计划》(Regional Programme of Action for the Protection of the Arctic Marine Environment from Land - based Activities)。1998 年，北极理事会制定《保护北极海洋环境区域行动计划》，其重要功能就是防止陆基污染。

在应对北极放射性污染方面，北极国际治理机制主要有三个：1986 年的《核事故早期通知公约》(Convention on Early Notification of a Nuclear Accident)；1994 年的《核安全公约》（Convention on Nuclear Safety)；1997 年的《放射性废料管理安全和乏燃料管理安全公约》

(Joint Convention on the Safety of Spent Fuel Management and on the Safety of Radioactive Waste Management)。

第三，涉及海洋渔业（可再生资源）的北极国际治理机制。

涉及海洋渔业（可再生资源开发）的北极国际治理机制涵盖全球与北极区域两个层次。

在全球层次，与海洋渔业管理相关的约束性和非约束性治理机制均适用于北极海洋区域。在原则上，北极海洋区域由这些治理机制建立的主管机构负责管理。其中，主要国际治理机制有：1982 年《公约》、《鱼类协定》、《FAO 遵守协定》、《FAO—负责任渔业行为规范》及其《技术指针》、《国际行动计划》（IPOA）、《港口国措施方案》(the Model Scheme on PSM）和联合国大会的相关决议等。另外，联合国 1995 年《跨界鱼类协议》(Straddling Fish Stocks Agreement）为保护和管理公海跨界和高度洄游鱼类提供了治理框架。该协议具有预警措施和生态系统方法，并要求成员国将海洋污染和鱼类废弃物的数量最小化。

在区域层次，与海洋渔业管理相关是许多区域渔业管理组织(RFMO）和其他双边或区域组织或安排。区域性治理组织在治理空间上存在与北极海洋区域部分重叠的事实。重要的区域渔业管理组织有：国际大西洋金枪鱼保护委员会（ICCAT)、美俄政府间咨询委员会（ICC)、国际太平洋大比目鱼委员会（IPHC)、西北大西洋渔业组织（NAFO)、北大西洋鲑鱼保护组织（NASCO)、东北大西洋渔业委员会（NEAFC)、北太平洋溯河产卵鱼类委员会（NPAFC)、挪俄渔业委员会、西部和中部太平洋渔业委员会（WCPFC)、太平洋鲑鱼委员会（PSC）育空河小组和《中白令海峡鳕鱼保护管理公约》(CBS Convention）缔约方大会等等。需要指出的是，北极理事会既缺乏管理北极渔业的授权，也不重视保护和管理特定北极鱼类。2007 年 11 月，在高级北极官员（SAO）会议上，北极理事会的成员对其参与渔业保护和管理持反对态度。另外，在不同区域治理机制之间还存在不相容的现象。比如，从 1946 年签署《国际捕鲸监管公约》后，国际捕鲸委员会对捕鲸活动进行监管，1982 年开始禁止商业捕鲸，但是与科研和原住民生存相关的捕鲸活动却不在禁止之列。与之相对，部分北极国家视捕鲸活动为自己的一项传统，而反对禁止商业捕鲸。1992 年，挪威、冰岛、丹麦（格陵兰）、法罗群岛成立了“北大西洋海洋哺乳动物委员会”（NAMMCO），规定了保护管理所有鲸类物种的合作机制。

另外，北极渔业国际治理尚存在诸多问题，比如缺乏基本的渔业研究和规划，包括渔区、渔期、鱼种、捕鱼技术，也缺乏全球性的“环境影响评估”（EIA）和“战略环境评估”（SEA）机制，而且过度捕捞现象长期存在。

第四，涉及船源污染（海洋航运）的北极国际治理机制。

海洋航运治理的主要目标是船源污染。在全球层面，船源污染的国际治理机制主要是 1982 年《公约》和国际海事组织。此外，1982 年《公约》在少数情况下也允许沿海国采取单边措施来实施监管，以保障国际社会的共同利益。1982 年《公约》对船源污染的规定主要集中在第 XII 部分“海洋环境保护和保全”。第 XII 部分第 1 节“总则”适用于所有污染源，包括：陆基源污染；国家管辖下的海底活动造成的污染；深海区域活动污染；倾倒污染；船舶污染和源自或经过大气污染。1982 年《公约》第 192 条规定了成员国保护和保全海洋环境的一般义务。第 194 条详细说明了防止、减少和控制海洋环境污染的措施，其重点是船源污染。其他相关一般义务涉及稀有或脆弱的生态系统和濒危物种栖息地，外来物种引进，全球或区域合作，污染应急预案，监管污染风险和影响，评估各种活动的潜在影响。第 5、6 节是对各类污染源进行立法和执行的单独规定。1982 年《公约》中规定的与船源污染相关的司法管辖主要关注船旗国和沿海国。除了第 218 条外，对港口国司法管辖并没有明确规定。一般而言，船旗国和沿海国“立法管辖”（prescriptive jurisdiction）应参考“普遍接受的国际标准”（GAIRAS）。1982 年《公约》一般规则：船旗国对船源污染的立法管辖是强制性的，必须具有与“普遍接受的国际标准”相同水平；沿海国对船源污染的立法管辖是选择性的，且不能比“普遍接受的国际标准”还严格。加拿大和俄罗斯根据第 234 条“冰封区域”部分制定了比“普遍接受的国际标准”更严格的标准。

国际海事组织的主要任务之一就是监管船源污染。与之相应，国际海事组织采用了一系列的监管标准：排放标准，包括压舱水交换标准；CDEM 标准，包括燃料含量规格和压舱水处理要求；航行标准，包括船舶分道措施、报告制度和交通服务；应急规划和准备标准；责任和保险要求。上述标准融合在大量约束性和非约束性的治理机制中。其中，重要的约束性治理机制有：1969 年的《民事责任公约》（Civil Liability Convention）；1971 年的《基金公约》（Fund Convention）；1972 年的《防止海上碰撞国际规则公约》（Convention on the International Regulations for Preventing Collisions at Sea）；1973 年的《防止船舶污染国际公约》（MARPOL）及其 1978 年的议定书；1974 年的《海上人命安全公约》（SOLAS）；1978 年的《海员培训、发证和值班标准国际公约》（STCW）；尚未正式生效的《压舱水管理公约》（BWM）；1990 年的《油污防备、应对与合作国际公约》（OPRC）及其 2000 年的《有毒有害物质议定书》（HNS Protocol）。重要的非约束性治理机制有：《船舶分道制度总则》（General Provisions on Ships' Routeing）；《特别敏感海域指针》（PSSA Guideline）和《北极航运指针》（Arctic Shipping Guidelines）。除了《北极航运指针》之外，上述所有这些具有法律约束力和不具法律约束力的机制都有全球适用性特征，因此它们在原则上也适用于整个北极海域。另外，并非所有北极国家都是上述治理机制的缔约方，比如俄罗斯就不是《油污防备、应对与合作国际公约》及其《有毒有害物质议定书》的缔约方，而且上述标准的最大特征不是专门为北极海域航运设计。国际海事组织的唯一非约束性治理机制是《北极航运指针》，目前正处在修订阶段。该指针仅包含 CDEM 的标准，没有排放、航行、应急、责任保险等方面的规定。然而，部分 CDEM 标准已明确防止或控制船源污染。值得注意的是，该指针适用于国际航行，并采纳《海上人命安全公约》的船舶定义，但不包括特定尺寸之下的渔船和货船，也不包括军用船舶。理应指出，与国际船级社协会（IACS）制定的"极地级"（Polar Class）标准相关的统一要求是对《北极航运指针》和国际海事组织其他相关治理机制的补充。另外，根据国际海事组织《特别敏感海域指针》指定某个区域作为"特别敏感海域"并不能在该区域引起任何管理后果，这需要制定相关的保护措施（APM）进行协调配合。

相比之下，区域性组织或国家间组织一般只是作为船旗国或港口国才对船源污染行使监管权利。例如，《南极条约环境议定书》（the

Environmental Protocol to the Antarctic Treaty）附件 IV“防止海洋污染”部分在很大程度上是船旗国的监管方法，而区域协议《巴黎谅解备忘录》（Paris MOU）和《东京谅解备忘录》（Tokyo MOU）则是港口国的监管方法。在监管船源污染方面，北极理事会的决定不具法律约束力。这方面的决定主要源于两个工作组：保护北极海洋环境（PAME）和紧急预防，准备和响应工作组（EPPR）。主要成果有：北极水域成品油和石油产品转移指针（TROOPS）、《北极紧急预防、准备和应对指南》（Arctic Guide for Emergency Prevention, Preparedness and Response）、《北极水域溢油应急野外指南》（Field Guide for Oil Spill Response in Arctic Waters）。

第五，涉及海上油气矿产（不可再生资源）的北极国际治理机制。

在北极海上油气方面，至今没有获得相关授权的国际管理机构；在北极矿产开采方面，也没有全球约束性协议。尽管如此，仍有几个全球和区域性治理机制：碳氢化合物包含在 1982 年《公约》第 133 条规定的“资源”定义范围内，深海区域油气活动必须符合 1982 年《公约》相关规定和国际海底管理局（ISA）的规定；《防止船舶污染国际公约》中也有部分规定，比如在其对“船舶”的定义中包括了“固定或浮动平台”，因此排放标准在原则上适用于海上设施；在北极北大西洋区域，通过《奥斯陆—巴黎公约》及其委员会来执行监管；在北极理事会范围内，由《北极海上油气指针》来建议。在上述治理机制中，除了《防止船舶污染国际公约》以外，并没有专门针对北极海域的全球性的规则与标准，而《奥斯陆—巴黎公约》及其委员会所做出的决定和建议等仅适用于北极北大西洋部分海域，同样，国际海底管理局的权限和决定也同样只适应部分北极海域，北极理事会的《北极海上油气指针》仅是非约束性的建议。鉴于此，北极部分海域油气活动存在治理真空。

第六，涉及北极原住民的北极国际治理机制。

在北极原住民方面，主要国际治理机制是 1989 年《国际劳工组织关于独立国家原住民和部落民族公约》（Convention Concerning Indigenous and Tribal peoples in Independent Countries）（简称《国际劳工组织条约第 169 号》（具体见附录部分）。该约规定要保护环境，保护原住民参与利用、管理和保护自然资源的权利，以及未经同意禁止重新安置的权利。目前批准该公约的已有22国，主要集中在南美和拉美地区，北极国家中只有丹麦和挪威批准了该公约。对北极原住民而言，要通过国际治理机制来维护和提升自身权益还有很长的路要走。对北极国际治理主体而言，尤其对广大尚未批准《国际劳工组织条约第169号》的国家主体，了解并合理利用该约是有效应对北极原住民问题的治理关键。

四、高政治问题是治理盲区

在北极现有国际治理机制中，高政治问题多是治理盲区。纵观北极治理的不同层次，都呈现出明显的“避高（政治）就低（政治）”的特征。

在全球层次，1982年《公约》以及联合国的三个专门机构国际海事组织、国际劳工组织和联合国粮农组织并不涉及国家主权、安全和军事等高政治问题。在区域层次，北极理事会明确回避军事和安全问题；巴伦支欧洲—北极理事会避开可能发生争议的巴伦支海能源问题，专以陆地为导向，以推进成员国的经济、人文合作为目标；《斯瓦尔巴条约》明确将斯瓦尔巴群岛的主权划归挪威所有并定位为永久性为军事区，从根本上消除了导致主权与军事等高政治问题产生的根源；《奥斯陆—巴黎公约》更直接地将目标定位为：防止和消除海洋污染，实现区域内可持续管理。

在双（多）边层次，北极治理的景象与全球和区域层次有所不同。从北极国家在1901年到2010年之间签订的主要双（多）边条约的内容来看，主要涉及到渔业管理、环境保护、动物保护、海洋划界等。其中既有低政治问题，如前四种，也有高政治问题，如涉及国家主权的海洋划界与军事合作等问题。从条约执行情况来看，与低政治问题相关的协议执行良好，与高政治问题相关的协议执行情况不尽如人意。比如，尽管美苏1990年6月签订《海洋边界协议》，但俄罗斯国家杜马至今没有批准。

双（多）边北极治理机制应对高政治问题并非没有成功经验，有代表性的主要有两次。一是在军事合作方面取得突破。1996年，俄罗斯、挪威和美国三国签署《北极军事环境合作》（Arctic Military Environmental Cooperation）协议，由三国国防部管理。协议任务是处理与军事相关的环境问题，主要是在俄罗斯西北北极生态系统脆弱的地区进行核潜艇拆解。目标是加强在北方区域环境安全合作并加强彼此军事信任和联系。该协议已经促使生产出适于运输核潜艇乏燃料工业集装箱。2003 年，英国加入该协议。二是良好解决北极核心国与非核心国的海洋划界问题。2010 年 9 月，俄罗斯和挪威成功签订《巴伦支海和北冰洋海洋划界与合作条约》。该约因此成为和平解决北极高政治问题的样板。

第三节　北极国际治理的重要影响

当前北极国际治理机制虽然对不同性质的北极问题实现基本覆盖，但并不完全，仍然存在明显缺陷。这些缺陷主要表现为北极国际治理机制在全球层次和北极区域层次出现脱节，不能有效对接和互补，令整体治理实效大打折扣，对北极问题及其治理模式产生重要影响。

一、对低政治问题的影响

前文在分析北极国际治理机制的特点时已经阐明，虽然北极现有治理机制基本覆盖低政治问题，但是否做到有效治理是有条件的。换言之，只有不同层次的北极治理机制实现有效配合，治理低政治问题才可以不必采用替代性国际治理机制。在可预见未来，北极区域、北极国家间、北极国家内部及其他治理主体的北极治理机制与全球治理机制实现互补与有效确实存在很大难度。究其原因，主要是不同治理主体在应对低政治北极问题上利益各异、目标不一，难以塑造成为目标一致、利益共享、风险共担的北极治理利益共同体。在本质上，北极国际治理机制的形式与内容无法形成层次间有效搭配，从而对低政治北极问题产生重要负面影响。

首先，北极国际治理机制在形式上没有形成有效搭配。全球层次治理机制一般兼有法律约束力和原则性规定，但缺乏北极针对性；与之相反，区域层次治理机制往往突出北极针对性，但缺乏法律约束力和原则性规定。在全球层次，1982 年《公约》可以看成国际上参与度和接受度最大的具有法律约束力和原则性规定的北极国际治理法律机制。北极国家除了美国之外都是其缔约国，必然有遵守相关规定的责任和义务。尽管尚未批准，但美国已将 1982 年《公约》的大部分条款作为国际习惯法接受下来，从而决定了美国至少不是该机制的反对者。鉴于此，1982 年《公约》作为全球层次的北极国际治理地位已经得到北极国家的基本认同。尽管地位特殊，1982 年《公约》终不是为治理北极专门设计，充其量是一个近似于全球性的“海洋宪法”。虽然第 234 条专门针对北极“冰封区域”做出规定，但是这样的规定在整篇条文中仅此一条，整体上依然无法改变全球治理层次缺乏北极针对性的现实。在区域层次，以北极理事会、巴伦支欧洲—北极理事会、《奥斯陆—巴黎公约》等为代表的北极区域性治理机制主要关注北极的气候变化与可持续性发展。虽然北极理事会 2011 年达成了具有约束力的《北极空海搜救协议》，但是区域层次北极治理机制的现状和可预见未来依然是“以成员协商一致为原则，以非约束性建议为手段”。从形式有效搭配看，如果 1982 年《公约》是一部关于北极治理的“海洋宪法”，那么区域层次北极治理机制应该是一部符合宪法规定的区域性“法律法规”。但从区域层次现实看，北极治理机制本质上不是法律法规而是“政策建议”。因此，具有约束力的全球层次治理机制难以得到具有非约束力的区域层次治理机制的有效补充与配合，低政治问题治理目标、手段与效果脱节也就在所难免。

其次，北极国际治理机制在内容上没有形成有效搭配。不同层次治理机制有所不同甚至存在矛盾，应对低政治问题难以形成有效合力。在全球层次，1982 年《公约》虽然对北极问题做出一系列法律约束力和原则性规定，但须与其他区域性、双（多）边治理机制，尤其是与北极国家国内治理机制实现有效互补与协调。在区域层次，北极理事会、巴伦支欧洲—北极理事会和《奥斯陆—巴黎公约》等组织在成员上存在部分交叉，但治理内容、组织目标、利益划分和实现手段等领域多有不同，部分问题还存在政策性矛盾，如对商业捕鲸的选择。在特定层次，以《斯瓦尔巴条约》为代表的北极特定区域治理机制因其主权规定的特殊性而与 1982 年《公约》在专属经济区和大陆架等问题上尚存在争议。由上可知，全球层次与区域层次之间、区域层次之间，全球层次与特定层次之间在应对低政治问题上普遍存在互补和协调问题。在国内治理层次，应对低政治问题难以与应对高政治问题割裂开来，从而增加前者应对难度。北极国家国内治理机制具有捍卫国家主权和维护北极区域可持续发展双重特征。正是由于北极国家中部分存在领土主权、海上划界、外大陆架归属、航道属性等与高政治直接相关的争议问题以及低政治问题呈现高政治化趋势，所以北极国家国内治理机制在应对低政治问题时往往受到高政治问题的牵制并呈现高政治敏感特征。鉴于上述事实，全球层次、区域层次与国家层次的治理机制应对低政治问题需具备两个基础条件，一是不同层次实现互补与有效配合；二是不同治理主体应以目标协调和共同利益为治理前提。换言之，不同层次的治理机制只有在内容上减少治理主体个性，增加治理主体共性，并由“政策建议”逐渐向“法律法规”转变，才能对应对低政治问题产生实质性影响。

此外，在应对低政治问题上部分存在治理机制盲区。比如，全球层次并没有针对北极海域矿产开采的治理机制，现有治理机制不足以有效应对海上油气资源开采。随着北极暖化加剧，无冰北极正在加速到来，人类更多地涉足北极海域将成为现实，北极油气矿产勘探开发将变得更加普遍。这种趋势对现有北极治理机制是一种严峻挑战，治理机制创新需求因此变得越来越迫切。2011 年 5 月，北极国家签署约束性《北极空海搜救协议》是北极治理机制创新迈出的标志性一步。

二、对高政治问题的影响

从整体看，北极国际治理机制设计相对于高政治问题缺乏针对性和实用性，难以对高政治问题产生实质性影响。在本质上，涉及主权、安全、军事等领域的高政治问题几乎是北极国际治理的特质。无论在全球层次还是区域层次，北极国际治理机制基本上不涉及或主动规避争议性高政治问题。在全球层次，1982 年《公约》并没有对高政治问题（如北极争议领土主权）提供有效解决路径；在区域层次，北极国际治理机制都一致避免涉及高政治问题。

从个别层次看，北极国际治理机制应对高政治问题虽有成功案例但影响有限。历史上能相对有效应对高政治问题的只有部分北极国家的双边治理机制。比如，部分北极国家成功达成双边海洋划界协议就是典型案例。2007 年 7 月，俄罗斯和挪威签署《瓦朗格尔峡湾区域海洋划界协议》；2010 年 9 月，俄挪双方又签署《巴伦支海和北冰洋海洋划界与合作条约》。当然，并非所有关于高政治问题的双边协议都能取得成功。美国和苏联《海洋边界协议》未被俄罗斯批准就是个典型反例。双边治理机制成功与失败案例共同表明，部分北极高政治问题在双边层次存在突破的可能。当然，这种可能是至少具备两个基本条件：一是问题难度相对较低，比如多与海洋划界有关；二是双边组合多是大国与小国，比如俄罗斯与挪威之间容易达成协议。与之相反，未达成协议往往也具备两个条件：一是问题难度相对较高，比如涉及领土主权划分和军事因素；二是双边组合均是大国，比如俄罗斯与美国之间难以达成协议。其中，领土主权划分因涉及相关大陆架主权权利之上的商业利益和国家利益而成为难解之题；军事因素因缺失反映和维护北极国家共同利益的安全机制而成又一难解之题。北极此种治理现实似乎表明，应对高政治问题只能回归到主权国家双边治理层次。

毋庸置疑，全球层次、区域层次和多边层次北极治理机制绝非为应对高政治问题而设计，部分双边治理机制虽有成功可取之处但改变不了与高政治问题整体脱节的现实。不仅如此，当大国间涉及领土主权和军事因素等高政治问题时，双边治理机制也缺乏足够的依赖性。换言之，北极高政治问题将长期面临有效治理机制相对缺失的严峻现实，如何应对高政治问题将是北极国家面临的共同挑战。在应对高政治问题上，北极治理主体无论是“维持现状，双边解决，还是缔结新治理机制”都要付出成本。鉴于此，应对高政治问题的关键在于治理主体选择何种目标与路径。

三、对北极治理模式的影响

北极国际治理机制现实必将导向对“北极治理模式”深入研究。从现状看，学术界对北极治理模式的预期大体可以分为三种类型：全球模式、区域模式和国家模式。所谓全球模式是指在全球层面打造“《北极条约》与整合”；所谓区域模式是指在区域层面建设“北极理事会”与“排外合作”；所谓国家模式是指在国家层面实行“有限合作”。

在全球治理框架下，《北极条约》模式的治理主体涵盖所有北极问题利益攸关方；治理机制是相关各方沿袭《南极条约》模式共同缔结《北极条约》；治理依据是将北极视为“人类共同遗产”；治理目标主要是环境保护、和平与安全。整合模式则是根据不同北极问题来确定不同级别和特定功能的治理主体，并且不同治理主体将克服离心倾向，协调一致，共同维护治理大局。在区域治理框架下，北极理事会模式兼具区域合作和全球合作的治理特征并以前者为主；治理机制是1982年《公约》和北极理事会的宣言和决议；治理主体呈现网状，包括北极不同行为体：非政府组织、区域组织、国会议员、原住民、科学家、政府及行政主管单位成员等等。排外合作模式是指北极五国根据1982年《公约》最大限度占有北冰洋，并尽可能实现对外延大陆架的主权权利和实际控制；治理主体以北极五国为主；治理机制是在1982年《公约》基础上进行共存管理。在国家治理框架下，有限合作模式本质上是国内治理的继续；治理主体是主权国家；国际合作有限开展；主要目标是和平共处。

尽管三类模式各有侧重，但是彼此命运毕竟不同。其中，全球治理模式更多是纸上谈兵，因为北极国家已明确表达没有必要接受新的综合性北极治理机制的意愿。同样，排外合作模式固然最大程度满足北极五国的利益诉求，但是其企图独占和排外的意图必将面临包括其他北极国家和非北极国家的强大阻力。鉴于北极问题突出的全球性特征，北极五国不可能单独应对北极问题，从而也提前宣告这种模式很可能因为没有外部支持而丧失生命力。尽管有限合作模式实际可行，但是这种模式的缺陷非常明显，即单个国家无法应对全球性北极问题，国际合作是必由之路。尽管有明显瑕疵，有限合作模式还是可以作为北极治理的辅助模式存在，但无法成为主流模式。相比之下，北极治理模式中具备发展前途的有两类：全球治理框架下的整合模式和区域治理框架下的北极理事会模式。在理论上，整合模式具有相对优势，它具有开放性，依靠温和措施来克服治理离心倾向，依靠保留其他治理形式来提高灵活性和创造性，且不回避法律责任，但缺陷是能否被北极问题利益攸关方认同和接受存在很大不确定性；在实践中，北极理事会模式因是北极区域治理进行式而独具优势，尤其是建立在北极国家认同的基础之上，但缺陷在于制度设计基本呈现非约束性特征，而且刻意回避高政治问题。北极治理机制对北极治理模式的影响主要在于后者面临不断优化与创新的压力。这种压力主要表现在：第一，多元北极治理机制对应多元北极治理模式，尚无应对北极问题的单一有效治理模式；第二，部分治理模式在现实中已经失去生命力，其他治理模式均存在不断优化的空间；第三，整合模式在全球治理层面与北极理事会模式在区域治理层面有望成为北极问题国际治理的主流模式，有限合作模式有望成为北极问题国际治理的辅助模式。鉴于此，北极国际治理模式的现实选择可能是在全球、区域和国家三个治理层次分别优化和推进整合模式、北极理事会模式和国家有限治理模式，以此促使北极问题利益攸关方（主要是北极国家和非北极国家）不断缩小分歧、扩大共识。这种选择在理论上只是对既有治理机制进行部分优化，实践上并未根本解决不同性质北极问题的共同适应性难题——如何将应对高政治问题的治理机制设计进上述治理模式仍是面临的最大挑战与理论缺陷。

小结

本章对北极治理机制进行分类比较，全球、区域和双（多）边层次的北极国际治理机制兼具复杂性、交叉性和零碎性等特征。在全球层次，1982 年《公约》是最重要的国际治理机制，具有法律约束力和海洋宪法地位，但并非专为北冰洋设计。1982 年《公约》对北极治理的主要贡献在于提出了指导性原则，而非具体措施。有效实施北极国际治理需要与其他层次的治理机制相结合共同发挥作用。在区域层次，北极地区存在不同的区域组织及其治理机制，具有非约束性和低政治问题针对性特征，在管辖区域、组织成员、目标和手段等方面部分有交叉和借鉴。在双（多）边层次，治理机制既长于应对低政治问题，短于应对高政治问题。

北极国际治理机制的主要特点是：介于单一和松散模式之间；兼具约束性和非约束性；基本覆盖低政治问题；应对高政治问题存在盲区。北极国际治理对北极问题及治理模式产生重要影响：对低政治问题，北极国际治理机制在形式和内容上都没有形成有效搭配，且应对低政治问题部分存在盲区；对高政治问题，北极国际治理机制设计在整体上缺乏针对性和实用性，难以对其产生实质性影响，在个别层次上虽有成功案例但效果有限；对治理模式，主要在于面临不断优化与创新的压力。现有北极治理模式研究只是对既有治理机制进行理论优化，实践上并未根本解决不同性质北极问题的共同有效治理难题。

实践篇

第三章 ‖ 中国参与北极事务

进入21世纪以来，北极因为气候变化、可获取的潜在而丰富的资源、渐开通的海洋航道和由此带来的大国博弈使其一度成为国际政治关注的焦点。国内外学术界对北极问题，尤其对中国在北极事务中扮演的角色——是负责任的大国？还是北极的威胁？——展开了空前争论。对北极国家而言，中国被刻意定性为非北极国家；就自我认知而言，中国是受北极气候变化影响最直接和最严重的近北极国家；就国际关系而言，中国正在深化与北极国家的双（多）边互动模式，日益成为北极事务重要的利益攸关方。外界对中国角色的过高与矛盾期待与中国现实的多重身份正在共同影响和塑造着中国参与北极事务的大国心理。成为北极理事会永久观察员既是中国参与北极事务的阶段性努力成果，也是北极国家对崛起大国心理的正面回应。它至少表明，中国参与北极区域国际治理将处于新起点。毋庸置疑，经济崛起与大国雄心增加了中国参与全球事务的前瞻和自信，成为众望所归的负责任大国是世界历史发展的必然但并非全部。今后，北极与中国不仅应作为学术研究语和媒体流行语存在，而且应作为可以反映有效应对北极问题的历史逻辑与国际治理实践的词汇存在。

作为近北极国家，中国参与北极事务有独特性。本章是关于中国参与北极事务的初步历史实践，涉及过程、态度、特点和影响四个维度。

第一节　中国参与北极事务的历史与现实

中国与北极的关系古已有之，虽然缺乏可靠的史料支持，但从分散在中国历代典籍中的只言片语来推测，中国与北极的关系有可能追溯到公元前。如果基于学术研究更严格的历史考据，中国官方正式参与北极事务应该始于20世纪20年代中期，中国参与北极事务的大发展期应该从20世纪90年代后开始。简言之，中国与北极的粗略关系可能超过2000年，即使有史料佐证也超过90年。下面将中国参与北极事务的历史脉络简要梳理一下。

一、历史接触（前154~1924年）

1925年以前，中国先人可能早已开始关注并涉足北极地区。由于缺乏有力的文献资料支持，现在难以考证到底是哪些中国人何时最先进入北极哪些地区，及其主要过程和目的等等。由于北极一词是个现代意义上的概念，所以中国古代没有也不可能使用该词。尽管如此，中国人对北极的认知在历史典籍中却并不鲜见。部分早期典籍中存在对北极环境的模糊描述，似乎在暗示古代中国人已经了解、接近甚至到达过北极地区。比如，先秦古籍《山海经·大荒北经》中就讲，“钟山之神，名曰烛阴。视为昼，瞑为夜”；“大荒之中，有山名曰北极天柜。海水北注焉。”有人认为，前者所讲是极昼和极夜，后者所指似乎是鄂霍次克海以北地区。战国《列子》载“东极之北隅有国，日阜落之国，其土气常燠，日月余光之照”，而西汉《淮南子》言，“北方之极，自九泽穷夏晦之极，北至令正之谷。有冻寒积冰，雪雹霜霰，漂润群水之野，颛顼玄冥之所司者万二千里”。对此有人认为，《列子》和《淮南子》的上述记载即涉及极昼和极夜现象，因此这段文字很可能与今天所说北极有关。北宋《资治通鉴》中也记载，与唐朝互通使者的最北方的亚洲国家是“距长安万五千里的‘流鬼国’”。一般认为，“流鬼国”在堪察加半岛[①]。

根据维基百科资料，最早到达北极地区的是古希腊地理学家皮亚西斯（Pytheas of Massalia）（约前350~前285年）。2003年，中国第一档案馆研究员、历史学家鞠德源先生经过考证认为，第一位到达北

---

① 学术界对唐代“流鬼国”的地理位置存在争议，先后出现五种说法：鄂霍次克海西部、堪察加半岛、库页岛、阿留申群岛和阿拉斯加半岛。

极的中国名人是中国西汉时期的东方朔（前 154 ~ 前 93 年）。如果这一考证为真，那么中国与北极的关系比西方晚了不到 200 年。鞠先生的主要根据是《海内十洲三岛记》中有一段记载："臣……曾随师主履行，比至朱陵扶桑，蜃海冥夜之丘，纯阳之陵……"[①] 鞠德源认为，"冥夜之丘"是极夜现象，"纯阳之陵"是极昼现象，这两种现象无疑和北极有关。他还说，作为政治家与文学家的东方朔为世人所熟知，但作为探险家与地理学家的东方朔一直以来却被人们所忽视。青年时的东方朔曾随汉武帝派遣的方士集团到海外各地进行过探险，到过北极地区也不无可能。此外，鞠先生还考证，第二位到过北极的中国人是清朝时有"马可波罗"之称的谢清高（1765 ~ 1821 年）。谢清高曾是海员，18 岁跟随外轮出洋，漂泊 14 年，可谓周游世界，耳闻目睹异域风情。他到过接近北纬 80°地区，体验了"六个月为日，六个月为夜"的极昼和极夜景象。第三位到过北极的中国名人是近代思想家、维新运动的领袖康有为。1908 年，在"戊戌变法"失败后，康有为"携同壁（女儿）游那威北冰洋那岌岛夜半观日将下来而忽"[②]。但是从考证的角度看，康有为可能是第一个到达北极地区的中国名人。

如果上述记载属实，那么三位中国人去北极的目的并不相同。其中，东方朔去北极应该属于官方或私人行为，目的是为了完成汉武帝交给的探险使命或出于满足纯粹的个人游历偏好；谢清高去北极应该属于生存与职业需要；康有为去北极则完全是政治所逼与流亡所迫。三人当中，只有东方朔去北极的目的性可能具有官方性质。但无论如何，三人北极之行都不能说与国家政策有直接关系。鉴于此，中国与北极接触长期以来缺乏必要的政治目的，也就不能引起世人关注，更不可能产生重大国际影响。相比之下，真正对中国参与北极事务产生重大国际影响的还是在中国签署《斯瓦尔巴条约》之后。

---

① （汉）东方朔：《海内十洲三岛记》，古籍在线，http：//www. gujionline. com/AQCN 14340。

② 《中科院研究员：康有为是中国到达北极第一人》，《湖北日报》，2007 年 9 月 12 日，http：//news. hsw. cn/system/2007/09/12/005554889. shtml。

二、签署《斯瓦尔巴条约》(1925～1948年)

段祺瑞是民国时期的政治家和军事家，虽为旧军阀，但在担任“中华民国临时政府临时执政”期间（1924～1926年）为中国做了一件惠及后世的好事，即代表中国签署《斯瓦尔巴条约》。《斯瓦尔巴条约》（Svalbard Treaty）最初称为《斯匹次卑尔根条约》（Spitsbergen Treaty），是关于斯瓦尔巴群岛使用和主权问题的条约。[①] 1920年2月9日，该条约由14个原始缔约方英国（包括英联邦五个自治领：加拿大、澳大利亚、新西兰、南非和印度）、美国、丹麦、挪威、瑞典、法国、意大利、荷兰及日本等国在巴黎签署，并于1925年8月14日生效。1925年7月1日，段祺瑞政府在条约生效前批准加入。加入《斯瓦尔巴条约》是中国以国际条约的形式第一次与北极正式发生联系，也是中国名正言顺参与北极事务的法理依据。《斯瓦尔巴条约》是迄今为止北极地区第一个、也是唯一国际性政府间非军事条约。尽管条约规定挪威对斯瓦尔巴群岛“具有充分和完全的主权”，但同时规定斯瓦尔巴群岛“永远不得为战争目的所利用”，各缔约国公民可以自由进入和逗留，只要不与挪威法律相抵触，就可以在这里从事生产、商业和科研等活动。截至目前，《斯瓦尔巴条约》缔约方已达42国。[②]

关于这段史实的文献资料难以获得，也就无法知道中国当时签约的起因和过程。不过有一份不能确定来源关于中国签署《斯瓦尔巴条约》主因的文书记录供参考：“我国经法国之邀请并承认荒岛主权本系国际间一种事实。如我国加入该约，则侨民前往该岛经营各种事业即取得条约保障而享有均等权利。”[③] 从文书内容可做三点理解：第一，签署条约明显是在受到世界大国（法国）邀请之后做出的正式决定，获得大国邀请对处于动荡之中的段祺瑞政府无疑是一种殊荣；第二，

---

① 斯瓦尔巴（Svalbard）群岛于1596年被荷兰探险家威廉·巴伦支（Willem Barentsz）发现并命名为斯匹次卑尔根（Spitsbergen）群岛，意思是“尖峰山脉”（sharp - peaked mountains）。1920年，挪威将其重新命名为斯瓦尔巴群岛。

② Treaty concerning the Archipelago of Spitsbergen，https：//verdragenbank. overheid. nl/en/Verdrag/Details/004293.

③ 包光潜：《北洋政府与〈斯瓦尔巴德条约〉》，《团结报》，2009年8月3日，http：//www. tuanjiebao. com/2009/8 - 3/15173. shtml。

段祺瑞政府认识到接受外国邀请已是当时国际关系的一种惯例；第三，签署条约将赋予中国侨民在参与斯瓦尔巴群岛非军事事务上的平等地位，从而有助于增加中国国家利益。但此后数十年，中国战乱不断，民不聊生，没有人记得、提起和问津此事也就无可厚非。《斯瓦尔巴条约》在中国因此长期被束之高阁，直到20世纪90年代才被中国人偶然遇见并重新拾起，这不能不说是一种久违的缘分。

长期以来，中国对极地知识了解甚少，签署《斯瓦尔巴条约》之后，中国人才开始接触到相关书籍。1927年，上海商务印书馆出版了刘虎如翻译的《两极探险记》，这是中国首次出版与北极相关书籍。

三、曲折前行（1949～2014年）

中国参与北极事务具有明显“曲折前行”的特征。本书兼顾重要事件与时段，将新中国参与北极事务划分为以下五层次。

（一）由力所不能及到因缘巧遇（1949～1990年）

中华人民共和国最初30年，中国参与北极事务的内外形势尤其严峻——虽有主观意愿却没有足够实力，国际政治环境和国内政治运动成为中国参与北极事务的严重外部障碍。由于受制于特定的时代背景、国际环境、国力水平和认知水平，中国并没有立即将参与北极事务作为自己外交政策的首选具有合理性。1949～1957年期间，中国的主要任务是完成第一个五年计划（1953～1957年）。当时，国内面临“一穷二白”的现实困境，国际面临东西方冷战对峙的严峻形势和朝鲜战争及战后建设的艰难状况。在此形势下，对内恢复生产、进行社会主义改造，对外积极备战应对美帝国主义威胁就成了当时贫穷中国最优先国策。期间，国内最先关注北极问题的人是著名气象学家竺可桢。1957年，他和部分科学家认为中国地质演变与两极有关，呼吁中国政府开展相关科学研究和地质考察。但是北极地区已经成为冷战前沿，北极研究和地质考察变得不合时宜。不仅如此，中国当时的国家财力也不允许将参与北极事务放到国家建设日程的优先位置。尽管国家行为整体缺失，但是个别国人还是通过不同方式前往北极。比如，加拿大中国留学生高时浏随加拿大科学考察队于1951年进入北极圈，并到达北磁极，成为中国科考第一人；新华社记者李楠1958年乘机由莫斯科进入北极并着陆，采访了苏联第七号浮冰站（北纬86°38′，西经64°24′）。1964年，中国国家海洋局正式成立，国务院赋予其进行极地考察的任务。但非常不幸，中国的“北极梦”两年后因赶上“文革”浩劫而再次陷入沉寂。1977年，全面恢复工作的中国国家海洋局提出了“清查中国海，进军三大洋，登上南极洲”的目标，却独将北冰洋除外。究其原因，还是作为冷战前沿的北极对中国参与北极事务决策产生重要制约，令其不得不避而远之。到20世纪70年代末，中国步入经济建设新时代，中国参与北极事务的经济实力与知识储备得到极大补充。闻名于世的改革开放使中国经济开始起飞，使中国综合国力开始增强，使中国第一次看到曾经沉寂经年的“北极梦”成真的曙光。在此期间，虽然以孙鸿烈为代表的科技专家联名向国务院写信，呼吁开展极地科学考察，但是国人依然忘记自己作为《斯瓦尔巴条约》的缔约国地位。其间偶尔有几位中国民间人士前往北极的行为无法改变中国整体尤其是官方参与缺位的现实。这种情况直到中国科学家在斯瓦尔巴群岛的一次巧遇才得以扭转。

（二）科学考察（探险）成为突出表征（1991～1999年）

1991年，苏联解体与冷战结束根本改变了东西方在北极严重对峙的局面。世界整体呈现相对和平的国际环境，和平与发展真正成为时代主题，经济全球化成为东西方共同的发展机遇，中国参与北极事务的最大外部障碍得以消除。严格说来，中国参与北极事务的先锋是科学考察。1991年夏，中国科学院大气物理所研究员高登义先生在应邀考察斯瓦尔巴群岛及其邻近海域期间，偶然从一本英文与挪威文对照的《北极指南》中得知，中国是《斯瓦尔巴条约》缔约国。在获悉之后，高先生将《斯瓦尔巴条约》原文带回国内，并开始向中国政府部门进行宣传和游说，重点强调中国不仅是《斯瓦尔巴条约》的缔约国，还享有在斯瓦尔巴群岛上建立科学考察站的权利，而建站常常被视为北极科研的重要条件。根据《斯瓦尔巴条约》规定，中国是缔约国，其公民有权自由出入斯瓦尔巴群岛并从事生产、商业、旅游和科学考察等相关活动。

此后，中国参与北极事务开始由以民间探险为主向以政府科学考察（探险）为主的方向转变。北极科学探险的参与者多为中国民间人士，但北极科学考察的参与者则完全是国家行为。对多数国人而言，北极不仅遥远，而且神秘。北极探险的人都富有冒险精神，他们既敬畏北极大自然的神秘，更好奇于未知的北极世界。中国民间北极探险的时间主要集中于20世纪90年代初到21世纪初的10年间。国内比较有影响的北极探险活动有：香港记者李乐诗女士1993年乘机到达北极点，成为第一个到达北极点的中国女性；1995年，中国科学家以民间组织和集资的形式，开展北极点探险活动；1995年，徐立群夫妇自费赴北极考察，进行因纽特人和鄂伦春族的文化对比研究；2002年，中国科学探险协会在斯瓦尔巴群岛最大岛（斯匹次卑尔根岛）的世界最北端城市"朗伊尔城"（Longyearbyen）南郊建起了临时北极科学探险考察站，并组团到达北极斯瓦尔巴地区考察。

一般而言，科学考察是指科研人员就某一课题在实验室以外进行的实地研究考察工作，目的主要是观察研究对象在自然环境中的状态，包括收集样本、测量数据等。中国北极科学考察主要以国内重点科研院所的研究人员为主。北极科学考察的方式有多种，包括联合实地考察、参加科学论坛、加入有关组织等。在此阶段，由于自身能力所限，联合实地考察是中国北极科学考察的主要方式。从1991～1997年，中国多次参与联合实地考察活动，包括1991年派员到加拿大和阿拉斯加联合考察；1992年与德国极地研究所联合考察；1993年派员到斯瓦尔巴、阿拉斯加地区进行联合考察；1993年派员从阿拉斯加进入北极地区联合考察；1994年派员到芬兰北极拉普兰地区进行联合考察；1994年派员到阿拉斯加联合研究；1997年与挪威科研人员进行联合科学观测。从上述案例可知，中国选择考察合作的国家比较多，既有北极大国，如美国和加拿大；也有北极小国，如芬兰和挪威；还有非北极国家，如德国。此外，中国考察项目只涉及低政治问题，包括大气、环境、海洋、海冰、地质、岛屿、生物、浮标、航道、破冰技术、极地卫星定位等等。除了科学考察，中国还参加与北极科考相关的科学论坛和科考组织，但是数量相对有限。比如，1995年参加国际北极科学委员会（IASC）会议并就中国科学家申请加入国际北极科学委员会事宜进行答辩；1996年出席并正式加入IASC会议；1999年参加北极科学论坛等。作为非北极国家和北极事务的后来参与者，中国与众多极地研究组织相比在参与范围和力度上还有不小差距。

建设北极考察站是中国民间科学探险向政府科学考察的分水岭，反映了中国开始将增强的国力转化为参与北极事务的现实政策与实际行动，北极科学探险累积的真正价值逐渐转移到北极科学考察上来。不仅如此，北极科学考察已经随着不断提升的技术装备、科研能力发展成为中国参与北极事务的阶段性主体表征。

（三）由独立科考迈向科考强国（1999～2014 年）

中国开始独立北极科考的准备工作始于 1991 年，中国科学院（下文简称“中科院”）扮演了重要的角色。最突出的是在其“九五”重大科研项目（极地科学）中专门设立了“《斯瓦尔巴条约》与北极建站问题”的子课题，积极开展北极科考站筹备工作。1997 年，中科院收到了挪威驻中国大使馆关于“欢迎来斯瓦尔巴群岛建站”的确认函，从而为中国政府首次北极科考奠定了基础。1998 年，国家海洋局组织人员乘俄罗斯核动力破冰船考察至北极点的北冰洋航线及其海洋环境，中国政府北极科考由此正式开始。时任中共中央总书记、国家主席胡锦涛在贺信中指出，极地科学考察是人类探索自然奥秘、探求新的发展条件的重要领域，是一项功在当代、利在千秋的伟大事业。① 从 1999～2014 年的 15 年间，中国已经先后组织了六次北极科学考察。从考察区域来看，前四次和第六次考察的北极航线主要以白令海、楚科奇海、楚科奇海台、加拿大海盆、波弗特海为考察重点区域。而第五次考察的航线不同于前四次，是经东北航道进入北大西洋，然后再从斯瓦尔巴群岛、法兰士约瑟夫地及北地岛以北的高纬度水道航行，穿越北冰洋返回。

第一次北极科考始于 1999 年 7 月 1 日。经国务院批准，由国家海洋局牵头，中国“雪龙”号破冰船首次进行为期 71 天的北极科考。作为国际北极科学委员会成员，中国遵照章程进行考察活动，拉开了北极考察的序幕。初次科考有三个目标：北极在全球变化中的作用和对我国气候的影响；北冰洋与太平洋水团交换对北太平洋环流的变异的

① 《胡锦涛致贺中国北极站建成》，国家遥感中心网站，2004 年 7 月 29 日，http：//www. nrscc. gov. cn/nrscc/lssj/200407/t20040729_ 1052. html。

影响；北冰洋邻近海域生态系统与生物资源对我国渔业发展的影响。科考队有124人，分别来自中国、俄罗斯、日本、韩国、中国香港和中国台湾等国家和地区。在考察中，"雪龙"号首次穿越北极圈，最北到达北纬74°58′。这次考察增加了对北冰洋的自然状况的感性认识，为科学认识北极提供了第一手观测数据、信息和资料，为后续的北极考察积累了宝贵经验，并培养了一支科考队伍。

第二次北极科考始于2003年7月，历时74天，航程14188海里。科考队有109人，分别来自中国、美国、芬兰、加拿大、日本、韩国和俄罗斯。本次科考东西跨3000公里，南北跨900公里，最北穿越北纬80°。

第三次北极科考从2008年7月到9月，历时76天。科考队122人，分别来自中国、法国、芬兰、美国、日本、韩国。行程12000多海里，最北穿越北纬85°25′，考察飞机最北到达北纬87°。考察的目标是：阐述北极气候变异对我国气候的影响机理；阐明北冰洋海洋环境变化及其生态和气候效应；认识北冰洋及邻近边缘海晚第四纪古海洋演化历史，了解北极海区重大地质事件对海域乃至全球变化的制约；开展北冰洋及邻近边缘海深海微生物资源及其基因资源的多样性研究，与地质年代结合，阐明生物多样性变化演变与海洋环境变化的关系。

第四次北极科考从2010年7月至9月，历时82天，总行程12600海里。考察队123人。考察目标包括北极大气、海冰、海洋、生态系统及其对全球气候变化的影响等相关内容。第四次科考有多项突破，如：中国依靠自己力量到达北极点开展科考；实现白令海海盆3742米水深24小时连续海洋学观察；将海洋考察站首次延伸到高纬度深海平原；首次在北极点冰面上布放冰浮标；"雪龙"号到达北纬88°26′。

第五次北极科考历时最长，航程最远，考察内容最丰富。从2012年7月至9月，历时85天，航行累积67天，航程18635海里，北极冰区航程5370海里。考察队员119人，包括一名来自台湾省的科学家。第五次考察的主要任务包括：执行"南北极环境综合考察与评估"国家专项的北极调查任务，承担海—气耦合、海洋生态、航道评价和现场调查等。考察范围包括传统考察区域：白令海、北冰洋—太平洋扇区和中心区等；也包括新辟考察区域：北冰洋—大西洋扇区和冰岛周边海域（含北大西洋）。与前四次不同，考察路线首次实现沿东北航道两度往返大西洋和太平洋，跨越北冰洋。具体是："青岛—白令海—楚科奇海—东北航道—冰岛—北极高纬航线—楚科奇海—白令海—上海"一线，到达最高纬度87°39′39″。本次科考有四方面突破：实现了北极和亚北极五大水域准同步海洋环境考察；实现考察学科和内容的新突破；首航北极航道，获取东北航道和海洋环境一手资料；首次在冰岛周边海域合作开展"中冰海洋"合作调查，开创中国与北极国家成功合作的先例。①

第六次北极科考从2014年7月11日到9月22日，历时73天，航程11879海里，最北到达北纬81°11′50″，西经156°30′52″。考察海域沿北冰洋—太平洋扇区，包括白令海盆、白令海陆架、楚科奇海、楚科奇海台和加拿大海盆等海域，基本属于前四次科考传统水域。本次科考的重点项目是海洋环境变化和"海、冰、气"系统变化过程的关键要素。了解北冰洋以及北太平洋边缘海重点海域水文、气象、海冰等基本环境信息，获取调查海域海洋环境变化的关键要素信息，建立重点海区的环境基线，为全球气候变化研究、北极航道利用、极地海洋数据库的完善等提供基础资料和保障。②

这六次北极科考使中国在参与北极事务上实现了多个跨越：第一，实现了由联合科考到独立科考的跨越；第二，实现了考察技术装备由落后到先进的跨越；第三，实现了由对北冰洋航道部分水域考察到对东北航道全程考察的跨越；第四，在北极问题上实现了由低技术含量国家向高技术含量国家的跨越；第五，实现了北极科研人员由缺乏到增长的跨越。

（四）中国加入"国际极地年"活动

在全球气候变化影响下，北极暖化趋势及其影响日益显现，由此引发的北极问题逐渐成为北极利益攸关方的共同关切。作为近北极国家，中国不仅有应对北极问题的意愿和能力，而且参与北极事务的客观条件逐渐趋向成熟，参加国际极地年（IPY）就是中国参与北极事务

---

① 《中国第五次北极科考：沉甸甸的收获》，国家海洋局网站，2012年10月12日，http：//www.soa.gov.cn/soa/management/polarregion/webinfo/2012/10/1347338542997031.htm。

② 《雪龙号将启程执行第六次北极科考》，中国日报网，2014年7月6日，http：//www.chinadaily.com.cn/hqcj/xfly/2014-07-06/content_11955734.html。

的一项重要事件。国际极地年是一项由奥匈帝国海军军官卡尔·韦普列希特（Karl Weyprecht）（1838～1881年）发起，由不同国家参与的协调性和国际性极地研究活动，每次活动大约持续一年。随着全球气候变化和世界各国对极地问题的重视加强，国际极地年的国际影响力越来越大。截至目前，国际极地年一共举办了四届。第一届（1882～1883年）有12[①]个国家参加，主要支持以协调科学方式开辟极地考察的科学时代。第二届（1932～1933年）有40[②]个国家参加，在北极建立40个科学观测站，主要研究极地地区气象、磁性、极光和无线电科学。第三届（1957～1958年）也称为“国际地球物理年”（International Geophysical Year），有67个国家参加，在南极建立65个考察站，取得“板块漂移学说”的直接证据，发现地球辐射带，促成“国际南极研究科学委员会”和《南极条约》的诞生，“和平利用南极”从此成为国际社会的主导理念。[③] 第四届（2007～2008年）有60个国家约5万名研究者参加，[④] 发起方是国际科学委员会（ICSU）和世界气象组织（WMO）。这次会议由全球科学家共同策划，联合开展大规模极地科学考察活动，所以被誉为国际极地科学考察的“奥林匹克”盛会。

在国际极地年北极气候变化研究项目中，最突出的是加拿大承担的1.5亿加元的“环北极冰间航道系统研究”。该项目涉及16个国家的300多名科学家，包括40多名大学教师、研究员、研究生、技术和支持人员。对于第四届的经验成果，美国极地研究会（Polar Research Board）2012年的一份报告认为它非常成功：

加强了公众对极地研究与世界关系的关注，加强了与北极原住民的联系，建立了新的观测网络；它引起科学发现，有助于提升科学理解，有助于将科学知识转变为实际政策；上述见解在极地从冰雪荒原到人类活动新区的转变之时显得深刻、及时且很有相关性。

报告总结认为，国际极地年的影响远超所获科技成果本身，其经

---

① 12国包括：奥匈帝国、丹麦、芬兰、法国、德国、荷兰、挪威、俄国、瑞典、英国、加拿大和美国。维基百科：https：//en. wikipedia. org/wiki/International_ Polar_ Year。

② 国际极地年网站：http：//nas－sites. org/us－ipy/the－history－of－ipy/。

③ 《国际极地年中国行动计划》，凤凰网，2007年10月31日，http://news. ifeng. com/special/2007IPY/1/200710/1031_2265_280125. shtml。

④ 国际极地年网站：http：//nas－sites. org/us－ipy/。

验将令后继者获益匪浅。极地考察大国，包括美国、英国、加拿大、法国、澳大利亚、俄罗斯、挪威、日本等，纷纷借此契机加大投入，组织大型极地考察行动，争取成为极地科学研究的领先者，并开展极地宣传和科普活动，强化极地权益和极地意识。

2005 年 4 月，中国与国际极地年联合委员会及相关国家和国际组织保持联络，并开始规划中国国际极地年活动。中国科学家在参与国际极地年相关活动的同时，提出了 16 项科学计划。其中，“南极普里兹湾—埃默里冰架—冰穹 A 断面”综合考察计划（PANDA—熊猫计划）得到其他科学家的积极响应，最终被确定为国际极地年的核心研究计划。为此，中国在“中国极地考察咨询委员会”基础上成立了“国际极地年中国行动委员会”，并编写了《国际极地年中国行动计划（纲要）》及其实施方案。国际极地年中国行动计划由五组计划组成：熊猫计划、北冰洋科学考察、国际合作、信息与数据共享、科普与宣传。2007 年 3 月 1 日，国际极地年中国行动计划与国际极地年全球计划同时启动，这标志着中国计划正式进入实施阶段。

由上可知，国际极地年已经发展成为国际极地科学研究的信息交流、项目合作与成果分享最重要平台，在一定程度上是一国参与极地科学事务的俱乐部和身份证。国际极地年由诞生至今，时间跨度已有 130 年，可谓“百年老店”。传统极地考察大国在世纪长河中利用该平台获得了长足发展，提高了科考能力，扩大了科考范围，增强了极地权益意识，建立起科考优势地位，并为全面深入参与极地事务夯实了技术基础和人才储备。相比之下，中国由于历史原因缺席国际极地年一个多世纪，错失了极地考察、经验累积和选址建站的早期机遇。第四届国际极地年对中国而言应是参与国际极地研究的新起点，有机遇但更多是挑战。机遇在于内外条件相对成熟。对内而言，国家利益的扩展为中国参与北极事务提出了基本要求和总体目标，综合国力的增强为中国全面深入参与极地科研活动夯实了物质基础。对外而言，全球气候变化和极地国际治理现实离不开第二大经济体的积极参与和有效应对。挑战在于中国尚处在认知利用国际极地年的起点，如何定位极地事业发展目标并有效维护中国极地利益是个需要不断优化的问题。鉴于此，中国加入国际极地年在很大程度上是从知识和组织体系上融入北极科研治理机制。抓住历史机遇、弥补和强化极地科研认知是应对北极科研治理挑战的重要外在依托，传统极地考察强国的世纪历程和突出成就为中国提供了审视和利用国际极地年的有益参照。

（五）申请并加入北极理事会

在进行北极科考的同时，中国不仅加强与北极国家之间的双边关系，还尝试加入北极区域性治理机制，为通过双（多）边合作框架参与北极事务创造条件。在北极多边治理机制参与方面，中国重点申请加入北极理事会。2007 年，中国首次受北极理事会之邀以临时观察员身份参会。其后，中国萌发了入会的愿望。2009 年，中国、欧盟、意大利和韩国一起申请北极理事会永久观察员资格，结果因为北极理事会成员在接纳新观察员方面没有达成共识而失之交臂。2011 年 12 月，中国根据接纳观察员的原则和程序向北极理事会再次提交观察员申请材料，结果 2012 年北极理事会部长级会议将批准接纳新成员的任务又推迟到下一年。2012 年底，由于中国在北极国家的北极地区基础建设发展方面具有资金、劳务和消费优势，明确支持中国成为北极理事会观察员的北极国家呈上升趋势，如瑞典、丹麦、冰岛和挪威四国都公开表达支持中国的意见。挪威外长（Jonas Gahr Stoere）表示，原则上将在 2013 年支持北极理事会接纳新观察员，但是有两个附加条件：第一，要从法律上界定成员国和观察员作用的差异；第二是尊重北极理事会与 1982 年《公约》相关联的原则，以及通过协商一致解决冲突的责任。[1] 除上述四国之外，其他北极国家虽没有明确支持，但是也没有公开反对中国入会。2013 年 5 月，北极理事会在瑞典北部城市基律纳召开第八届部长级会议，中国成为北极理事会永久观察员的申请才被正式批准。

中国为什么耗费近六年坚持申请北极理事会的观察员资格呢？换句话说，北极理事会对中国有什么重要意义或价值足以令中国长期坚持不懈？究其原因，主要有三方面：

第一，北极理事会在应对低政治问题上扮演特殊角色，中国参与

---

① VOA news：“Norway Questions China’s Temperament for Seat on Arctic Council”，Jun. 5，2012，http：//blogs. voanews. com/state - department - news/2012/06/05/norway - questions - chinas - temperament - for - seat - on - arctic - council/#.

北极事务与应对北极问题有必要加入类似北极区域性治理机制平台。北极理事会是迄今为止北极地区最具代表性的区域性论坛。其成员以国家成员为主，包括所有北极国家，因此有鲜明的北极区域和主权国家代表性。在功能定位上，北极理事会是应对北极环境保护和可持续发展等问题最重要的北极区域性政府间论坛。除此之外，北极理事会还在协调北极科学研究、加强北极环境保护和推动北极经济社会发展合作方面起到重要作用。从历史经验看，虽然北极理事会的决定不具有约束力，但是北极理事会根据国际法现有框架所做的工作已经促进了相关各方的共同努力，比较有效应对北极紧迫性的区域和跨区域问题；北极理事会对气候变化和北极海运等跨区域问题的研究和讨论已经在较大程度上影响了相关国际组织的决策；北极理事会的制度改革将进一步强化其在北极事务中的特殊地位和重要作用，并推动应对北极问题利益攸关方之间的交流与合作。① 正是因为北极理事会具备上述不可替代的北极区域性治理特征，中国要研究北极气候变化，开发利用北极资源，甚至发展与北极原住民的关系，都必须借助该平台进行。反之，如果不能入会，那么中国只能利用与北极国家的双边关系和其他治理机制平台来谋求实现北极目标，其结果必定事倍功半。鉴于此，中国在难以成为北极理事会正式成员情况下，以永久观察员身份入会在战术上也算一种次优选择。

第二，非北极国家以观察员身份入会有助于北极理事会决策保持开放、包容和透明，后者对中国参与北极国际治理意义重大。中国参与北极国际治理的前提是拥有基本参与权，重点是应对低政治问题。首先，以观察员身份入会从根本上解决了中国可能被排除北极事务之外的参与权问题；其次，观察员身份可以适应中国应对低政治问题的现实需求。不同北极问题很可能涉及不同国家的利益。其中，北极大部分地区处于北极国家的主权管辖之下，部分高政治问题本质上是北极国家自己的问题，如领土（海）主权归属；部分低政治问题是需要北极国家以合作方式来应对的区域性问题，比如资源利用、原住民等，

---

① "Statement by H. E. Ambassador Lan Lijun at the Meeting between the Swedish Chairmanship of the Arctic Council and Observers", http://search.aol.com/aol/search? s_it = topsearchbox.search&v_t = comsearch51&q = Statement + by + H. E. + Ambassador + Lan + Lijun + at + the + Meeting + between + the + Swedish + Chairmanship + of + the + Arctic + Council + and + Observers.

它们主要涉及北极国家之间的利益；还有部分跨区域性低政治问题，如气候变化和北冰洋航运，主要涉及北极国家与非北极国家的共同利益。虽然北极国家在北极问题上有直接利害关系，但是非北极国家入会并未损害北极国家在北极理事会中的支配地位。北极理事会观察员以承认北极国家在北极地区的主权、主权权利、管辖权以及在理事会的决策权为基础。只要北极国家对北极争议领土（海）主权的诉求秉持1982年《公约》及国际法惯例，那么非北极国家应该给予道义支持。作为一个开放性、包容性和透明性论坛，北极理事会在应对跨区域低政治问题上给予北极国家和非北极国家可以分享的共同利益与交流合作。这一特征将有助于北极国家与非北极国家更好合作，有助于实现北极治理三大目标——科研、环保和经济社会发展。从发展前景看，中国入会将有助于北极理事会从更广泛视角评估和应对跨区域低政治问题，这将为其以国际合作方式有效解决相关问题提供便利。国际合作在应对北极地区的气候变化和国际海运等低政治问题上已经显示成效，中国可以借此身份进一步推进。此外，中国入会有助于推动更多非北极国家参与北极国际治理，进而扩大非北极国家对北极国家在应对北极问题上孤立与排外倾向的制约。①

第三，北极理事会目标与中国利益具有一致性。中国有意愿和能力致力于北极理事会的工作，也愿意加强与北极理事会成员国的合作，为北极地区和平、稳定和可持续发展而努力。2007年以来，中国作为临时观察员参加了北极理事会的相关活动，对其工作有了更全面的理解。中国赞赏北极理事会在北极事务上所起到的积极作用，认同并支持北极理事会的目标。不仅如此，双方利益一致还表现在中国支持与成员国进行双边交流合作上，包括交流与对话，合作开展科学研究，加强相互理解和信任。②

---

① "Statement by H. E. Ambassador Lan Lijun at the Meeting between the Swedish Chairmanship of the Arctic Council and Observers", http://search.aol.com/aol/search?s_it=topsearchbox.search&v_t=comsearch51&q=Statement+by+H.E.+Ambassador+Lan+Lijun+at+the+Meeting+between+the+Swedish+Chairmanship+of+the+Arctic+Council+and+Observers.

② "Statement by H. E. Ambassador Lan Lijun at the Meeting between the Swedish Chairmanship of the Arctic Council and Observers", http://search.aol.com/aol/search?s_it=topsearchbox.search&v_t=comsearch51&q=Statement+by+H.E.+Ambassador+Lan+Lijun+at+the+Meeting+between+the+Swedish+Chairmanship+of+the+Arctic+Council+and+Observers.

四、行政管理成型（2014～2015 年）

随着中国参与北极事务的深入发展，北极行政管理组织架构已经成型。目前，中国北极事务和南极事务在行政上没有区分，而是有着共同的行政管理架构。首先，在国务院的统一领导下，在国土资源部的委托管理下，国家海洋局代表中国履行极地科学考察和业务管理职责。国家海洋局之下设有“极地考察办公室”，后者之下设有“中国极地研究中心”，并由“中国极地研究中心”负责管理“雪龙”船、黄河站（北极）、长城站（南极）、中山站（南极）和昆仑站（南极）。其次，极地业务具有突出的跨领域特征，涉及多达 14 个部门（见表 1），上述部门共同组成“中国极地考察工作咨询委员会”，对产生它的 14 个部门和国家海洋局提供相关资讯支持，并由国家海洋局牵头协调。

表 1　中国极地科考行政管理基本组织结构[①]

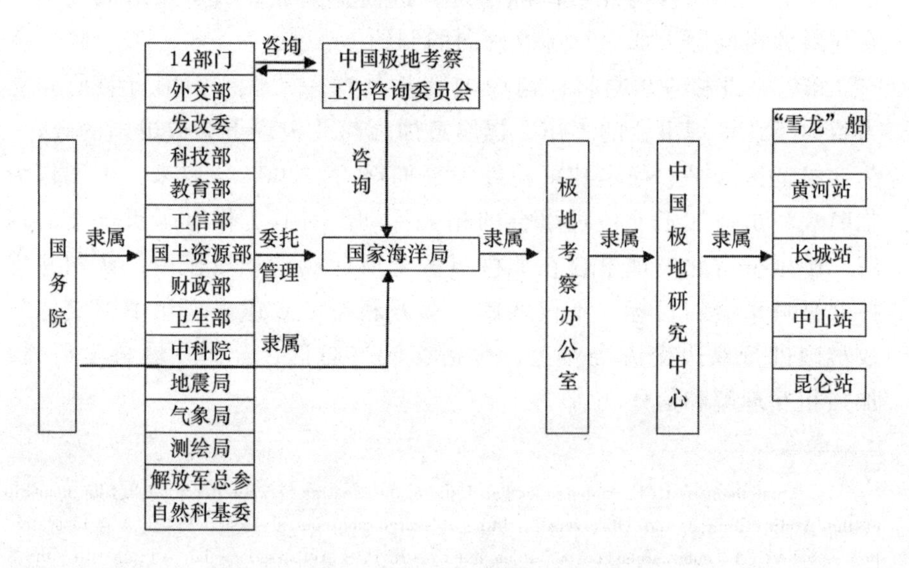

① 资料来源：根据“中国极地事业的组织结构”图编制，《北极问题研究》，海洋出版社，2011 年 6 月，第 365 页。

第二节　中国参与北极事务的态度

中国参与北极事务面临近似矛盾的三情境：一是非北极国家身份是北极国家试图垄断北极事务的内在必然逻辑和现实政策，中国虽不情愿却不得不接受；二是虽为非北极国家，但中国在参与北极事务上已经成为国际关注的焦点之一；三是中国参与北极事务的力度已令世界刮目，但中国的北极政策或战略依然缺失。由三情境进而做三推断：一是中国北极身份与北极实践部分脱节；二是中国北极政策明显滞后于北极实践；三是外界认为中国在北极事务上必将有大作为。作为崛起中国家和第二大经济体，中国参与北极国际治理的未来权重不容低估，中国参与北极事务的态度，尤其是官方态度，已经成为国际共同关注。从长期看，中国态度不仅直接关系到本国利益，一定程度还关系到其他北极利益攸关方的利益，甚至可能影响北极国际治理的发展方向。为便于研究，本书将中国态度简化为互动性的官方和民间二维，并以官方为主。

一、官方态度

21 世纪以来，随着北极科学考察力度加大，中国官方态度虽有适当流露，但谈不上主动积极。尤其是在涉及高政治问题（北极战略）上，中国政府没有对外公布任何类似于北极国家已经发布的北极战略（政策）文件，也没有任何相关正式说明。尽管在高政治问题上整体空白，但是中国政府在低政治问题上尚有些许可供研究的言论。这里所谓官方态度实际上仅仅是对这些可获得言论的合理推断，并非政府代言，特此说明。

首先，中国官方态度高度重视低政治问题，比如北极暖化、生态保护和科学考察，应对此类问题的楔入点即是北极科学考察。在此方面，中国政府并不回避自己的政策偏好，主要表现有四：第一，中国北极科考基于 1982 年《公约》及相关国际法所享有的权利，其宗旨是“和平、科学、合作、环保”；作为《斯瓦尔巴条约》缔约方，中国完全有权根据条约规定参与北极科考。第二，中国北极科考的重心已经由考察阶段向研究阶段推进。第三，中国北极科考的核心内容主要围绕气候变化和生态环境两大主题展开。第四，中国“十二五规划”提出了“深入开展极地关键地区和领域的科学考察与研究”的计划和建设“极地考察强国”的目标。[①] 由此对中国态度进一步推断，中国进行北极科考完全既是公认国际法赋予的正当权利，也是国民经济发展的内在要求，最重要的是以气候变化与生态环境等低政治问题为目标容易被北极利益攸关方和普通公众所接受。

其次，中国官方态度尽量避免涉及高政治问题，但绝不漠视此类问题。中国政府自2007年俄罗斯上演“北极点插旗”事件后就开始密切关注高政治问题。但是基于内敛文化传统、韬光养晦政策惯性、高政治问题敏感性、大国关系特殊性、非北极国家身份特征，尤其是中国应对北极问题的重点是低政治而非高政治问题等等，中国对待高政治问题的官方态度采取了以“密切关注”代替“公开言论”的方式。

虽然如此，但是“密切关注”不等于集体无声。在部分国际场合，中国官员对参与北极事务的立场和政策倾向还是做了最低限度的公开回应和重要说明。2009年7月，在一次由挪威政府主办的北极论坛上，中国外交部时任部长助理胡正跃的演讲就涉及到中国的北极立场和政策。其观点主要包括三方面：第一，中国并没有北极战略；第二，北极是地区问题，也是跨地区问题；第三，中国希望与北极主权相关的争议应该通过和平方式解决。[②] 2012年4月，外交部时任副部长宋涛在中外媒体吹风会上就北极问题表达了中国两点立场：“第一，中国是北半球国家，北极的自然和社会变化对中国经济社会发展有着重要影响；第二，中国尊重相关国家的主权权益和管辖权，重视北极的科学研究和环境保护，愿与冰岛、瑞典等相关各方一道，为北极的和平、稳定和可持续发展作出贡献[③]。上述两位副部级官员的讲话是中国在北

---

① 刘惠荣：《中国可以在北极做什么》，《经济参考报》，2011年12月27日，http：//dz. jjckb. cn/www/pages/webpage2009/html/2011 - 12/27/content_ 38865. htm? div = -1。

② Linda Jakobson：*China Prepares for an Ice - free Arctic*, Mar. 2, 2010, http：//books. sipri. org/files/insight/SIPRIInsight1002. pdf.

③《中国愿为北极地区和平、稳定和可持续发展作出贡献》，新华网，2012年4月12日，http：//news. xinhuanet. com/world/2012 - 04/16/c_ 111788097. htm。

极问题上对中国立场和政策所作迄今为止最高级别的公开表达。从中可以得出的结论有两类：确定性结论和模糊性推论。确定性结论有三：一是北极问题对中国产生重要影响；二是北极问题具有区域性和跨区域性双重特征；三是中国目前没有公开的北极战略。模糊性推论有五：一是中国尊重北极国家根据1982年《公约》规定所享有的正当权利；二是北极科研与环保是现阶段中国北极政策的重点；三是中国愿意寻求与北极国家合作；四是中国参与北极国际治理的基本目标是和平、稳定和可持续发展；五是北极问题尤其高政治问题应采取和平解决方式。

二、民间态度

由于民间一词涵义较广，这里主要选择国内部分专家学者的观点作为代表予以分析，特此说明。与官方态度不同，民间态度直面北极低政治与高政治问题，整体呈现积极、自信和进取特征。

首先，民间态度最关注低政治问题，尤其是中国如何参与北极国际治理。其观点主要有五方面：一是以北极科研为先导，提高参与北极事务的能力建设，加大投入，增强北极话语权和影响力。二是注重北极事务国际（双边）合作，积极参与规则（尤其是法律）制定。[①] 三是要处理好三类关系：部分领域受排斥和部分领域被需要的关系；平衡发展利益与全球利益的关系；治理目标和路径的选择。四是提出参考途径，包括：直接参与北极国际治理的全球性组织和北极区域组织的相关工作，如国际海事组织和北极理事会；以北极实际存在（旅游、科考、商业活动、基础设施建设等）为手段实现参与北极治理目标；以第二大经济体为依托，运用市场杠杆参与北冰洋航道经济治理；以双边伙伴关系为治理杠杆等。五是中国对北极国际治理的评估机制应以“北极圈、环北极、近北极、外北极”为基本分析对象，从“内部变化、内部对外部影响、外部变化和外部对内部的影响”四个视角

① 程保志：《治理与合作：2011中国极地战略与权益研讨会会议综述》，《国际张望》，2011年第6期，第120~122页。

来构建中国北极跟踪监测与评估基本系统。①

其次，民间态度不回避高政治问题，突出强调公认国际法基础、人类共同财富和平等参与权利。他们的主要观点有：1982 年《公约》等国际法是解决北极问题的法理基础；按照 1982 年《公约》，北极点及附近的公海区域是全人类的共同财富；应充分体现人类共同利益关切，资源开发利用应基于和平、公平与合法的原则，各国开发北极平等，中国在北极开发中应占一席之地；争夺北极主权是变相侵犯他国利益，反对非法掠夺和侵占，中国要敢于发出自己的声音；中国虽没有北极战略，但在北极事务上更适合走“曲线路径”，通过发挥在国际组织中的作用参与国际制度规则的制定，引导北极问题向合理公正的方向发展；中国加强北极战略和权益研制应明确目标、步骤和措施，做到三个适应——与大国地位相适应、与发展战略相适应、与维护国家权益和需求相适应；中国应该制定海洋战略的阶段性目标，实现短期目标与长远规划的协调发展。

第三，民间态度关注中国的北极身份。他们主张中国应关注“距离、交通、影响”三大指标，构建中国“近北极国家”身份来参与北极治理。中国不应被动地接受“非北极国家”身份，应该让国际社会认识到非北极国家间的巨大差异，从而认可“近北极国家”与其他非北极国家相比具有特殊性。同时承认，中国在建构“近北极国家”身份时应考虑其认同过程的复杂性和长久性，要有知难而上的心理准备和长期努力，切忌急于求成。

第四，民间态度关注双边合作。首先，民间态度关注与美、俄、加等北极大国的双边合作。中美北极合作的领域包括气候变化、区域和次国家层面（如“北方论坛”）、科学研究（考察）、北极治理等方面；中俄北极合作的领域包括资源开发和航道利用等方面；中加北极合作的领域应多关注努纳武特自治政府——该地区开发前景广阔，原住民发展意愿强烈，政府政策环境呈开放性，可作为中国参与北极治理有利跳板。其次，民间态度也关注与北欧国家建立多层次合作架构。主要是指顺应国际治理社会化趋势，寻求建立包括政府、社会、企业、

---

① 程保志：《治理与合作：2011 中国极地战略与权益研讨会会议综述》，《国际张望》，2011 年第 6 期，第 120 ~ 122 页。

团体和个人等多层次的合作架构，排除政治干扰，加大经济投入，从多边、双边、二轨等多方面共同推进。[①]

综上所述，中国态度当前可以简单归纳为：官方低调且谨慎，民间积极且开放。一般而言，尽管官方态度明显有别于民间态度，但是民间态度实是官方态度的基础和原料，官方态度是民间态度的集中和引领，两者存在根本的依赖关系。鉴于此，随着北极暖化的继续和中国参与北极治理的深入，有理由相信，中国北极态度必将在低调和积极、谨慎和开放之间寻找新的平衡。

第三节　中国参与北极事务的主要特点

在理论上，北极利益攸关方参与北极国际治理应该具有平等权；在现实中，不同国家主体（如北极国家和非北极国家）或组织成员（如北极理事会正式成员和观察员）参与北极国际治理具有等级性。作为非北极国家和北极理事会观察员，中国参与北极事务虽有自身特点，但整体与北极国家和北极理事会正式成员明显存在权利差距。

一、有法可依，依法参与

北极国家和非北极国家的二元划分标准似乎在暗示北极事务及其治理理所当然是北极国家而不是非北极国家的事，非北极国家参与其中似乎是对北极国家“天赋”权利的“蚕食”。事实并非如此，不仅国家类别二元划分的公平性值得怀疑，而且非北极国家参与北极治理亦有正当性。作为北极国际治理主体之一，中国参与北极事务的首要特征就是具有完全正当性，即“有法可依，依法参与”。

中国参与北极事务的重要法理依据和根本前提是“有法可依”，即中国是北极适用性的《斯瓦尔巴条约》和1982年《公约》的缔约国。首先，《斯瓦尔巴条约》有非歧视原则规定：所有缔约国的公民和公司

---

① 程保志：《治理与合作：2011中国极地战略与权益研讨会会议综述》，《国际张望》，2011年第6期，第120～122页。

在进入和居住在斯瓦尔巴群岛上享有同等权利；捕鱼、狩猎或从事任何海洋、工业、采矿或贸易的权利依据平等条款赋予所有人；所有活动须服从挪威政府制定的法律，在国民基础之上没有任何优惠待遇。①换句话说，中国公民在斯瓦尔巴群岛建立北极考察基地，开展正常科考以及其他正当活动完全是《斯瓦尔巴条约》赋予的正当权利。其次，北极国家除了美国之外都是1982年《公约》的缔约国，而且缔约国都将后者作为北冰洋沿海国之间划分海域边界，处理海域争议问题的基本法律依据。虽然尚未批准1982年《公约》，但美国的问题主要出在不接受公约对第XI部分的规定，对其他部分则采取完全接受的态度，并将已接受部分视为国际惯例法。不仅如此，美国政府不断敦促国会批准该公约，以改变其在国际海洋事务中尤其是海洋争议中的不利地位和尴尬处境。鉴于此，1982年《公约》对北极海域解决问题及争议的基础性地位确凿无疑。

中国参与北极事务的突出表现是“依法参与”。与其说中国是以非北极国家和北极理事会观察员的身份参与北极治理，不如说中国是以国际公认条约缔约方的身份参与北极治理。从中国北极实践看，北极科学考察（探险）以及加入跟北极国际治理相关的组织等行为，如加入国际北极科学委员会（IASC）和申请北极理事会永久观察员，完全是在公认条约规定的框架内行事。上述北极实践并非“依法参与”的全部内容，根据1982年《公约》规定，中国还享有其他重要权利：在北极国家领海拥有无害通过权；在北冰洋沿海国专属经济区拥有自由航行权；在北冰洋公海享有自由航行权；在北冰洋特定区域可以享有捕鱼和开采海底自然资源的权利等。对于中国的上述权利，无论是缔约方还是非缔约方的北极国家都会给予应有尊重。所谓特定区域主要指1982年《公约》规定北极点及其附近水域作为国际海底区域（Area）。尽管北极部分国家正在就北冰洋海域外延大陆架向联合国大陆架界限委员会提出申请，但是无论申请结果如何，都不能改变北极国际海底区域的特殊地位。

综合以上，参照《斯瓦尔巴条约》和1982年《公约》规定，中国

---

① The Governor of Svalbard: *The Svalbard Treaty* , http://www.sysselmannen.no/en/Toppmeny/About-Svalbard/Laws-and-regulations/Svalbard-Treaty/.

参与北极事务“有法可依，依法参与”应获得尊重。

二、官随民进，科考先行

从中国参与北极事务的历史进程可以概括为“先民后官，官随民进”。从1949～1990年，尽管有个别前往北极从事相关活动的华人，但中国在参与北极事务实践上总体处于停滞阶段。真正转机是从1991年中科院高登义先生获悉中国是《斯瓦尔巴条约》缔约国开始。从1991～1998年，中国民间前往北极地区进行探险和科考的热情和力度得以集中释放，著名的如李乐诗女士、徐立群夫妇等。与此同时，中国官方因素开始增多，首先是科学家个人行为，如中科院、中国气象科学研究院等部分科研院所专家学者；然后是国家行为，如国家海洋局、国家测绘局。从1999～2014年，中国参与北极事务的突出官方行为是以国家海洋局为直接管理单位，以“雪龙”船为科考平台，组织实施并成功完成六次北极科考任务，实现中国由北极科考大国向北极科考强国的过渡，为中国进一步全面深入参与北极事务和维护国家利益完成了必要的知识储备并奠定了坚实的信息技术基础。

中国参与北极事务的突出特点是“科考先行”。从1991年以来，无论是民间个人、专家学者，还是国家海洋局，参与北极事务的方式只有两种——科学探险和科学考察。目前，中国北极科学考察主要集中在北极高纬度物理、气候变化、北极生态学和海洋学等科研领域。一般意义上，科学探险与科学考察相伴而生，往往成为科学考察的前奏并为其提供安全保证，因此可以视为科学考察的组成部分。鉴于此，中国参与北极事务在本质上只有科学考察一种方式。为什么中国只重视科学考察一种方式而没有其他方式？究其原因，科学考察是中国参与北极事务的重要楔入点和战略依托。第一，北极科学考察是很好的楔入点。理由有二：它是《斯瓦尔巴条约》和1982年《公约》赋予缔约国的正当权利，也是中国执行“国际极地年中国行动计划”的一项重要内容，中国选择此种方式突出正当性；它是其他众多国家（包括非北极国家）早已选择的方式，中国选择此方式不会引起非议。第二，北极科学考察是中国的战略依托。首先，北极自然环境变化将对中国多个战略领域（包括气候、生态、农业、社会、经济）产生重要影响，准确掌握环境变化信息并给予科学预测将上升到国家战略层次。其次，北极科学考察将为中国在北极拓展国家利益提供重要战略决策依据。增益经济利益是中国参与北极国际治理的重要动因，北极自然资源开发利用与北极航道经济是最直接的经济利益，与之相关的科学数据是中国北极决策的重要依托。

“官随民进，科考先行”是中国参与北极事务的历史写照。随着综合国力、知识储备、科考理念、技术装备的提升，中国“以国家为坚强后盾，以科考为基本方式”的北极参与模式必将得以丰富和完善。

三、近低政治，远高政治

尽管北极问题有低政治和高政治之分，但是中国在参与北极事务上已经表现出“近低政治，远高政治”的特征。

“近低政治”的根本原因在于部分低政治问题（比如气候变化和生态保护）对中国的影响具有直接性和紧迫性。历次北极科学考察集中于高纬度物理、气候变化、北极生态学和海洋学等方面的根本原因在于北极气候变化将对中国产生直接、全面而重大的影响。作为近北极国家和北半球最大的发展中国家面临如此不确定性前景，中国对与气候变化相关的低政治问题自然有准确了解和科学应对的内在压力和紧迫性。尽管如此，中国“近低政治”的行为表现毕竟有所不同，即对不同子问题关注度存在差异。北极低政治问题包括五个子问题：气候暖化、资源开发、海洋航运、生态保护和原住民。目前，中国已经触及的子问题有四个——北极暖化、生态保护、北极海运和资源开发，未触及的有一个——原住民。其中，北极暖化和生态保护直接与北极气候变化相关，是中国历次北极科学考察的首要关注对象；北极海运和资源开发是北极气候变化的重要后果，关乎中国经济利益国际布局和参与北极经济国际治理，受到关注合情合理。尽管同属经济利益领域，中国对北极海运与资源开发的应对方式并不相同。北极海运是通过对北冰洋两航道（指东北航道和西北航道）科学考察展开。比如，前四次和第六次北极科考路线大致沿西北航道方向，第五次北极科考则首次实现对东北航道全程考察。资源开发则是通过与北极国家的双边合作实现。因为非北极国家参与北极资源开发利用很容易被直接解读为争夺北极资源，所以中国不会将其列为北极科考内容。北极原住民在低政治问题中具有特殊性和复杂性，是中国面临的新问题。北极原住民不是单一概念而是概念组合，不仅有国别属性，还有跨区域特征，最关注的是北极生态保护和可持续发展。尽管该问题将对其他低政治子问题乃至高政治问题产生影响，但对中国的影响尚未达到紧迫的程度，中国应该科学谋划应对与之相处之道。

“远高政治”的根本原因不仅在于高政治问题具有敏感性和难以有效应对的特征，还在于对中国的影响不具有直接性和紧迫性。中国参与北极事务始终有意规避高政治问题，具有明显“远高政治”特征。究其原因，不外乎以下几方面。第一，在理论上，有效应对高政治问题往往是国际治理理论的软肋，在没有成熟策略之前不应轻易涉足；第二，在现实中，有效应对高政治问题鲜有成功范例和模式可循，已演变成为北极国际关系的禁区，规避此类问题就成了相关国家的次优选择；第三，中国与北极国家不存在领海（土）主权争议，基本具备置身高政治事外的“超然”特质；第四，只要相关国家在处理北极海域相关问题上不背离 1982 年《公约》的原则和宗旨，中国就没有理由在高政治问题上与之发生冲突。既然高政治问题与中国没有直接利害关系，也就没有紧迫性，那么中国在策略上采取“远高政治”即是维护国家利益的恰当反映；反之，如果高政治问题的演变确实影响到中国的根本利益，相信中国也不会拘泥于此。

四、身份未正，平等待争

中国当前参与北极事务的重要特征之一是身份未正。子曰：“名不正则言不顺，言不顺则事不成。”这句老话道出了“正名分”和办成事的密切关系。正名分就是正身份，身份不正，事情同样难成。那么什么是正确的中国“北极身份”呢？前文已阐明，将国家身份二分法（分为北极国家和非北极国家）暗含独占北极和排斥他国的企图，即“北极是北极国家的北极，而不是非北极国家的北极”，其逻辑及规则是中国“北极身份”未正的根源。

中国“北极身份”的现状是权利不平等，正身份的目标应是权利平等。根据 1982 年《公约》，缔约沿海国的权利平等并接受对领海、毗连区、专属经济区、大陆架和外延大陆架等重要概念的界定及由此带来的主权和主权权利。如果接受国家身份二分法，将面临权利歧视的逻辑和现实，这不仅与1982年《公约》存在法理冲突（沿海国的权利平等性被偷换成两类国家的差别权利），还与崛起大国国家利益国际化的扩大需求背道而驰，存在被进一步“边缘化”的倾向。目前，中国“北极身份”主要有三种表现。

第一种身份是非北极国家——主观不愿接受，但客观无法抛弃。该身份是北极国家强加中国并且已经被西方话语霸权塑造为既成事实。非北极国家身份使中国在平等参与制定北极国际治理规则以及推进海洋强国战略方面面临重要障碍，从而难以有效维护国家利益。以1982年《公约》为视角，非北极国家和北极国家在北极海洋相关事务上有平等权；以国家身份二分法的逻辑为视角，北极国家（尤其是北极五国）的权利事实上凌驾于非北极国家之上（因为北极国际规则的制定权目前已经被北极国家所垄断），从而实质弱化了1982年《公约》在北极治理上的权威性，非北极国家有可能不得不面临被边缘化的现实。

第二种身份是近北极国家——中国主动选择，缺乏国际认同。近北极国家身份是中国对非北极国家身份进行深刻反思的后果与正身份的主动举措。与非北极国家身份相比，近北极国家明显有优化考量：其一，非北极国家数量众多（理论上包括沿海国和非沿海国，应超过180个国家），受北极问题影响差别巨大（北半球和南半球非北极国家受影响明显不同），参与诉求参差不齐（沿海国与内陆国需求不同），国家同属一类显然不能反映差异需求也就不具科学性。其二，近北极国家身份不会过度刺激北极国家的“独占”和“排外”神经。中国作为近北极国家身份既不否认北极国家的合法性，也不否定自己的非北极国家身份；既没改变北极国家北极事务主导权，也没改变对1982年《公约》缔约方合法主权权利和管辖权的尊重。其三，近北极国家身份寻求与众多属性和需求各异的非北极国家有所区别，期冀减轻二元逻辑和规则对中国平等权利的侵蚀，但其前途并不明朗。到目前为止，该身份提法并没有获得包括北极国家、非北极国家和其他国际组织在内的基本国际认同。由此可见，中国成为北极国际关系中的近北极国家还有很长的路要走。令人隐忧的是，该身份在实践中有可能使中国陷入孤立。如果不能发现同道者，中国可能成为非北极国家中的“另类”，参与北极事务可能会孤军奋战。不仅如此，长期没有支持者可能会令中国陷于“自说自话”的境地。鉴于此，中国不仅要长期坚持塑造近北极国家身份，还要同时寻找同道者。“谁是同道者?”将是近北极国家需要寻找的目标和回答的问题。

第三种身份是北极利益攸关方——虽是舶来品，但前途光明。北极利益攸关方在很大程度上体现了北极治理主体的平等性，是中国乐于接受的一种身份。与前两种身份相比，北极利益攸关方既可能维护中国利益，也能给予更多进退余地。理由有四：第一，北极利益攸关方身份不是中国原创，是欧盟对其与北极关系的身份定位。中国以此作为身份标签本质上是一种“拿来主义”，至少不会受到作为北极潜在权力中心之一欧盟的反对。如果外交政策运用得当，有可能得到欧盟的认可和支持，从而为自己增添一个潜在的同行者。第二，北极利益攸关方较之前者更能反映中国的利益诉求。该身份的划分标准是基于国家（或集团）利益，不是基于自然地理界限。国家（或集团）利益是可以扩展的，而地理边界是不变的。在全球化时代，中国国家利益国际化的结果必然涵盖北极地区。与地理边界相比，国际利益标准更具有普适性，更有利于中国正当海外利益的发展。第三，北极利益攸关方可能更容易被其他国家（尤其是广大非北极国家）所接受，因为它突出了国际治理主体的平等原则，也部分接近对北极是人类共同遗产的定位。第四，北极利益攸关方还可以创造更多同行者，有可能凝聚更多合力抑制少数国家“独占”和“排外”倾向。

总体看，与北极国家相比，中国“北极身份”因为权利不平等而处于劣势。既然二元划分逻辑与规则是中国“北极身份”不平等的根源，那么寻求身份平等就成为中国参与北极国际治理的重要方向。若以权利平等为衡量标准，那么三种身份明显有优劣之分。其中，非北极国家派生的权利最不平等，近北极国家次之，北极利益攸关方最接近平等。

五、实无战略，不乏策略

北极战略属于高政治领域，对日益深入参与全球事务的崛起中大国尤其具有敏感性。鉴于此，中国政府在与北极事务相关的政策上表现出足够的谨慎和低调，继续奉行“少说多做，甚至只做不说”的行事原则，而不愿意看到正常国际事务因为言行冒进而横生枝节。中国参与北极事务整体上具有“无战略而有策略”的特征，主要表现在以下几方面：

第一，民间推动，官方低调。迄今为止，中国北极政策的外部解读依据主要源自国内民间学术界的积极推动。他们支持中国政府在气候变化、生态保护、北极海运、国家安全和国际治理等北极问题上与北极利益攸关方保持紧密接触。相比之下，官方无论对高政治问题还是低政治问题都采取低调处理。除了部分副部级官员（比如部长助理、副部长和驻外大使）在特定国际场合必须表明基本立场之外，中国尚无更高级别官员就国际关注的中国对于北极的法律地位、国家利益和战略决策等事项发表公开谈话或出台正式文件。

第二，科研引领，技术合作。尽管没有北极战略，但是中国参与北极事务并非无所作为。北极科学考察就是无战略背景下适当的策略选择，并逐渐形成“科研引领”的政策特征。这种策略推进有重大战略目标背景：一是中国“十二五规划”（2011～2015年）以推动发展海洋经济，整合海洋测绘，推进极地和海洋科考为目标；二是中共“十八大”提出建设“海洋强国”战略目标。目前，中国在北极科研领域已经形成海洋、生物、大气和冰川等四个支柱学科，为实现海洋强国目标累积了重要技术基础。除此之外，“技术合作”是中国北极科学考察的重要形式，也是提升科研能力的重要手段。比如，虽然中国造船能力世界领先，但从未设计建造过破冰船。中国第二艘破冰船将采用芬兰阿克尔北极技术公司（Aker Arctic Technology Inc.）的技术。技术合作可以引进、借鉴和吸收国外的先进技术和成功经验，是提升自身技术水平的一条捷径。尽管“科研引领，技术合作”特征明显，但是中国在经费配置上还有不小差距。根据粗略统计，中国目前在极地研究上的经费规模与韩国大体相当。

第三，商业利益，安全考量。利用北极航道可以深刻地影响中国未来的贸易和航运模式，甚至可以消除“马六甲困境”给中国造成的战略脆弱性，所以开发北极航道对中国意味着“商业利益是物质驱动，安全利益是战略驱动”。简言之，中国参与北极事务具有“商业利益，安全考量”的特征。首先，中国经济长期高度依赖马六甲海峡。根据粗略统计，通过马六甲海峡的转运船有60%驶往中国，而中国能源进口的78%要通过这里。中国石油进口预计从2010年占消费份额的54%增加2015年的66%，2020年的70%。中国迅速增长的能源需求和对进口的依赖已经推动中国石油公司对海外石油开采生产地进行战略投资。与之类似，中国铁矿石进口市场份额在2010年达到61%，中国对铁矿石的增长需求已经引发部分问题。北极有重要的铁矿石储量，比如在巴芬岛、努纳武特和基律纳等地区。其次，航线安全关乎中国经济命脉，不容有丝毫差池。正因为中国经济高度依赖马六甲海峡至南中国海一线的航向安全，所以"马六甲困境"始终是中国头上悬着的"达摩克利斯之剑"。开辟替代线路和实现航线多元化是中国弱化"马六甲困境"必然战略选择，利用北极航道的战略价值大抵就在于此。在南中国海不确定性因素持续增加的情况下，中国开辟利用北极航道的战略需求更增加了迫切性。

第四，重视北欧，扩展合作。北欧国家均是北极理事会成员，有着独特的战略价值，如冰岛的航运地位，瑞典和丹麦（格陵兰）的资源发展潜力，以及瑞典的外交力量和科研成就。由于北极国家大部分经济发展水平都比较高，中国经济影响力对这些发达北极国家不是很明显。鉴于此，中国非常重视与战略地位突出但经济脆弱的北欧国家（也是北极国家）的扩展合作。以冰岛为例，中国的关键性投资赢得了冰岛的信任。2008年冰岛金融危机之际中国伸出援手，给予4.06亿欧元的外汇信贷。冰岛不仅因此成为中国加入北极理事会的坚定支持者，而且认为中国在全球经济中占据极其重要的地位，必将成为北极地区事务的"积极参与者"。[①] 2012年4月，双方签署《两国政府关于北极合作的框架协议》。[②]

---

① 《欢迎中国成为北极事务"积极参与者"》，中国政府网站，http://www.gov.cn/jrzg/2012-08/21/content_2207937.htm。

② 《温家宝与冰岛总理会谈 签署北极合作框架协议》，凤凰网，http://news.ifeng.com/mainland/special/wenjiabaobrb/content-3/detail_2012_04/21/14048110_0.shtml。

第四节 中国参与北极事务的影响

作为全球第二大经济体和日渐广泛深入参与全球事务的崛起中国家，中国的一举一动已经成为国际焦点，必然牵动国际神经。在参与北极事务过程中，尽管中国以低政治问题（北极科学考察）为楔入点，并且官方言行极其低调，但是已经在国内外产生不同影响。

一、国内影响

国内影响主要体现在政府、学界和一般公众三个层次。

（一）对政府的影响

因为被置于非北极国家的不利境地，所以应对北极问题对中国政府产生不同影响。具体而言，北极问题中低政治问题对中国影响程度高而高政治问题影响低。在低政治问题中，气候变化和生态保护具有跨区域性影响且对中国影响深远，从而成为中国重视和推进北极科学考察的根本动因；北极（尤指跨北冰洋）海运对开辟国际贸易新战略运输通道意义重大，中国对东北航道和西北航道都已进行科学考察，还完成对东北航道的首次商业性试航；资源开发一直是西方媒体鼓吹“中国威胁论”的重要依据，能源需求正常增长常被抹黑成对外资源掠夺，中国将长期面临这方面的国际舆论和政治压力；应对原住民问题对中国有必要性但没有紧迫性，中国政府尚未开发出妥善对策，行动上有所滞后。与低政治问题相比，高政治问题因中国刻意规避，所以影响程度极低。首先，中国作为非北极国家与其他国家不存在北极领海（土）争议；其次，部分低政治问题有高政治化倾向，对中国产生一定影响。作为低政治问题的北极航运经常和作为高政治问题的国家主权牵扯在一起，使中国参与北极航运治理过程面临复杂化倾向。突出例子是，东北航道和西北航道的国际法地位尚未达成共识，俄罗斯与加拿大都存在将临近航道纳入内水管辖的强烈企图，加方还试将西北航道更名为“加拿大西北航道”，这种对立现实使中国在利用北极航道这一低政治问题上不得不考虑有关国家高政治性主权诉求。鉴于高政治问题的敏感性，中国政府在利用北极航道问题上暂时采取回避态度。

（二）对学界的影响

北极问题对中国学界（包括自然科学和社会科学领域）的影响并不相同。首先，中国应对低政治问题偏好尤其使中国自然科学学术研究获益。北极气候变化和生态环境是历次北极科学考察的核心课题，北极科学考察的重心今后将向北极科学研究方面转变。中国重视北极科学考察和科学研究的直接后果是使自然科学学术研究领域面临前所未有的机遇。其次，中国应对北极问题也令社会科学学术研究领域获益。北极问题虽有低政治和高政治之分，但本质上两类问题往往相互交织在一起，其影响已远远超出自然技术范畴。具有自然技术属性的北极问题必然烙上国际政治的印记，社会科学学术研究因此面临更大的发展平台。与自然科学学者不同，中国社科学者不回避敏感的高政治问题，注重对两类北极问题的关系研究兼顾，表现出很强的国际利益导向和实用性。他们不仅重视"北极海运、国际法、国际治理"等与中国经济发展密切相关的商业利益问题，还重视北极地缘政治，积极探索中国在北极国际关系中身份定位、法理依据、战略设计和路径选择等等。从现状看，虽然中国学界的两个"轮子"（自然科学和社会科学领域）都在加速运转，但是彼此节奏还有待于不断协调和积极呼应。

（三）对公众的影响

无论是低政治问题还是高政治问题，它们对中国普通老百姓的影响非常有限。因为中国一般公众对北极问题的认知、兴趣和关注相对于学界和政府都很低，再加上信息获得渠道有限和国内宣传力度不够，所以中国参与北极事务对公众的影响更多依赖前两个层次的观点。

综上所述，虽然中国参与北极事务对国内的影响涉及三个层次，但是彼此能产生有效互动和实质影响的目前只有政府和学界两个层次，公众层次尚缺乏独立判断和影响能力。在低政治方面，政府和学者之间已经在应对气候变化、生态保护、资源开发和北极海运等北极问题上产生良性互动；原住民问题则需要学界与政府的进一步互动，尤其是学界的深入研究和长期推动。在高政治方面，鉴于中国近北极国家身份和该问题的高度敏感性，学界与政府早已形成“学界推动，政府回避”的默契。

二、国际影响

国际影响选择对国外舆论的一般影响以及北极国家对中国申请北极理事会观察员的政府态度两个指标。

（一）对舆论的影响

中国参与北极事务对国外舆论的一般影响主要体现在舆论侧重上：重视中国的政府态度、战略设计、资源开发和北极航运等问题，忽视中国对气候变化、生态保护和原住民的关注。

国外舆论对政府态度主要有四种认知：中国政府目前在北极问题上采取观望态度；中国作为崛起大国担心采取主动会引起他国警觉，所以政府官员正式言论都非常谨慎；中国政府在北极问题上指望通过学界的论述和官员的评论谋求一种被广为接受的现实；中国政府已经开始评估北极地区夏季无冰环境对中国商业、政治和安全的影响。[1]

国外舆论对中国战略设计主要有四种认知：虽然中国否认有北极战略，但是中国的北极战略“深谋远虑，布局周密”；中国发展与冰岛关系是为“北极航线一旦畅通，冰岛将是最佳货运中转枢纽”提前布局[2]；北极已被中国视为重要的“军事战略利益地区”，中国的兴趣与北极油气资源和北极航线密切相关，不仅具有科考和经济性质，甚至还有“军事战略性质”[3]；中国否认与北极资源掠夺和战略控制等图谋有关联是在试图“安慰”国际社会。

---

① Linda Jakobson：China Prepares for an Ice - Free Arctic，SIPRI Insights on Peace and Security，No. 2010/2，Mar. 2010，http：//books. sipri. org/files/insight/SIPRIInsight1002. pdf.

② 《加媒称中国在冰岛建高规格使馆揣测北极战略深谋远虑》，《环球时报》，2010 年 12 月 14 日，http://world. huanqiu. com/roll/2010 - 12/1339881. html。

③ 《俄称中国将北极视为重要军事战略利益地区》，新浪军事，2012 年 2 月 5 日，http://mil. news. sina. com. cn/2012 - 02 - 05/1135681486. html。

国外舆论对中国资源开发主要有五种认知：中国对北极的关注与该地区可能蕴藏的丰富资源有关；随着中国在世界舞台上的地位日益巩固，中国对北极航线和北极资源的兴趣将会持续增加；鉴于中俄战略伙伴关系，北极完全有机会成为中俄能源合作的新平台；中国在北极的积极活动对北极国家既带来机遇，也引起新挑战；中国在技术层面限于北极能源与矿产开发存在技术挑战，因而需要与外国公司合作开发。

国外舆论对中国北极航运主要有两种认知：中国经济依赖外贸且能源需求增加，北极夏季航运线路畅通将为中国带来重大商业利益，中国关注航道运输理所当然；尽管沿着东北航道由华东到西欧的航程极大缩短，但高保险费、基础设施缺乏和恶劣条件等不利因素将造成北极航线短期内经济上无利可图。

（二）对政府的影响

中国参与北极事务对各国政府的影响主要反映在北极国家对中国申请北极理事会观察员的态度上——部分支持，部分暧昧。其中，明确支持中国成为永久观察员的是冰岛、丹麦和瑞典。本来挪威也属于此列，但是期间却发生一件插曲：2010 年 8 月，挪威外长 Jonas Gahr Støre 曾表示“欢迎中国成为北极理事会观察员”[①]，但其后发生的“诺贝尔颁奖事件”令两国关系陷入僵局。2012 年 2 月，挪威再次表示支持中国申请成为北极理事会观察员国。[②]

持暧昧态度的有四个北极国家——除了芬兰的态度具有象征性之外，其他三个北极国家的政府态度对中国的影响都是实质性的。首先，北极核心国家的政府态度至关重要。俄罗斯对中国加入的措辞是“不反对”。2011 年 7 月 6 日，俄罗斯副总理谢尔盖·伊万诺夫发表声明，不反对中国以观察员国家的身份加入北极理事会，但这个问题可能要在 2013 年才能得以审议。他还说，北极理事会成员国决定在 2013 年审议关于增加观察员国的问题。主要的条件是尊重北极理事会成员国

---

① Barents Observer：Norway welcomes China to the Arctic，http：//barentsobserver. com/en/sections/arctic/norway – welcomes – china – arctic.

② 《挪威支持中国申请加入北极理事会》，VOA 中文网，http：//www. voachinese. com/content/article – 20120214 – oslu – backs – china – 139316828/8052。

的领土权利和主权。因此，包括中国在内的任何一个国家只有同意这些条件，才可以获得观察员的地位。相比之下，美国的态度最暧昧，尽管中美两国已将极地事务纳入双方战略对话日程，但是美国依然是既不表示支持也不明确反对，似是另有所图。其次，加拿大对中国态度暧昧的根源在于欧盟对其海豹产品实施禁令而拒绝欧盟申请，中国主要因欧盟而受牵连。2013 年，加拿大成为北极理事会主席国，如果继续拒绝接纳新观察员，那么很可能会怠慢中国；如果同时接纳欧盟和中国为观察员，又将开罪加拿大的因纽特人；如果只接受中国为观察员，又要冒“反欧”的风险。这是加拿大的两难，但必须选择。更为重要的是，中国对加拿大资源投资不断增长，并呈现复杂局面。一方面，加拿大承诺开放自由的国际经济制度以推动繁荣，欢迎中国投资并考虑与中国建立自由贸易协议。另一方面，中国收购加拿大资源公司的行为日益具有敏感性。但是面对发酵中的欧债危机，加拿大无法抗拒中国投资带来的经济发展机会。令其忧虑的是，加拿大认为中国公司的独立性问题受人“质疑”，这种状况在长期内可能导致中国政府对加拿大资源的“间接控制”。总之，中加紧密而复杂的关系及前景将令其难以拒绝中国的申请。

尽管相关国家存在多重考量，中国在 2013 年 5 月最终获北极理事会永久观察员地位。以此观曾经暧昧的四国：既不能无视中国崛起，又不能抗拒第二大经济体的发展机遇，尤其担心中国在参与北极事务上“另起炉灶”，所以只好退而求其次。

综上所述，国际舆论在中国参与北极事务上表现出两种近似矛盾倾向：一种倾向认为中国参与北极事务具有正当性；另一种倾向对中国政府缺乏基本信任，对中国在北极的目标追求充满忧虑，尤其担心北极的未来被中国“掌控”。相比之下，北极国家则比较务实，它们既看到中国参与将给本地区带来经济利益，同时也有强烈预警和防范意识。

小结

本章试图从历史文献中寻找一下中国参与北极事务的渊源，虽无法确定真伪，但重在给读者增添一份可能的历史参照，并提请后来者继续深入研究。

本章重点是对中国 20 世纪 90 年代以后参与北极事务的概述与分析。中国参与北极事务虽然起步晚，但发展速度快。《斯瓦尔巴条约》和 1982 年《公约》是中国参与北极事务的公认法理依据。北极科考是先导，和平、科学、合作、环保是宗旨。迄今为止，围绕气候变化和生态保护两大主题已经进行了六次北极科学考察，重心已由考察向研究推进，管理上已形成中国模式，并确立起“极地考察强国”目标。此外，中国还参加几个北极相关重要的组织，对中国北极科考多有推动。

中国在参与北极事务的态度上“政府低调且谨慎，专家积极且开放”。在低政治问题上，中国政府并不回避政策倾向，但是在高政治问题上则采取极其低调且谨慎，始终表达没有北极战略的立场。相比之下，中国学界在所有北极问题上敢于畅所欲言，但总体侧重低政治问题中的商业利益，部分显示了中国寻求经济发展和拓展海外利益的内在需要。

中国参与北极事务整体呈现五大特点：有法可依，依法参与；官随民进，科考先行；近低政治，远高政治；身份未正，平等待争；实无战略，不乏策略。其中，最具挑战性的是中国参与北极事务的身份和战略。评价中国“北极身份”的关键在于权利平等——北极是全人类的北极？还是权利不平等——北极是北极国家的北极，而非非北极国家的北极？在理论上，理想身份应该是各国作为 1982 年《公约》缔约方的平等身份共同参与北极国际治理，北极利益攸关方似乎最能体现这一价值。鉴于此，北极理事会永久观察员身份并不符合中国平等参与北极事务的国家利益内在要求。如何在适应北极理事会正式成员协商一致原则与克服观察员地位被边缘化倾向的基础上推进以应对低政治问题为导向的“中国式北极国际治理”将是中国在“后北极理事会观察员时代”必须面对的挑战。中国“北极战略”是迟早要面对的重要问题，其缺失仅有短期而非中长期价值。如果长期缺位，重大隐忧可能有二：一是北极身份优劣与否将失去正确评价的尺度；二是北极不同目标之间可能发生冲突而引起内耗。换言之，“北极战略”与“北极身份”之间难以割裂理解，不同北极问题对应的北极利益需要适时进行战略协调。

中国参与北极事务对内外影响巨大。在国内影响方面，中国形成“学界推动，政府回避”的初步默契，显现阶段性价值。从中长期看，学界与政府“彼此呼应，共同推动”应是方向性选择。在国际影响方面，国际舆论一方面视中国参与为发展机遇并具有正当性，另方面对中国政府缺乏基本信任并充满忧虑。与之类似，北极国家对中国参与北极事务既有利益认同，也有预警与防范。就现状看，利益认同的权重大于预警与防范。

第四章 ‖ 中国北极治理理性选择

本章主要从国际治理视角研究中国如何通过参与北极事务最大限度地维护与拓展中国在北极的国家利益（简称“北极利益”），具体涉及北极利益、治理目标、治理路径等多项内容。其中，如何定位北极利益是把握中国参与北极治理的根本前提。除此之外，本章将进一步结合中国参与北极事务现状对其做适当评估。

那么该如何定位中国北极利益呢？方法不外乎直接与间接两种：前者是基于中国政府的北极战略和相关政策文件，具有实然性和权威性；后者是基于相对严密的逻辑推理，具有应然性和参考性。鉴于中国政府并没有发布任何北极战略和相关政策文件，直接定位中国北极利益的方式不可得，间接逻辑推理就成为探究中国北极利益的唯一选择。鉴于多个重要概念采取逻辑推理的研究方式，本章对中国参与北极治理的各种结论只能建立在理性认知的层面，特此说明。

第一节　北极利益双向定位

在逻辑上，国家利益、北极利益、国家战略、北极战略、国家身份和北极身份等重要概念之间存在“决定与被决定、包含与被包含、反映与被反映”的基本关系。比如：国家利益决定国家战略，国家利益决定北极利益，国家战略决定北极战略，国家身份决定北极身份；国家利益包含北极利益，国家战略包含北极战略，国家身份包含北极身份；国家身份反映国家利益，国家战略反映国家利益，北极利益反映国家利益，北极战略反映国家战略，北极战略反映北极利益，北极身份反映国家身份，等等。鉴于此，本书将以国家利益和国家身份作为视角和逻辑起点对中国北极利益进行双向定位。

一、从利益和战略视角定位

鉴于“国家利益与北极利益、国家战略与北极战略”之间存在决定与被决定、包含与被包含、反映与被反映的基本逻辑关系，所以要定位中国的北极利益与北极战略可以从定位中国的国家利益和国家战略入手。

由“国家利益决定国家战略，国家战略反映国家利益”可知，认知中国国家战略开启了解中国国家利益的窗口。尽管对国家战略的理解存在国别差异，但是“国家最高层次”和“长期发展规划”则是各国对国家战略的基本认知。一般意义上，国家重大发展规划根据时间标准可分为短期（1~3年）、中期（4~5年）和长期（6~10年）三种，因此能称得上国家战略的重大发展规划应该只有第三种（6~10年）。以此评估中国“十二五”（2011~2015）规划，应属于中期发展目标，是“国家战略”的阶段性细化。尽管如此，“十二五”规划必然部分反映国家战略，从而对北极利益定位有着积极的借鉴意义。这种借鉴主要体现在规划的第52章“统领‘引进来’和‘走出去’”和第53章“积极参与全球经济治理和区域合作”。其中，前一章强调“坚持‘引进来’和‘走出去’相结合，利用外资和对外投资并重，提高安全高效地利用两个市场、两种资源的能力”，“引导各类所有制企业有序开展境外投资合作，深化国际能源资源开发和加工互利合作”[①]；后一章强调“扩大与发达国家的交流合作；开展多边合作；积极参与国际规则和标准的修订制定，在国际经济、金融组织中发挥更大作用；利用各类国际区域和次区域合作机制，加强区域合作”。[②] 从中可以看出，对外投资、能源资源合作和区域/次区域合作是国家中期战略所反映出的国家利益的重要表现形式，可以成为北极利益定位的重要参照。

---

① 《国民经济和社会发展第十二个五年规划纲要（全文）》，中央政府门户网，2011年3月16日，http://www.gov.cn/2011lh/content_1825838_13.htm。

② 《国民经济和社会发展第十二个五年规划纲要（全文）》，中央政府门户网，2011年3月16日，http://www.gov.cn/2011lh/content_1825838_13.htm。

确定中国的国家战略应该兼顾宏观与中观，“十二五”规划在本质上只能属于中观范畴。相比之下，既称得上长期发展战略又能够对北极利益定位具有宏观指导意义和参考价值的官方表述莫过于2012年11月结束的中共“十八大”所确定的“2020年国家发展目标”（简称“2020目标”），即“实现国内生产总值和城乡居民人均收入比2010年翻一番”[①]。由此可见，“2020目标”理应视为中国的长期经济战略，涵盖发展经济和改善民生两大指标，后一指标严重依赖前一指标。综合考察“2020目标”和“十二五”规划后发现，两者在逻辑上分别侧重宏观与中观，对研究中国国家战略和利益具有更大的借鉴性、合理性与操作性。基于上述认知，可做如下逻辑推定：中国国家战略本质上是经济发展战略，首要任务和中心是发展经济；国际部分主要涉及多边合作、制定国际规范、发挥世界经济影响力等方面，重点侧重投资、能源资源、全球经济治理和区域合作。

在对国家战略逻辑定位之后，国家利益应当从前者当中得到必要反映。换言之，既然国家战略的本质是经济发展战略，那么国家利益也应该是经济发展利益。同理，再从“国家战略决定北极战略，北极战略反映国家战略；国家利益决定北极利益，北极利益反映国家利益”的关系可知，中国的北极战略和北极利益也应当具有同样的经济发展属性。

从长远看，北极潜在而巨大的资源储备和航道经济必将催生难以估量的商业利益，科学合理开发利用北极资源和商机也必将成为北极利益攸关方的共同期待，这一前景在很大程度上能够同时满足中国国家利益与北极利益对经济发展的共同与本质需求。鉴于此，中国北极利益可以大体定位为经济利益——它不仅是国家利益的逻辑延伸，而且顺应北极环境变化趋势和经济社会发展要求，基本符合逻辑与现实的统一。

二、从身份和行为视角定位

虽然通过国家利益与国家战略的关系可以定位北极利益，但是这

① 《胡锦涛在中共十八大上的报告》，人民网，2012年11月19日，http://xz.people.com.cn/n/2012/1119/c138901-17738572-4.html。

种推理并不充分。为了增强定位的合理性与说服力，本书还采用另外一种方式，即透过国家身份、国家利益和国家行为的关系来定位。所谓国家身份，是指一国相对于国际社会的角色，或者说现代意义上的主权国家与主导国际社会的认同程度。① 建构主义国际关系理论关于国家身份的基本逻辑是：国家身份是决定国家利益、立场和利益实现途径的基本因素，② 而国家利益又进一步决定国家行为。虽然国家身份具有相对稳定性，但是并非没有变化，其变化与否主要取决于两个系统的互动——国内系统和国际系统。国内系统的经济社会发展变化以及与国际系统之间的互动可以从综合国力变化上得到集中反映，并在一定程度上改变国家既有身份。另外，根据部分中国学者的观点，国家身份可以分为三种类型：革命性国家、游离性国家和现状性国家。革命性国家与主导国际社会具有“负向”认同；游离性国家与主导国际社会具有“零向”认同；现状性国家与主导国际社会是“正向”认同。但是现状性国家又存在三个认同等级：强制性认同、利益性认同和观念性认同。③

根据以上观点，中国的国家身份已经完成了从革命性国家向现状性国家的变迁，目前正处于“现状性国家利益性认同”阶段。究其原因，中国改革开放所取得的巨大成就促使中国对国际社会的利益认同空前上升。具体而言，中国最突出的利益特征是国内经济持续增长，从1979~2014年，国内生产总值（GDP）年平均增长率超过9.5%④。在此期间，中国逐渐融入既有国际体系，并实际成为其受益者和维护者。所谓融入主要体现在五方面：政治上，1971年重返联合国，恢复常任理事国地位和政治大国形象；经济上，2001年加入世贸组织，由此进入经济高速成长的10年，并发展成为世界第二大经济体和拉动世界经济引擎之一；军事上，奉行积极防御性战略，军事装备和军事能

① 秦亚青：《国家身份、战略文化和国家利益》，《世界经济与政治》，2003年第1期，第10页。

② 李少军：《论中国双重身份的困境与应对》，《世界经济与政治》，2012年第4期，第4页。

③ 秦亚青：《国家身份、战略文化和国家利益》，《世界经济与政治》，2003年第1期，第10页。

④ 中华人民共和国国家统计局：《中国统计年鉴2014》，中国统计出版社，http://www.stats.gov.cn/tjsj/ndsj/2014/indexch.htm。

力都有了质的提升；外交上，始终坚持独立自主和平外交政策，成为发展中国家的引领者、发达国家的合作者和联系两者的重要纽带；文化上，认同多元共存，保持和而不同，追求和谐共赢。

对于中国身份特征，国内系统和国际系统的认知明显对立。2010年应是中国地位变化的重要时间标志，中国从此成为仅次于美国的世界第二大经济体。经济持续增长的直接后果是综合国力显著提高，但人类历史上从未有过第二大经济体居然还是发展中国家的现实。国内系统认为，中国经济总量虽大，人均数量却小，离世界强国还有相当距离，应算发展中国家，应更多关注国内事务而不是国际事务，应承担共同但有区别的国际责任；国际系统则认为，中国已崛起为世界强国，不再是发展中国家，应承担与强国身份相适应的大国责任。显而易见，尽管"现状性国家利益性认同"的国家身份没变，但是两类系统对中国是强国还是发展中国家的观念差异真实反映了中国身份正在发生重大改变。出现身份认知分裂的主因在于，认同与否的背后涉及国家间重大利益得失。

既然国家身份决定国家利益，那么把握后者就应准确把握前者。国内系统认为中国身份仍然是最大发展中国家。其主要依据是2013年中国人均GDP依然排在世界第82位①，这一水平尚排在中美洲多米尼加共和国之后。仅此一条就足以断定，13.5亿人口的最大发展中国家并没有发生根本改变。国际系统认为中国身份已经具备新特征——世界强国，其主要依据是综合实力已大幅提升，已有望美国项背之势；甚至有预测认为中国GDP总量最早可能在2020年赶超美国，② 从而成为世界第一大经济体；有更甚者，IMF居然在2014年的报告中声称，中国已经超越美国成为世界第一大经济体。③ 显然，国内系统往往强调国家微观力量，而国际系统只注重国家宏观力量，彼此颇有各取所需的意味。

---

① International Monetary Fund (2013): List of countries and dependencies, http://www.imf.org/external/pubs/ft/weo/2014/01/pdf/text.pdf.

② Forbes.com: *By 2020, China No. 1, US No. 2*, May. 26, 2011, http://www.forbes.com/sites/kenrapoza/2011/05/26/by-2020-china-no-1-us-no-2/.

③ 《IMF：中国超越美国成为第一大经济体》，联合早报网，2014年12月10日，http://www.zaobao.com/realtime/world/story20141210-422669。

逻辑上不能准确定位国家身份也就难以准确定位国家利益，并可能导致国家行为失当，因此笔者认为，客观且动态看待中国身份不仅有利于国内系统动态调整自我实力认知，同步确定和维护北极利益变迁，还有利于与国际系统实现更大交叉，扩大中国国际行为的接受程度，减少参与北极治理面临的各种障碍。通过前文逻辑推理，笔者认为，中国至少已经形成一种二元身份特征，即兼具发展中国家和世界强国的部分特征，若以任何一元定位中国身份都有失偏颇。但是中国二元特征的权重并不均衡，表现为世界强国的权重相对有限、弱小，发展中国家的权重则相对突出、强大。中国仍是世界上最大发展中国家，但如果非要用另一个词来描述上述逻辑推理中的中国身份，“世界准强国”（下文简称“准强国”）似乎比较符合。

二元特征彼此并不孤立，既相互促进，也相互矛盾。相互促进主要是表现为：发展中国家的根本任务是发展经济，经济增长引起综合国力提升，从而促进其向世界强国过渡；世界强国权重的累积是发展中国家权重加速转变的物质基础。相互矛盾主要表现为国家行为特征存在明显差异。发展中国家行为特征主要是“内向型”，即国家战略重心是发展国内经济，表现为有限参与国际事务；世界强国行为特征多是“外向型”，即国家战略重心更多侧重国际事务。这是两种基本相反的国家力量运用，如果只关注发展中国家利益而将更多精力放到国内事务上，或者只追求世界强国利益而忽视国内事务，其结果前者表现为滞后，后者表现为超前。那么该如何解决“二元”特征给中国带来的难题呢？汉斯·摩根索（Hans J. Morgenthau）说过，“国家所追求的利益是否限定在国力所能及的范围之内，是衡量一国外交政策是否合理的标准”[①]。这句话的中国诠释就是“实事求是，量力而行”。

既然“准强国”已判定，那么确定与之对应的国家利益就成为关键。与“准强国”逻辑一致，中国国家利益应在兼顾经济发展和国际事务两方面不断寻求平衡。换言之，中国国家利益必然要兼顾两个维度——发展利益和强国利益。2020年之前，满足发展利益需要就是以追求经济利益为根本尺度，“2020目标”对此可提供有力支持；而2020年之后，满足强国利益需要的答案无法从“2020目标”中获得。

① 汉斯·摩根索：《政治的困境》。

在逻辑上，强国利益主要表现为：中国能够广泛地参与国际事务，推动国际制度建设，应对全球性问题，坚持国际正义，承担大国责任，提供公共产品，发挥建设性作用等等，其突出特征是承担越来越多的国际责任与义务并享有相应的权利与地位。

三、推定中国北极利益

国家利益和国家战略视角分析与国家身份和国家行为视角分析的交叉结论是：经济利益是中国北极利益的根本和基础；国家身份与国家行为视角分析又提出：强国利益是国家利益的未来选项。鉴于此，中国北极利益应在不同发展阶段兼具经济与强国两个利益维度。具体而言，中国北极利益可逻辑推定为：2020 年之前（第一阶段），经济利益是中国北极利益的单一目标；2020 年之后（第二阶段），经济利益与强国利益是中国北极利益的共同目标，关键是推动两者动态平衡。

第二节　北极治理目标与路径定位

一、对北极治理目标定位

本节将根据“国家目标决定北极目标，北极利益决定北极目标”的逻辑对北极治理目标进行定位。在逻辑上，和谐世界是中国国家利益和对外政策追求的终极目标，那么“和谐北极”就是中国国家利益的应然子目标。

鉴于中国国家利益具有双重性，即前文分析的经济利益与强国利益，那么北极利益也必然包括经济与强国目标。北极经济目标的实现手段应是北极经济政策，北极强国目标的实现手段应是北极“强国政策”。所谓北极经济政策应包括两层涵义：一是以经济利益为最终目标，二是以国家经济力量运用为手段。[①] 所谓北极“强国政策”是本书针对强国目标的逻辑创造，基本“涵义”为，未来中国在由“准强

---

① 汉斯·摩根索：《政治的困境》，第 167 页。

国”向“世界强国”过渡的过程中，为实现强国目标而在北极国际关系中执行的特定对外政策。与北极经济政策相比，北极“强国政策”超越了经济利益本身，追求经济利益与强国利益动态平衡。

综合以上分析，中国北极治理应该包括终极目标和阶段性目标。前者是“和谐北极”，具有终极价值；后者是以时间为限对北极经济目标与强国目标进行不同程度的组合，具有现实价值。以 2020 年为限，阶段性北极治理目标应存在两种组合：2020 年之前，中国北极治理目标应以北极经济治理目标为主，同时弱化北极强国治理目标；2020 年之后，应以国家综合实力为尺度兼顾推进两类治理目标，并保持彼此动态平衡。

二、对北极治理路径定位

定位北极治理目标之后，需要进一步探讨中国参与北极治理的路径。因为中国北极治理目标有终极和阶段之分，所以路径定位在逻辑上也应分为终极路径与阶段性路径。另外，终极目标在理论上是多个阶段性目标的延续与累积，所以下文北极治理路径主要针对阶段性目标推定。

中国北极治理阶段性目标有两种组合：2020 年之前以北极经济治理为基本目标；2020 年之后兼顾经济治理目标与强国治理目标。无论是追求经济目标还是兼顾经济与强国双重目标，中国参与北极治理都要与其他北极治理主体合作。换言之，中国参与北极治理不可能单枪匹马进行。因此，定位中国北极治理路径首先要明确必须与之合作的其他北极治理主体。从双边看，合作主体是北极国家；从多边看，合作主体包括相关国际组织及其成员和部分非北极国家。由于非北极国家主体特征不鲜明、数量庞大、作用差异明显，所以下文倾向以北极国家和国际组织两类主体为主要合作对象。鉴于此，中国参与北极治理的基本形式是双（多）边合作。

与之对应，双边合作的基本途径是双边外交，多边合作的基本途径是多边外交。于是，中国谋求北极经济目标的基本模式是：双边外交 + 多边外交。双边外交一般是指两个国际行为体（本书主要指主权国家）采取双边谈判、磋商和对话等一系列官方行为，最大限度维护和实现本国利益，它具有国家利益至上、排他性和脆弱性的特征；多边外交则是相对双边外交而言，指两个以上国际关系行为体通过建立国际组织、缔结国际条约、举行国际会议等形式进行不同领域的国际合作和协调。[①] 无论是为实现经济目标还是强国目标开展的双（多）边合作，相对和平的北极环境是包括中国在内所有北极利益攸关方应对北极问题的共同基础与前提，因此和平必然是中国北极治理目标实现的内在要求和突出特征。由此推断，“和治”应为中国北极治理的合理路径。

（一）和治路径合理性

选择和治路径的合理性主要基于三方面。首先，中国北极治理目标决定了“和”的合理性。“和谐北极”作为终极目标在逻辑上不仅规定了中国秉持“和”的宗旨，还暗示其他国家理应选择同样路径，彼此应互为前提和动力。不仅如此，阶段性的经济目标和强国目标在本质上作为终极目标的一部分客观上也具有维护北极持久和平的内在要求。

其次，北极问题与中国参与北极治理的关系特征决定了中国选择国际治理之“治”的合理性。理论上，国际治理优势恰恰在于应对一系列低政治问题，劣势在于难以应对高政治问题。北极问题虽然涵盖两类问题，但中国参与北极治理主要以应对低政治问题为主。具体来说，参与应对北极暖化、生态保护等国际治理以维护环境与安全利益；参与应对资源开发利用、北极海洋航运等以满足经济发展利益；参与应对原住民问题以满足其他相关利益。除此之外，中国对于与北极主权归属和军事等相关高政治问题无根本利害关系，参与主动权完全操之在己。因此，选择国际治理之治既能充分发挥该理论应对低政治问题优势，又可尽量规避其应对高政治问题严重缺陷。

第三，和治是消除“中国威胁论”的试金石。自20世纪末以来，“中国威胁论”就甚嚣尘上，成为国际上敌视中国势力“妖魔化”中国的一贯说辞。尤其是中国与某些周边国家存在领土（海）纠纷，致

① 金鑫：《关于开拓新世纪我国多边外交工作的几点思考》，《世界经济与政治》，2001年第10期。

使“中国威胁论”在部分国家“很有市场”。“中国威胁论”在北极事务上虽然不那样强烈，但也是暗潮涌动。比如，部分北极国家对中国参与北极事务充满矛盾，甚至连赋予中国北极理事会永久观察员这样一个边缘化地位都曾感到疑虑重重。不仅如此，一些敌视中国的势力始终以冷战的思维看待中国参与北极事务，甚至将中国当前没有北极战略部分歪曲为是中国政府“深藏不露”，另有“不可告人”目的。在这种情势下，中国以和治为路径参与北极治理过程既是消除“中国威胁论”的试金石，也是对矛盾者、怀疑者和歪曲者的最好作答。

（二）和治路径阶段性

鉴于对中国北极利益阶段性目标定位与非北极国家身份倾向被近似边缘化的判断，中国北极治理和治理路径应该包括两个阶段——分离阶段与融合阶段。其中，和治分离是中国北极治理路径的长期现实特征，和治融合则是中国北极治理路径的终极指向。

1. 分离阶段

将分离定性为中国北极治理路径的长期现实主要在于中国与内外存在多方面失衡。

第一，国内认知与国际认知存在失衡。在对中国和平崛起与和谐世界的战略认知上，国内和国际存在很大的差异。在中国看来，“和”战略的主旨是：只有维护和平的国际环境才能实现经济的可持续发展，只有实现经济发展才能进一步保证世界和平，从而增加整个人类福祉，和平与发展是相互依赖、相互促进的关系。但是这一良好的初衷和愿望并没有被客体，主要是发达的西方国家所接受。后者更愿意从传统现实主义的视角来审视和应对中国，它们普遍认为，中国的发展和强大是对其既得利益的“蚕食”和世界霸权的“潜在威胁”。所谓“中国威胁”的论调有不同的版本，包括“军事威胁”“经济威胁”“人口威胁”“环境威胁”“太空威胁”“网络威胁”“粮食威胁”和“食品安全威胁”等等。面对认知上的失衡，中国唯有通过不断努力，以实际行动封上仇视中国者和别有用心者之嘴，并改变普通大众的片面和错误认知，这显然是个长期过程。

第二，国家身份与北极身份存在失衡。由国家身份与国家利益的决定关系可知，国家身份提升在逻辑上必然引起国家利益同步扩展。

鉴于此，中国合理拓展北极利益是身份上升的必然。但中国北极利益增长趋势与未来需求与当前中国非北极国家和北极理事会观察员身份明显脱节。从北极身份所附加的权利义务看：北极国家近似“主人”，非北极国家近似“客人”。从主客权利义务规则看：只有主人邀请，客人才可参与，否则就被视为“擅闯者”甚或“入侵者”。如果不能改变北极国家与非北极国家二元划分背后的权利义务认知，非北极国家在参与北极国际治理过程中被边缘化趋势将难有转机。国家身份的提升与北极身份的弱化和固化将不利于中国深入参与国际经济治理，结果很可能有损于国家利益和北极利益。对于兼有强烈动因和综合实力的崛起中国家而言，长期处于身份失衡与利益失衡中是不合逻辑的，也注定是不能长久的。因此，国家身份的提升与北极身份难以匹配的现实令后者始终存在被提升的内在需求和动力。但不得不承认，中国北极身份的转变很可能需要一个长期过程。

第三，国家战略与对外政策存在失衡。与北极利益一致，中国北极战略在逻辑上也应该包括两部分——经济战略和强国战略：2020 年之前，中国“北极战略”应表现为强化经济战略，弱化强国战略，中共“十八大”确定的“2020 目标”是经济战略的最好说明与参照；2020 年之后，中国“北极战略”应表现为兼顾经济战略与强国战略。现阶段，中国对“世界强国”尚没有精确表述，最接近此意的官方表述莫过于“实现中华民族的伟大复兴”一语。于是，中国的国家战略在一定程度存在着经济战略目标明确而强国战略目标模糊。在逻辑上，中国在北极政策上尚没有建立起完整北极战略，尽管能推定北极经济目标却没法推定强国目标。正如前文所言，中国参与北极事务正处于“无战略”时期，其行为更多倾向北极国际经济治理范畴。现阶段突出中国北极经济政策完全契合阶段性“2020 目标”对经济利益的基础性需求，因此从实用主义看中国北极政策似乎更有说服力。但须承认，强国战略目标是国家战略必不可少的一部分，需要与之配套的强国政策，经济政策本质上不足以添补因强国政策缺失而造成的真空。随着全球化推进，这种政策真空的存在必将有损于中国追求合理的北极利益。鉴于此，调整因国家战略模糊所导致对外政策中强国目标缺失的失衡状况是中国北极治理面临的又一重要挑战。2020 年之前，“无战略”政策给中国创造的北极利益主要是经济性、实用性和短期性的，但其负片面影响将在2020年后凸显出来。从构建北极整体战略出发，适时明确全景国家战略是制定有效对外政策的前提，也是改变国家战略与对外政策失衡的前提，更是超越既有思维惯性，促进北极利益与政策整体协同的前提。

第四，政策传统与理念创新存在失衡。正因为缺乏北极战略，所以中国北极政策在很大程度上还是沿袭传统“大国是关键，周边是首要，发展中国家是基础，多边是舞台”的“大国、周边、发展中国家和多边”四维思维惯性。仔细权衡发现，传统四维认知对于中国北极治理的实际价值好像并不突出，还滞后于北极国际关系的现实与趋势。首先，中国对外政策四维传统具有北极不适应性。北极不属于中国的传统周边，北极国家几乎没有发展中国家，北极多边最有潜力的是北极理事会，中国作为观察员与美俄等北极核心国家地位悬殊。其次，中国对北极政策如果仅靠大国一维则显得势单力孤，难成合力。再次，四维模式应对北极问题将出现盲区。北极问题中涉及北极原住民，后者在严格意义上不属于中国对外政策的客体，所以传统四维模式对此没有应对设计。但是北极原住民在北极国际关系中的“超国家特征”越来越突出，并且已经对中国在北极的经济活动产生影响。毫无疑问，中国对外政策传统与理念已在北极问题上部分面临新陈代谢的压力。

第五，多边治理与双边治理失衡。从治理模式看，中国北极治理可简化为“双（多）边治理”。双边治理的主要内容是寻求与北极国家之间的合作，多边治理的主要内容是寻求与国际组织之间的合作。该模式的理想效果是发挥两种治理在应对北极问题时的不同优势并突出整体协同效应。鉴于北极问题的跨区域性和全球性特征，多边治理模式在理论上应更适合应对北极问题的内在需要。对中国而言，比较理想的北极治理模式应是“以多边治理模式为主，以双边治理模式为辅”，但是中国北极治理的现实模式是“以双边治理模式为主，以多边治理模式为辅”。究其原因，北极治理多边准入障碍是中国不得不更多依赖双边治理模式的根源。首先，以北极理事会为代表的北极区域治理机制对非北极国家存在严重准入障碍，影响了中国参与和倚重多边治理架构的努力和预期。应对北极问题的全球性与区域性治理工具有效发挥作用的前提是彼此实现互补关系，中国在利用北极理事会治理机制问题上面临着“准入门槛高”和“准入后地位低”的被动局面，难以通过现有权利义务发挥主动性改善区域性治理工具对全球性治理工具的互补性。其次，多边治理机制准入性障碍客观上迫使中国暂时放弃建构“以多边治理机制为主，以双边治理机制为辅”的理想模式，现阶段主要依靠双边治理机制，尤其是双边经济治理机制。鉴于此，中国北极治理模式尚未导入最优轨道，实际出现“以双边治理模式为主，以多边治理模式为辅”的重心错位。

第六，治理倾向与北极问题失衡。北极身份与利益导致中国参与北极国际治理具有倾向性，不能做到对所有北极问题“一视同仁”，由此造成治理偏好与北极问题因缺乏完全对应关系而失衡。从北极身份看，中国作为非北极国家倾向于应对低政治问题，主动规避甚至排斥高政治问题。从北极利益看，“2020 目标”在很大程度上决定了中国北极利益是经济利益，因此中国以国际经济治理应对低政治问题也是有选择性的，即直接或间接增加经济利益的低政治问题更有机会成为中国北极治理的目标和政策依据。比如中国重视北极暖化、生态保护、资源开发和北极航运等具有“影响国计民生”等特征的低政治问题，而相对忽视对北极原住民等具有“投入多、不确定”等特征的低政治问题。总体看，中国北极治理近期应倾向与经济目标密切相关的北极暖化、生态保护、资源开发和北极航运等低政治问题；之后会以兼顾经济目标与强国目标为尺度逐渐向其他低政治问题扩展。由此可见，中国北极治理倾向在中期与北极低政治问题存在失衡现象，即应对北极问题有明显选择性；中国北极治理倾向在长期与北极低政治问题存在均衡现象，即应对北极问题无明显选择性；但无论如何，中国北极治理倾向不应超越低政治范畴。中期倾向性虽有合理性但不能忽略低政治问题相互渗透的特征，中国应尽量使之降低，尽早强化应对低政治问题的整体手段，尤其弥补应对原住民问题的意识、意愿和政策不足。某些被忽视的北极问题已经对中国经济治理构成掣肘，比如加拿大“第一民族”反对中加签署双边投资保障协议一事就是证明。

2. 融合阶段

融合是中国北极治理的终极目标追求，是和治分离的继续，也是和治分离的自我否定和超越。作为一种理念和路径，和治融合不仅有理论价值，也不乏实践意义。理论上，和治融合的基础在于“和”与“治”都具有很强的包容性和适应性；实践中，太多失衡的存在使得和治路径由分离到融合将是一个不断克服失衡的动态和反复的长期过程。固然和治融合不能一蹴而就，只要北极利益攸关方共同致力于“和谐北极”的目标不变，和治就一定会由分离走向融合。

第三节　中国北极治理模式

前文已有提及，中国北极治理的中期（到2020年）目标是经济治理，基本形式是“强双边治理+弱多边治理”。双边治理主要指中国与北极国家之间的治理关系；多边治理主要指中国与北极国际组织的治理关系。除此之外，考虑到还有其他非北极国家参与北极国际治理，以及游离于上述之外对北极国际治理产生国际影响的北极原住民，因此对中国北极治理的现实认知是：以双边治理为主，以多边治理为辅，以与非北极国家和北极原住民的其他治理关系为补充。

一、双边治理

中期内，“强双边治理”是中国北极治理基本形式的主要内容。中国北极双边治理的根本途径是寻求与北极国家进行双边合作。北极国家的北极角色不同，国家利益迥异，对北极问题的看法不同甚至矛盾，共同决定了北极国家有非共识的一面，从而为中国借助双边治理关系推进北极利益创造了条件。如果以北极国家在北极理事会的影响力为指标，北极八国可以大体分两类：第一梯队是北冰洋沿岸五国（包括美国、俄罗斯、加拿大、丹麦和挪威）；第二梯队是其他三个北极国家（包括瑞典、冰岛和芬兰）。由于第二梯队三个国家曾经一度受到第一梯队五个国家的排挤，在事关北极决策方面有边缘化倾向，故另称之为“边缘国”。此外，第一梯队可再分两层：第一层是核心国（俄罗斯和美国）；第二层是非核心国（加拿大、丹麦和挪威）。综合以上，北极国家可以分成三类：第一类是核心国；第二类是非核心国；第三类是边缘国。

（一）与核心国治理关系——中美

从1979年建交至今，中美关系有了长足发展，已经成为最重要、最复杂的双边关系之一。中美北极治理关系主要是表现在中国与阿拉斯加州在能源资源以及在北极事理事会框架内的关系。鉴于中美关系日益重要的全球影响力，中美北极治理关系作为中美整体关系中的一环，必将在重要国际关系中反映中美关系的大势。

1. 中美关系大势

中美关系大势总体上既有“积极、合作与全面”，也有“消极、遏制与对抗”。2011年，《中美联合声明》宣布建立“积极、合作与全面的中美关系”。美国欢迎一个强大、繁荣和成功的中国在国际事务中发挥更大的作用；中国欢迎美国作为亚太国家为本地区和平、稳定和繁荣做出努力。“积极、合作与全面”有三大表现：第一，经贸联系空前紧密，双方共同受益且相互依赖。在2000～2011年，美国对华出口增长了542%；2012年，中美互为第二大贸易伙伴，双边货物贸易额4910.167亿美元，美国对华逆差2906.004亿美元[①]。尽管存在巨大逆差，但在美国人购买的“中国制造”商品中，每1美元中就有55%属于美国的服务附加值。[②] 由此可知，中美贸易不仅是双赢，而且美国赢多。此外，中国还持有美国国债7%，约1.1万亿美元。[③] 第二，官方交流呈现机制化。中美高层官员互访频繁，在战略和经济上形成对话机制；在军事上恢复联系，开始军事安全磋商。第三，中美人员往来频繁，民间了解增多。在非政府层面，中美建立“二轨对话”机制；在民间交流方面，仅2012年前五个月，中国赴美游客的数量就有52.3万人，同比增长42%。[④]

---

① Census. gov, *Trade in Goods with China*, http://www. census. gov/foreign - trade/balance/c5700. html.

② CNNmoney, *Our love - hate relationship with China*, Feb 13, 2012, http://money. cnn. com/2012/02/13/news/economy/china_ us_ relations/index. htm.

③ CNNmoney, *Our love - hate relationship with China*, Feb 13, 2012, http://money. cnn. com/2012/02/13/news/economy/china_ us_ relations/index. htm.

④ Dailybeast. com, *U. S. - China Economies Ties Deepen as Tensions Rise*, Sep 20, 2012, http://www. thedailybeast. com/articles/2012/09/20/u - s - china - economies - ties - deepen - as - tensions - rise. html.

与之相对，中美关系发展的实际轨迹并没有完全按照双方声明前行，“消极、遏制与对抗”成为中美关系大势的另一面。它也有三大表现：第一，合作深入，争议上升。西方部分人士认为，中美霸权竞争“不可避免”，中美合作已经“过时”。第二，社会制度和意识形态差异因双方战略关切而被放大。美国视“民主世界”对“非民主世界”的战斗为其“神圣使命”。第三，中美合作解决不了双方战略分歧。美国将民主制度“胜利”而不是合作视为世界和平的源泉。因此无论中国多么强烈地追求合作，美国的既定目标都将是防止中国成为美国霸权“挑战者”。

可见，中美关系大势：一方面，美国为保持世界霸权而必须实现经济健康发展，尤其抓住以中国为代表的亚洲经济成长的良机。另方面，为了防止中国“挑战”美国在西太平洋的霸权地位，美国必须未雨绸缪，提前布局。奥巴马政府的“战略东移”和“亚太再平衡”等极富军事色彩的政策出台就是双方战略对立的最新表现形式。尽管美国对华接触与遏制的两手政策在本质上没有改变，但是随着时间的推移，其平衡点有向遏制方向移动的明显趋势。

2. 中国与阿拉斯加州的关系

现阶段，中美北极治理关系主要表现为中国与阿拉斯加州的关系，尤其是经贸关系。2009 年 9 月，阿拉斯加州长肖恩·帕内尔（Sean Parnell）访华。时任全国人大委员长吴邦国会见时指出，阿拉斯加是美国离中国最近的州，有丰富的自然资源，在与中国合作方面有不可比拟的优势。他还希望阿拉斯加能进一步鼓励其企业家抓住机会，扩大与中国经贸领域的合作规模。到 2011 年，中国已经成为阿拉斯加的最大出口市场（见图 1[①]）。

其中，出口额从 2000 年的 1.03 亿美元增加到 2011 年的 14.39 亿美元，翻了三番多。就 2011 年来看，主要出口商品依次为：海产品、矿石、林产品和油气。其中，矿石出口 4.8 亿美元，而油气出口只有 1200 万美元。

虽然中国是阿拉斯加最大出口国，但与其丰富的能源资源总量相比，中国所获数量非常有限，仍有极大的潜力可挖。阿拉斯加北坡

---

① 资料来源：美国商务部，2012 年。

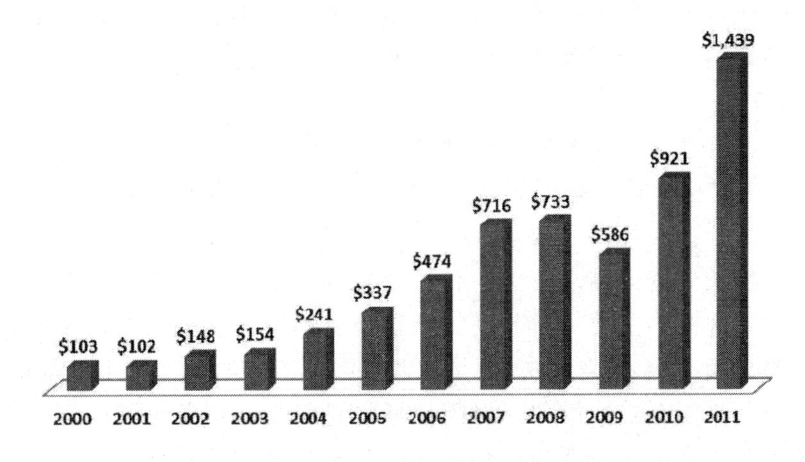

图1　阿拉斯加2000～2011年对华出口（百万美元）

（The North Slope of Alaska）是一个巨大的碳氢化合物的盆地。根据美国地质调查局（USGS）的报告，北坡的石油储藏比任何北极国家的都多。其中石油约占400亿桶，天然气约有236万亿立方英尺。阿拉斯加还有世界级非传统资源，包括几百亿桶重油、页岩油（shale oil）、粘性油（viscous oil），以及百万亿立方英尺的页岩气（shale gas）、致密气（tight gas）和天然气水合物。与大部分油气盆地相比，阿拉斯加相对属于未充分开发之地。

目前，阿拉斯加是美国唯一将天然气出口到亚洲的州。但是，阿拉斯加外资主要来源国是英国、日本、加拿大和法国。美国商务部指出，2010年外国控制的公司雇佣1.36万名阿拉斯加工人，约占阿拉斯加人口的2%。与上述投资大国相比，中国在阿拉斯加的投资规模还很小。截至目前，中国在阿拉斯加的投资项目有两个，总值约300万美元，用于开发铜、金、锌和银矿。一个是处于初探阶段100%股权的Niblack项目，据信储有铜、金、锌和银；另一个处于勘探中期60%股权的Delta项目，正在开发铜、金、银和铅。[①] 美国的金银矿商科达伦矿业公司（Coeur d'Alene Mines Corporation）的全资子公司科阿拉斯加（Coeur Alaska，Inc.）与中国黄金集团签署一项协议，标的是阿拉斯加

---

① Mining. com，*Chinese investors make foray into Alaskan mining*，December 15，2012，http：//www. mining. com/chinese - investors - make - foray - into - alaskan - mining - 24492/.

新肯辛顿金矿计划金产量的一半。[①]这是中国国有企业与美国国有金属矿业签署的第一份类似协议。该矿黄金储量约为150万盎司，预计开采12.5年。

3. 对中美北极治理关系的评估

中美北极治理关系以经贸合作为主，表现出互补性较好，但规模较小的特征。互补性主要体现在：阿拉斯加有丰富的自然资源，中国有日益增长的资源需求，无论传统资源还是非传统资源，都对中国有吸引力。规模小主要指：与阿拉斯加丰富的资源相比，其对华出口无论贸易总额（14亿美元），还是能源资源单项（约5亿美元）都很小。究其原因主要有二：第一，对阿拉斯加进行能源资源投资的国家主要以美国盟国为主，后者与中国相比不仅有资金技术优势，更有政治互信优势。这些优势的存在导致阿拉斯加对华出口上形成了目前“以海产品为主，以能源资源为次”的基本特征。第二，美国对华战略上的两面性必然部分反映到双方在阿拉斯加的合作上。一方面，美国必须利用中国经济高速成长的机会，加大对华商品输出。2010年，美国还宣布了到2014年出口翻番的目标，也就是说，其后五年至少每年增长15%，而中国是2010~2011年度美国出口增长超过18%的国家之一，这意味着中国市场对美国经济成长意义重大而特殊。另方面，美国又不得不从防止中国“挑战”美国霸权的层面来影响上述活动。迄今为止，中国对阿拉斯加能源资源的投资受到严格限制，尚未成功收购任何一家美国相关企业，这一状况在可预见的将来未有改变的迹象。可以推断，中美北极关系的前景在很大程度上受制于两国整体关系，尤其是双方在全球层面的战略协调和政治互信演变。因此，作为相对弱势一方，如何抓住美国提升经济的迫切心理扩大对美北极地区的经贸活动，同时尽量弱化其战略疑虑和遏制是中国维护和拓展北极利益的重大挑战。2013年，中国顺利成为北极理事会永久观察员。这一事实表明，尽管中美存在战略对立，美国还是希望在应对北极问题上与中国进行限制性合作而不是对抗。

① Chinamining. org, *US Coeur Alaska signs deal with China National for Kensington gold*, Jul 24, 2010, http://www.chinamining.org/Investment/2010-06-24/1277342344d37223.html.

（二）与核心国治理关系——中俄

中国与俄罗斯既是邻邦，也是全面战略协作伙伴，都面临和平崛起的历史使命与美国战略遏制的现时压力。这种背景下，中俄开展北极合作既符合普京总统建设一个“强大的俄罗斯”的构想，又能满足中国对实现经济目标和参与北极国际治理的不同层次需要，可谓是北极合作互利共赢的典范。中俄北极治理关系主要涉及中国与俄罗斯在其北极地区能源资源、东北航道经济和北极理事会框架内合作。

1. 中俄关系大势

无论在双边、地区多边还是全球层面，中俄关系大势都呈现良好发展势头。首先，在双边关系领域，中俄在政治、安全、经济和人文等广泛领域取得共识。在政治上，中俄有着稳固的政治互信，双方愿意从安全和发展的战略高度出发，致力于加强平等信任、相互支持、共同繁荣、世代友好的中俄全面战略协作伙伴关系；恪守尊重彼此利益和自主选择社会制度和发展道路的权利，互不干涉内政，在主权、领土完整和安全等核心利益问题上相互支持，互利共赢，不对抗的原则。[①] 在安全上，双方本着睦邻友好、彼此理解、相互信任、平等互利的精神深化两国边境地区的合作，不断完善非传统安全合作机制；增进两军传统友谊，深化两军各层次、各领域合作，开展旨在提高两军协同能力和促进地区和平、安全与稳定的联合军事演习。[②] 在经济上，双方提出明确目标：在2015年前将双边贸易额提高到1000亿美元，在2020年前提高到2000亿美元；尤其突出在能源、航空、航天领域的合作；同步提升经贸合作质量，加强在投资、能源、高科技、航空航天、跨境基础设施建设等领域的合作，重点推动两国战略性大项目合作，扩大地方合作与企业交流。[③] 在人文上，双方夯实双边关系的社会基础，制订中俄人文合作行动计划，维护两国公民的合法权益。

---

① 《中俄全面战略协作伙伴关系的联合声明（全文）》，新浪网，2012年6月6日，http：//finance. sina. com. cn/stock/t/20120606/195612241551. shtml。

② 《中俄发表联合声明 确定未来10年中俄关系发展规划》，人民网，2012年6月7日，http：//military. people. com. cn/GB/18101014. html。

③ 《中俄发表联合声明 确定未来10年中俄关系发展规划》，人民网，2012年6月7日，http：//military. people. com. cn/GB/18101014. html。

其次，在地区多边层面——“上合组织”框架内，中俄合作尤为密切。双方坚持“持久和平、共同繁荣、相互尊重”的原则，认为上合组织对保障地区和平与安全、深化合作有重要意义。在安全领域，双方致力于打击恐怖主义、分裂主义和极端主义三股势力，支持其同其他国家、国际组织扩大对话，并且坚持开放原则；在军事领域，致力于军事合作、信息共享和反恐；在经济领域，强化能源项目合作，提高在国际货币基金组织份额，致力于自贸区建设，并愿意进一步推动组建上合组织发展基金和开发银行等。

第三，在全球层面，中俄在一系列重大问题上形成共识。首先，对国际关系发展趋势形成重大共识：国际关系正经历快速深刻变革：国家相互依存不断加强，全球经济治理机制改革深入推进；新兴经济体作用提升，多极化趋势深入发展；全球性挑战促使国际社会互利合作。其次，对国际社会努力方向形成共识：政治上，基于平等和相互尊重，强调法治原则、多极化、国际关系民主化、联合国核心作用，恪守《联合国宪章》和公认的国际法原则和准则；经济上，推动经济全球化朝着均衡、互利、照顾彼此利益的方向发展，建立公正、公开、合理、非歧视的国际贸易体制，携手落实联合国千年发展目标，积极发挥国际和地区经济金融组织的作用，挖掘联合国、二十国集团、金砖国家、上合组织的合作潜力。安全上，以平等和互信为基础开展合作，建立公平有效机制维护共同、平等、不可分割的安全，摒弃冷战思维和集团对抗，反对绕开《联合国宪章》动用武力或以武力相威胁；人文上尊重文化多样性，相互借鉴；环保上，重视技术创新与可持续增长。[①] 再次，对国际热点问题上达成共识：维护朝鲜半岛和平稳定；维护叙利亚的主权、独立、统一和领土完整；在伊核问题上劝和促谈，和平解决，防止局势继续朝对抗方向发展；重视亚太地区在全球事务中的上升作用，加强地区一体化和多边合作等等。

2. 中俄北极治理关系

中俄北极治理的重点目前主要是能源资源，有以下特征：

---

① 《中华人民共和国和俄罗斯联邦关于进一步深化平等信任的中俄全面战略协作伙伴关系的联合声明》，新华网，2012 年 6 月 6 日，http：//news. xinhuanet. com/politics/2012 - 06/06/c_ 112137977. htm。

第一，中俄北极合作的现实领域是能源资源。随着中俄能源合作的深化，北极合作已经成为中俄全面战略协作伙伴的讨论内容，并日益成为双边关系的中心议题。另外，俄罗斯实际控制着东北航道，并计划对北极地区自然资源进行大规模开发；与之形成对照，中国作为第二大经济体不仅有旺盛的能源需求，而且有巨大的市场、充足的资金和劳动力，毫无疑问，俄罗斯视中国为北极开发计划的重要投资与合作伙伴。但是，中俄都缺乏适合开发北极资源所需的先进的技术专长和设备，因此中俄北极合作很可能局限于“俄罗斯用自然资源交换中国资金和劳动力”的合作模式。2001 年的《中俄睦邻友好合作条约》奠定了双方安全、互信、互利、合作的法律基础，尤其是能源资源。为了进一步加强双边合作，2009 年涵盖 200 多个合作项目的《中国东北地区与俄罗斯远东和东西伯利亚地区合作规划纲要（2009～2018）》进一步夯实了中俄能源资源合作的物质基础。其合作项目包括东西伯利亚的煤、铁矿、稀有金属、磷灰石、钼矿，其资源开发将由中国提供融资资金和劳动力。这些项目一旦执行，俄罗斯的原材料将直接运到中国东北地区并加工成成品。与之配套，中国政府将在国内建设众多工厂，专门生产锌、铅、铜和砖等。

第二，中俄北极合作符合俄罗斯降低对西方依赖，实现石油消费者多样化的目标。为了实现上述目标，俄罗斯不仅在其国土上建设运输网络和可替代的贸易路线，而且还开发亚马尔半岛丰富的北极资源，这使得后者可能最终代替开采量逐渐下降的西伯利亚。不仅如此，俄罗斯天然气工业股份公司（Gazprom）计划在 2030 年之前开始开采北极地区的海上资源，包括巴伦支海、鄂霍次克海、喀拉海和伯朝拉海。上述项目将使俄罗斯增加 110 亿吨石油当量的天然气产量。对中国而言，同样有着强化油气资源进口多样化的需要，俄罗斯因其地理上临近中国并拥有大量的油气资源而成为一个理想的供给者。

第三，中俄北极能源资源合作显示出很强的互补性。中国政府与俄罗斯北极部分地区签署了一些合作协议。比如在西伯利亚的东北部的萨哈（Sakha）共和国，中国正在融资开发一条通过东北航道连接上扬斯克（Verkhoyansk）的 Ziryanka 煤矿和上海的贸易走廊。该走廊在短期内将允许俄罗斯向中国每年提供 6 万吨煤。虽然这一数量只占中国煤炭消费的很小比例，但是该行动部分反映了中国试图深化与俄罗斯关系以及与萨哈共和国寻求新资源开发的意愿。2009 年，俄罗斯石油公司 Rosneft 宣布准备开发北极地区陆地和海上 30 处新油井项目。这些项目不仅需要国外资金，还要求具有极端气候、深海海底和恶劣条件下的石油钻探和开采技术。这一窘况已经促使俄罗斯寻求包括中国在内的国际合作。中石油、中海油和中石化三巨头已经提出可以供给必要的资源和劳动力。据俄媒体报导，双方正在讨论中国在何种程度上参与该项目。俄罗斯海洋管理局计划发展新的大规模国家计划，其目标是为将来使用新的运输通道创造有利条件。中国对参与上述计划并扩展与俄罗斯在其北极地区的合作表现出兴趣。中国对开放北极航道、识别及评估自然资源储备和科学合作给予资金支持；有兴趣参加建设和开办置于海、河岸线的北极浮动核电厂，从而对东北航道一线的新建港口和商业基地提供必要能源。

第四，中俄北极合作的潜在领域是东北航道经济。俄罗斯北极油气开采计划的目标市场主要是亚洲，尤其是中国，因而石油运输已经成为中俄关系的核心。虽然相关资源并未与俄罗斯的管道系统相连，但是俄罗斯石油运输公司（Transneft）和俄罗斯天然气股份公司（Gazprom）计划在将来建立部分管道。另外，要将石油加工成适销产品就必须建设基础设施，这又进一步推动俄罗斯探索开通东北航道的经济和战略价值，从而为中国参与利用东北航道经济创造了条件。2010 年 8 月，俄罗斯“波罗地”号（Baltica）油轮由一艘破冰船协同，用了 27 天的时间首次将 7 万吨天然气凝析油从摩尔曼斯克运到中国宁波。2010 年 11 月，俄现代商船公司（Sovcomflot）和中石油签署北极航运长期合作协议，并作为中俄战略合作的整合部分正式宣布。该协议规定了双方共同使用东北航道从事运输的程序。2011 年，许多散货船从摩尔曼斯克通过东北航线将铁矿石运到中国，还有许多船从维提诺（Vitino）港运输甲烷和石油到中国。2011 年，超过 60 万吨凝析油经东北航线出口到亚洲地区。

3. 对中俄北极治理关系的评估

中俄在发展战略和供求关系上有很强的互补性。建设“强大的俄罗斯”不仅是俄重要战略目标，也是推动中俄北极合作的重要原动力。自然资源出口和有效开发“东北航道经济”是实现上述目标的重要手段。在资源出口方面，北极地区有着丰富的能源和矿产资源，其重要性将随着西伯利亚传统资源产量的下降而日渐凸显出来。但是自然资源出口手段过于单一且在长期不具持续性，无法全面支撑俄罗斯的战略目标。鉴于此，以东北航道开通为契机，打造航道沿线经济带，拉动俄北方经济，从而提升俄整体经济的“东北航道经济”是北极气候暖化给俄罗斯带来的难得战略机遇，不容错过。相形之下，国际能源和矿产资源的持续供给与安全、廉价和有效的贸易航线是实现中国“2020目标”的重要外在条件。另外，俄罗斯一方面需要实现油气和矿产资源消费国多元化，从而减轻对欧洲的传统依赖，另方面发展“东北航道经济”亟需外来资金和劳动力支持。作为战略伙伴、友好邻邦、第一外汇储备和人力资源大国、世界第二大经济体，中国完全可以满足俄罗斯的现实需要。

本质上，中俄北极治理关系是全面战略协作伙伴基础上为实现各自战略目标而开展的经济合作；在模式上，主要是“俄罗斯用自然资源换取中国的市场、资金和劳动力”。其中，前者具有稳定性和长期性，后者具有阶段性和可替代性。从相互关系看，中俄战略互信是夯实中俄北极合作的基础，而北极合作扩展很可能会进一步深化中俄既有关系，使得双方在北极问题上成为更加密切的合作伙伴和战略依托。从长期看，中俄合作模式的阶段性和可替代性决定了中俄北极关系不能单纯依赖单一模式，而应该适时寻求、建立和塑造更多更新的补充和替代模式，从而与双方的战略互信形成呼应。

（三）与非核心国治理关系——中加

中加关系总体上比较平稳，没有根本的利害冲突。双方认为，不断深化和充实中加关系不但符合两国的根本利益，而且有利于维护地区与世界的和平稳定。中加北极治理关系主要涉及中国与加拿大在其北方省份能源资源、西北航道和北极理事会框架内的关系。

1. 中加关系大势

中加关系已经在许多重要领域取得共识。首先，在安全领域，双方在维护世界和平与可持续发展方面有共同利益；认同联合国及其他多边机构的重要性；有必要共同应对全球性问题和世界上多数人所面临的挑战，以确保全球稳定与繁荣；认同二十国集团在解决全球性问题中的建设作用。双方在诸多问题上取得共识：加强在联合国、亚太经合组织和其他多边机构及重大国际和地区问题上的协调和合作；维护亚太地区安全和稳定；实现可持续与公平增长，缩小经济差距；实现朝鲜半岛无核化；应对阿富汗问题、全球性疾病威胁和人权问题。

其次，在经济领域，双方经贸互补性很强，联系紧密，合作领域广阔，2012年双边贸易额有望达到500亿美元。具体措施有：加强务实合作，扩大两国贸易与投资；保持开放的投资与贸易政策，减少投资壁垒并鼓励两国企业合作。为了便于投资，扩大能源资源合作，避免双重征税等，双方完成了一系列正式文件，如《中加投资保护协定》《中国国家能源局与加拿大自然资源部关于能源合作的谅解备忘录》《中加避免双重征税协定》《中加航空运输协定》和《中国科学院与加拿大自然资源部关于自然资源可持续发展合作的谅解备忘录》等。[①] 双方同意，在现有水平上促进双边贸易进一步增加，扩大在油气、核能、可再生能源、林产品、矿产等能源和其他自然资源领域的合作，拓展在农业、高科技、清洁技术、环保、生命科学、生物医药、民航、金融服务、中小企业等领域的合作，培育互利合作新的增长点。在宏观经济领域，双方同意加强宏观经济金融政策对话与协调，增强二十国集团在全球经济治理中的作用，支持二十国集团强劲、可持续和平衡增长框架；继续进行必要的金融管理改革，抵制保护主义，为国际金融体系改革做出贡献。

第三，在民间领域，双方一致认为，促进教育、文化、商业及人民之间联系、增进两国人民相互了解将有利于中加关系的长远发展。双方同意以建交40周年为契机，扩大两国各界交往；建立新渠道，即中国在蒙特利尔设立总领事馆，以及宣布加拿大为中国公民出境旅游目的地；续签《中国教育部与加拿大外交和国际贸易部关于中加学者交换项目的谅解备忘录》，扩大双向学术交流，期待五年内实现双向留学生总数达到10万人的目标。

2. 中加北极治理关系

中加北极治理关系现阶段主要涉及与加拿大北方省份能源资源关系，呈现出两个特点：中国投资数额显著增长；加拿大对中国投资怀

---

① 《中加联合声明（全文）》，新华网，2009年12月3日，http://news.xinhuanet.com/politics/2009-12/03/content_12584600.htm。

有重大矛盾心理。

首先，2010 年之前，中国对加拿大能源资源投资逐渐增长。加拿大石油储量世界第二，还有高质量铀矿资源，虽然常规原油产量将下降，但油砂、页岩油等非常规石油产量不断上升。2010 年之前，中国公司在加拿大北方投资超过 4 亿美元[①]。但这些投资的共同特点是项目小，涉及领域广泛，从环境保护到运输通道不等。中加石油合作始于 1993 年，中石油（CNPC）获得加拿大北湍宁（North Twining）油田的部分股权。2005 年，中海油（CNOOC）以 1.5 亿加元获得麦格能源公司（MEG Energy）18% 的股权；中石化（Sinopec）以 1.5 亿加元获得了位于阿萨巴斯卡地区的北方之灯（Northern Lights）油砂项目 40% 的股份；上海中融集团竞标获得加拿大 1000 口油井的土地开发权；2007 年，中石油获得了加拿大阿尔伯塔省油砂矿开发权；2009 年，中石化从法国道达尔公司购得“北方之灯”项目 10% 的股份；中石油收购加拿大尼克斯能源公司。尽管如此，中加能源资源贸易规模和其潜力相比显得极其有限。加拿大在 2003 ~ 2010 年向中国出口了 152 万吨石油，仅相当于沙特阿拉伯 2010 年对华石油出口大约 12 天的出口量；此外，双边铀贸易规模也比较小。造成这种结果的原因主要有三方面。第一，美国对加中能源合作形成牵制。加拿大与美国有着牢固的政治与安全关系，前者对后者在经济上有很大依赖，使得前者在处理对华关系时常顾及后者的利益。另外，北美自贸区使得加美经济关系机制化，降低了合作成本。第二，能源合作受中加政治关系影响。第三，加拿大国内存在不利于中加能源合作的因素。主要是：两党不同政见使得加拿大政治具有不确定性；国家结构造成省与联邦政府权力分散；地方政治导致环保、原住民等组织直接影响能源决策，从而降低了效率。

其次，2010 年之后，中国能源资源投资数额大幅增长。2010 ~ 2012 年，中石油、中海油和中石化“三巨头”在加拿大已经完成了八家合资企业和两项并购，后者分别是加拿大欧普提（OPTI）25 亿加元

---

① James Munson, *China North: Canada's resources and China's Arctic long game*, Ipolitics, Dec. 31, 2012, http://www.ipolitics.ca/2012/12/31/china-north-canadas-resources-and-chinas-arctic-long-game/.

和日光能源（Daylight Energy）22 亿加元。2012 年底，中海油以 151 亿美元并购加拿大尼克森（Nixen）公司，并负债 43 亿美元。尼克森在加拿大西部、英国北海、墨西哥湾和尼日利亚海上等全球最主要油气产区都有资产，不仅有常规油气资源，还有油砂、页岩气等非常规资源。截至 2011 年底，具权威估算尼克森拥有 9 亿桶油当量已证实储量及 11.22 亿桶油当量的概算储量。此外，尼克森还拥有以加拿大油砂为主的 56 亿桶油当量。[①] 加拿大政府正考虑中方的一项大型矿业项目建议，即中方在加拿大边远的努纳武特地区投资几十亿美元。如果执行该项则有望每年生产 18 万吨锌，5 万吨铝。

第三，加拿大对中国投资增长怀有重大矛盾心理。主要表现在两方面：一是，加拿大面临利用中国资金与维护经济安全的矛盾。一方面，加拿大确定了通过自由开放的国际经济制度来实现国家繁荣的目标。[②] 另方面，对拥有加拿大资源公司的外国所有权的增长也引起加拿大的警惕。然而在 2008 年经济危机和随后的“欧债危机”之后，世界面临经济不确定的因素在增长，中国的投资对加拿大而言是难以抗拒的机会。但是考虑到中国是社会主义国家，加拿大对购买加拿大资源公司股份的中国公司的“独立性”仍有所怀疑。二是，加拿大面临有效利用中国市场，实现出口市场多元化，降低对美国市场严重依赖的矛盾。早在 20 世纪 80 年代初，加拿大就已经意识到在能源方面过分依赖美国的弊端，并曾试图通过实施国家能源计划（National Energy Program）降低对美能源依赖。再加上美国越来越抵制加拿大的油砂，则一定程度上迫使加拿大追求能源出口多元化。计划中的建设“北方门路管道”（the Northern Gateway pipeline）正是希望通过增加对亚洲市场，尤其是对中国出口石油，在此条件下，任何试图限制中国公司投资加拿大能源的努力都将损害上述规划。

最后，中加北极关系成长空间不限于能源资源合作。双方在其他领域也有开展联合科研意向，比如航空。中国驻加拿大前大使章均赛

---

① 《中海油并购尼克森将承担 43 亿美元债务》，新浪网，2012 年 12 月 9 日，http://finance.sina.com.cn/chanjing/b/20121209/025913943153.shtml。

② Jason Fekete and Mark Kennedy, “Multibillion dollar deals ‘new level’ for Canada - China relationship”, *National Post*, 9 Feb, 2012, http://www.polarcom.gc.ca/index.php?page=canada-and-china-in-the-arctic.

认为，加拿大是世界航空航天业的领先者，而中国正在发展大型客机，这是双方可以合作的领域。庞巴迪航空公司中国区（Bombardier Aerospace China）总裁本杰明·布恩（Benjamin Boehm）说，庞巴迪蒙特利尔公司希望在中国飞机市场中占有较大份额。庞巴迪竞争的中国商用飞机市场交货数量在未来20年要比欧洲市场大，并对于中国可能在长期“威胁”到加拿大航空巨人地位的言论给予驳斥：“理论上在任何地方都会受到威胁，那只是时间问题。重要的是构建共同受益并具工业导向的伙伴关系，使彼此共同成长，这才是双方在航空市场的共同目标。”①

3. 对中加北极治理关系的评估

自2010年以后，中加北极合作逐渐摆脱了“规模小，投资辐射面广”的特点，逐渐转向“规模大，投资能源资源”的方向上来。尽管如此，中加北极治理关系并非一马平川，尚有很多障碍需要不断清除。首先，缺乏政治互信是加拿大对中国投资心存疑虑的根本原因。尽管加拿大正在制定相关吸引中国投资的计划，并且两国政府还签订了相关投资保障协议，但是后者尚未获得加方议会批准。究其原因，是加拿大对中国缺乏长期政治互信。因此，能否强化两国政治互信是消除上述疑虑的根本保障。

其次，加拿大尚未慎重对待中国在北极事务上的身份地位。中加经贸关系日益复杂，它必将影响包括北极地区在内的加拿大资源开发。从长期看，加拿大将面临着中国渔船进入北冰洋的现实。在日益无冰的北极进行商业捕鱼的可能性目前存在很大争论。如果此类事情发生，那么中国和其他非北极国家有权在北极国家专属经济区之外的任何区域捕鱼。这意味着外延大陆架之上的水域将向国际渔业开放。鉴于中国目前正在北极地区积极进行相关科考活动，漠视或排斥中国在该地区的存在是幼稚的。从更长期看，加拿大对西北航道法律地位的立场至少需要获得中国的默认。迄今为止，中国官方并没有在该问题上做任何表态。有理由相信，中国的立场将反映其作为正在崛起的“海洋强国”的立场，加拿大必须正视这一立场。加拿大已经将北极问题视

① CBCNEWS：*China seeks Arctic Council observer status*，Feb 1，2012，http：//www.cbc.ca/news/canada/north/story/2012/02/01/north - china - arctic - pm.html.

为国家优先政策选择，并与加拿大的身份和主权密切联系起来。随着时间推移，中国参与北极治理的力度将不断深入，中加北极关系也将在一定程度上不断影响加拿大的北极决策。显然，最好的结果是中加在参与北极事务上都扮演重要角色，这一转变过程将为双方共同受益创造机会。因此，加拿大既要考虑如何从与中国合作中受益，同时也要认识到中国作为北极利益攸关方的真实价值，这是不可疏离的两方面。

第三，中国须为应对加拿大北极原住民做出政策调整。2013 年，中国如愿获得北极理事会观察员地位，但这仅仅表明中国参与加拿大北极事务站在了新的起点上。究其原因，可从加拿大的智库和议员的观点和立场中看出部分端倪。比如为了消除因纽特人的担心，芒克—高登集团（Munk - Gordon group）[①] 强调，任何北极理事会观察员申请者都应该公开表示尊重原住民的权利。[②] 努纳武特国会议员李奥娜（Leona Aglukkaq）说，应该对申请者进行评估，他们必须尊重和支持北极原住民。[③] 努纳武特的因纽特人有 350 平方千米的清偿地，他们是世界上最大的私人土地所有者。现在，大多数正在开发的新矿都位于私人所有的因纽特人土地上，因此这些资源的主要受益者正是因纽特人自己。问题的症结在于，部分原住民团体担心该地区的新开发者不尊重其权利。鉴于此，如何尊重北极地区原住民的权利，如何与北极理事会六个永久参加者原住民组织展开合作将是中加北极治理关系乃至整个北极国际治理所面临的新任务。

（四）与非核心国治理关系——中丹

中丹自 1950 年建交以来，双边关系一直保持着健康发展的势头。

---

① 2010 年，沃尔特和邓肯·高登基金会（Walter and Duncan Gordon Foundation）与多伦多大学芒克国际事务学院（Munk School of Global Affairs）的加拿大全球安全研究中心，建立“芒克—高登北极区安全计划”（Munk - Gordon Arctic Security Program）。这是一项为期四年的多维度国际计划，目的是在四个突出领域提高意识并改善环北极公共政策。这四领域分别是：民意、北极理事会、北极民族和安全、应该管理。

② Living on Earth，China in the Arctic？Jan 20，2012，http：//www. loe. org/shows/segments. html？programID = 12 - P13 - 00003&segmentID = 7.

③ Nunatsiaqonline，*Aglukkaq stresses“people - first”approach to Arctic Council*，October 29，2012，http：//www. nunatsiaqonline. ca/stories/article/65674aglukkaq_ stresses_ people - first_ approach_ to_ arctic_ council.

进入21世纪后，双边关系更上一层楼，两国领导人互访不断。2008年，中丹建立“全面战略伙伴关系”，政治互信与经贸合作进一步扩大。中国是丹麦第六大贸易伙伴，是欧盟以外最大货物贸易伙伴。2005～2009年，丹麦对中国的出口增长了50%。[①] 随着中国经济的快速成长和进一步融入国际社会，中丹之间在有共同利益的所有领域展开对话，双边合作涵盖气候、能源与环境、科学、技术、教育、贸易、全球性问题和人权等众多领域。作为战略伙伴，双方制定合作重点，包括：政治对话与合作；气候、能源和环境合作；研究、创新和教育；包括贸易和投资在内的商业关系；吸引劳动力；文化和旅游。[②] 2012年，丹麦新启动了新兴市场战略和针对中国的特别战略。丹麦的中国战略优先考虑商业领域，尤其是丹麦有竞争优势的领域，如城市化、水和环境解决方案、能源和气候、农业和可持续食品、医药、健康和福利技术、研究、创新和教育、航运等。[③]

中丹北极合作的重点是格陵兰的能源资源。2010年，根据自治法案的规定，格陵兰对其自然资源拥有管理权。5月，中国的投资者和企业家代表团访丹，双方在能源、绿色经济、农业和食品安全领域签署了大量的合同和意向书，全部协议价值估计约7.4亿美元。[④] 中国还寻求扩大其在格陵兰的采矿活动。作为丹麦的自治海外领地，格陵兰在石油、天然气、铜、铁金和稀土等自然资源方面储量可观。然而，格陵兰政府没有建设基础设施和开发自然资源的资本，所以必须向外资开放，以引进资金和技术。据丹麦的《伯林时报》（Berlingske）报道，中国准备投资13亿丹麦克朗（约2.35亿美元）于努克（Nuuk）的主要基础设施项目，包括建设三个新机场和扩建港口设施。[⑤] 从2015年

---

① 《丹麦贸易与投资大臣称将着力发展与中国经贸关系》，大公网，2012年6月13日。

② MINISTRY OF FOREIGN AFFAIRS OF DENMARK, *Denmark's Relations with the People's Republic of China since 1949*, http: //kina. um. dk/en/about - denmark/sino - dk - relations/denmarks - relations - with - the - peoples - republic - of - china - since - 1949/.

③ MINISTRY OF FOREIGN AFFAIRS OF DENMARK, *Denmark's China Policy*http://kina. um. dk/en/about - denmark/sino - dk - relations/denmarks - china - policy/.

④ 中国外交部英文网站：China and Denmark, Aug 22, 2011, http://www. fmprc. gov. cn/eng/wjb/zzjg/xos/gjlb/3281/。

⑤ The Copenhagen Post, *China holds key to Greenland treasure chest*, June 13, 2012, http: //cphpost. dk/business/china - holds - key - greenland - treasure - chest.

起，英国企业伦敦矿业（London Mining）计划与中钢集团和中国交通建设集团一起从伊苏阿（Isukasia）每年生产1500吨铁精矿。格陵兰的矿产和能源已评估，科瓦内湾（Kvanefjeld）矿2016年能生产20%的稀土元素需求量和大量的铀矿，因此成为中国企业如内蒙古包头钢铁稀土的战略项目，后者是稀土元素第一生产商。

（五）与非核心国治理关系——中挪

中挪建交60年，双方关系发展平稳，在政治、经济、文化等各领域的合作显著。但是2010年“诺贝尔和平奖事件”严重干涉了中国内政，使得双边政治关系在随后两年停滞。尽管这一时期两国关系出现问题，但双边贸易额还是继续增长。据挪威国家统计局数据显示，2012年第一季度挪对华出口前三类产品分别是鱼及海产品、有色金属、原油。[①] 2012年11月，中挪领导人在亚欧峰会的非正式场合见面，标志着两国关系有回暖迹象。[②] 挪威是北极理事会正式成员，其深海与极地条件钻探技术处于世界领先地位。

（六）与边缘国治理关系

中国发展与北极国家的关系不以大小强弱为尺度，尤其注重发展与边缘国之间的治理关系。双方在某种程度上都有被其他北极国家边缘化的境遇。北极国家中的三个边缘国已经成为中国全面深入参与北极国际治理的重要潜在合作伙伴。它们不仅为中国加入北极理事会提供实际支持，而且在经济和政治层面有着良好基础和长期需求。

1. 中瑞治理关系

中瑞建交60多年，双边关系发展平稳。瑞典虽不以能源资源见长，但是其他领域的竞争优势不容忽视。首先，经贸关系是重点。中国是瑞典在亚洲最大的贸易伙伴和第七大进口来源地。2012年1～9月，双边贸易额为101.1亿美元。其中，瑞典对华出口前三类产品分

---

① 《2012年一季度中国与挪威双边贸易增长0.7%》，中国商情报网，2012年4月20日，http://www.askci.com/news/201204/20/15199_92.shtml。

② Norwaynews.com, *Norway, China in first contacts since Nobel row*, May 11, 2012, http://www.norwaynews.com/en/~view.php?73P3454EQb4828s2853oj844UJ3889RR76BGo253Pcd8.

别是：机电产品、化工产品、贱金属及制品。目前有500家瑞典企业在中国，有1万家公司与中国有关。[①]其次，中瑞合作的领域不断拓宽。两国签署了五份谅解备忘录，包括环保、节能、铁路合作、道路交通安全研究等。此外还签署了许多商业合同，包括沃尔沃汽车公司与中国发展银行、爱立信与中国移动和中国联通等。[②] 2012年4月，中国总理首次访问瑞典，并提供10亿欧元专门贷款支持双方企业进行技术合作，在瑞典建立推动教育、旅游和青年交流的中华文化中心，以增进双边交流和相互理解。

2. 中冰治理关系

冰岛因位于欧亚潜在北极海洋航线上而具有重要战略价值。因为随着北极海冰融化和东北航道开放，冰岛有可能成为新的国际航运中心。毋庸置疑，冰岛的这一特殊地位对严重依赖海洋贸易并受困于海洋航线安全的中国而言极具吸引力。自2000年以来，中国与冰岛签署了一系列协议，表明中国与冰岛关系不断上升。

在中冰合作上，中国采用了经济援助、经济合作与民间投资的"官民共进"模式。首先，"官进"顺利，合作平稳。2008年，金融危机重创冰岛，中国毅然对冰岛施以援手。冰岛总统奥拉维尔·拉格纳·格里姆松（Ólafur Ragnar Grímsson）视之为雪中送炭，并强调"中国的合作立场是建设性的、平衡的、积极而绝不是侵略性的"[③]，中国也表达了对冰岛项目的兴趣。2012年4月，中国总理温家宝到瑞典和冰岛访问，致力于加强经济合作，以及获得对中国申请成为北极理事会永久观察员地位的支持。此外，商业和地热能也是双方的议题。中冰还签署了六项协议和宣言，涉及北极合作的有两项：《加强中冰北极

① 《2012年1~9月瑞典货物贸易及中瑞双边贸易概况》，中国食品饮料网，2013年1月24日，http://news.40777.cn/htmlnews/1015/1015142.htm。

② CRI English.com，China Willing to Deepen Relations with Sweden，Arp 25，2012，http://english.cri.cn/6909/2012/04/25/2941s695342.htm.

③ By Atle Staalesen，*China strengthens Arctic cooperation with Iceland*，Barents Observer，Apr 24，2012，http://barentsobserver.com/en/arctic/china－strengthens－arctic－cooperation－iceland.

合作的框架协议》和《海洋与极地科技谅解备忘录》。①

其次，与“官进”有所不同，“民进”艰辛，合作反复。2011 年 10 月，中国民营企业中坤集团宣布投资购买冰岛一块 300 平方千米土地用于旅游开发。但到了 11 月，冰岛政府不予批准中坤购地申请。2012 年 5 月，冰岛政府似乎又改变态度，通过当地媒体主动释放信息，同意将原地块租给中坤，租期为 99 年。同年 12 月，冰岛媒体又称，因中坤提供材料不全而推迟预订签约仪式。此次购地之所以一波三折的原因主要有三：一是冰岛亟需中国投资以拉动其低迷的经济；二是部分西方舆论将中坤纯粹的商业行为与臆测中的中国“北极战略”联系起来；三是冰岛内部存在不同党派的斗争，使得中坤购地事宜间接成了政党斗争的牺牲品。

3. 中芬治理关系

中芬建交 60 多年来，双边关系整体上呈现政治互信增强，经贸合作繁荣，国际事务相互理解和支持的特征。正是基于健康的政治关系，互补的经济关系，企业界巨大的合作热情，中芬合作的前景广阔。在经贸领域，2011 年，中芬双边贸易额达 70.5 亿欧元（约 95 亿美元）②。其中，芬兰是中国在北欧最大的贸易伙伴、投资和技术来源地，而中国则是芬兰在亚洲最大的贸易伙伴。另外，芬兰对华投资持续增长，主要集中在信息技术、林业、造纸和机械工业领域。在投资领域，对华投资者不仅包括诺基亚（Nokia）、芬欧汇川（UPM）、美卓（Metso）、斯道拉恩索（Stora Enso）、通力（Kone）和奥托昆普（Outokumpu）等著名大公司，还有越来越多的中小企业。相比之下，中国对芬兰的投资不多，比较重要的有中远集团（COSCO）与健流集团（John Nurminen Group）建立合资公司超过 10 年。此外，比亚迪（BYD）、中国五矿化工进出口商会（CCCMC）和北欧中国中心都已成功在芬兰落户。③在军事领域，中芬军事关系也保持良好发展势头，表

① By Atle Staalesen，*China strengthens Arctic cooperation with Iceland*，Barents Observer，Apr 24，2012，http：//barentsobserver. com/en/arctic/china – strengthens – arctic – cooperation – iceland.

② 《2011 年中国芬兰贸易额达 70. 5 亿欧元》，中国商情网，2012 年 3 月 2 日，http：//www. askci. com/news/201203/02/102833_ 60. shtml。

③ 中国驻芬兰大使馆经济商务参赞处：*Economic and trade cooperation between Finland and China*，http：//fi2. mofcom. gov. cn/article/bilateralcooperation/inbrief/200807/20080705699339。

现在双方实现高水平互访、不同领域专家团体交流和人员培训。中国愿意进一步加强与芬兰多水平、多领域的军事交流合作。芬兰也乐见中国在国际事务中发挥更重要的作用。[①]

4. 对与边缘国治理关系的评估

虽然三个边缘国在地缘政治上无法与核心和非核心北极国家相提并论，但是它们在北极国际治理过程中依然起着不容忽视的作用。中国北极治理的重要一环就是处理好与北极国家的双边和多边关系。北极边缘国对中国的双边价值主要表现在对华经济关系和政治互信，多边价值主要表现在北极区域治理上多有交叉。北极边缘国的边缘化现实也为中国团结它们共同限制乃至打破边缘困境创造了条件。不仅如此，北极边缘国也可能成为中国未来开发利用东北航道重要的支点，值得中国提前善加经营。

二、多边治理

从中期看，相对于“强双边治理”的“弱多边治理”只能是中国北极治理基本形式的辅助内容。中国北极治理谋求北极利益的另一个重要途径是通过参与北极区域组织平台的形式开展多边合作。从应对跨区域性北极问题看，多边合作应是北极国际治理的发展大势和主流形式。中国与应对北极问题相关国际组织（简称“北极国际组织”）的关系是衡量中国北极多边治理的重要尺度，具体选择参与数量和质量两项评价指标。

（一）参与数量不足

与应对北极问题相关的国际组织可分为全球性国际组织和区域性国际组织。最主要的全球性国际组织是联合国及其三个专门机构：国际海事组织（IMO）、国际劳工组织（ILO）和联合国粮农组织（FAO）；最主要的区域性组织有：北极理事会（AC）、北极地区议会专家会议、巴伦支欧洲—北极理事会三个组织，《斯瓦尔巴条约》和

---

① People's daily online, *China*, *Finland to enhance military relations*, Oct 24, 2012, http://english.peopledaily.com.cn/90786/7988480.html.

《奥斯陆—巴黎公约》两个条约组织。

目前，中国在两个治理层次都有所参与，突出表现为全球层次参与充分，但区域性层次参与不足。在全球治理层次，中国不仅是联合国的成员国，而且是常任理事国，拥有否决权。此外，中国还是联合国三个专门机构的当然成员。作为联合国常任理事国，中国有责任和义务与国际社会一起积极倡导建立更为合理、有效的北极全球治理体系与机制，推动北极地区实现和平稳定、适度发展、合作共赢以及可持续发展等符合人类共同利益的总体目标。作为1982年《公约》缔约国，中国有权进入北极公海地区进行航行、科研、开发海底资源等正当活动。在区域层次，中国是《斯瓦尔巴条约》的缔约国，根据条约规定有权进入斯瓦尔巴群岛地区从事科研及工商业等活动；中国是北极理事会永久观察员，并根据北极理事会的规定享有参加并旁听其重要会议及参与其他相关事务的权利。除此之外，中国尚未加入其他北极区域国际组织。

（二）参与质量参差

在全球治理层次，中国参与质量因其联合国常任理事国地位与专门机构成员而获得优势；在区域治理层次，中国并未因成为《斯瓦尔巴条约》缔约国和北极理事会观察员而凸显优势。鉴于联合国及其专门机构的北极治理机制1982年《公约》多是原则规定而不是具体对策，因此中国参与北极治理的质量评价权重不是获得优势的全球层次而是不占优势的区域层次，即1982年《公约》是中国北极治理机制的“骨架”；《斯瓦尔巴条约》和北极理事会机制等是中国北极治理机制的“血肉”。由此可见，中国北极多边治理整体上具有“骨架强，肌体弱”的特征，参与质量多有参差。

以最具实力和权威的联合国常任理事国（简称“五常”）参与北极治理为例来考察中国的参与质量。首先，“五常”都重视并加入北极区域性组织，但地位分化明显。在全球治理层面，“五常”在安理会都享有否决权，彼此地位相等。在区域治理层面，“五常”的权利地位出现严重分化。以最具代表性的北极理事会为例，“五常”全部加入，但俄、美两国依靠北极国家身份成为北极理事会的正式成员；中、法、英三国因为非北极国家身份只能成为观察员。相比之下，观察员在实质上已经被正式成员排除在北极理事会重要决策之外。换言之，“五常”在北极理事会中“缩编”为俄、美“两常”，其他“三常”连决策权都被剥夺，更遑论否决权。权利所编的直接后果是，在全球层次有否决权的中国在区域层次被完全排除于决策机制之外，在很大程度上沦为他国决策的执行工具。其次，“五常”北极地位不同而产生不同作用，即只有在全球和区域治理层次都获得优势的国家才能发挥更大的作用。究其原因，北极全球与区域治理机制之间存在互补性，任何层次缺乏优势都对有效参与北极治理构成制约。治理机制互补性主要体现在三方面：第一，全球层次治理机制的基础性和约束性特征构成区域治理机制的基础；第二，全球层次治理机制亟需相关国家和组织出台北极针对性政策措施有效配合；第三，全球层次治理机制在北极存在盲区，需要相关国家和组织及时填补。对“五常”而言，强化互补性是评价各国参与质量的根本依据。其中，美、中、俄三国最具代表性。美国未批准1982年《公约》意味着其在全球层次难以凝聚最大优势，从而决定了其北极治理无法充分发挥全球与区域层次的互补功能，因此美国北极治理的参与质量同样参差；与美国相对，中国被排除北极区域治理机制决策之外而丧失区域层次优势，也就无法与全球层次优势形成有效呼应；相比之下，俄罗斯在全球层次与区域层次皆有优势而具备高互补性，进而确定其参与质量列“五常”之最。

最后需要说明的是，全球与区域治理机制在部分问题上尚有矛盾，但因其数量和影响程度有限，均不足以改变彼此互补性的基本特征。

（三）对多边治理关系的评估

北极全球层次与区域层次治理机制的互补关系客观要求治理主体只有兼顾两类治理工具才能在实践中发挥更大的作用。对中国而言，作为“五常”之一，中国在全球治理层次上居于优势地位；但作为北极理事会观察员，中国基本被排除于北极区域治理机制主要决策之外，甚至有被边缘化之虞。相比之下，中国短期内难以形成全球层次与北极区域层次优势同步，进而有效呼应，发挥互补功能。鉴于此，北极理事会观察员表面上是给予中国参与北极多变治理以正当身份，骨子里却是担心中国提升北极多边治理参与质量，变被动为主动，变劣势为优势的束缚之策。

三、其他治理

（一）与非北极国家治理关系

非北极国家迄今为止并不是个确切定义。逻辑上，北极国家之外的180多个主权国家都可称为非北极国家，但将如此众多的国家放到一起研究意义不大。在北极治理关系中，双边治理和与多边治理关系是重点，与非北极国家治理关系较轻。鉴于此，有必要对中国与非北极国家的治理关系分类阐释。

非北极国家基本可分为两类。一类是北极理事会永久观察员；另一类是其他非北极国家。北极理事会永久观察员的非北极国家目前有12个，分别是英国、法国、德国、西班牙、波兰、荷兰、中国、意大利、韩国、日本、新加坡和印度。[①] 在两类非北极国家中，对中国有研究价值的主要是第一类，第二类短期内价值不明显。第一类非北极国家根据加入的时间先后可以再分为旧、新两类，即所谓旧观察员国家是指2013年5月之前加入的，包括英国、法国、德国、西班牙、波兰和荷兰六国；所谓新观察员国家是指2013年5月之后加入的，包括中国、意大利、韩国、日本、新加坡和印度六国。此外，鉴于欧盟在北极多边治理中具有特殊地位，有必要专门分析。

1. 与旧观察员国家治理关系

在与旧观察员国家的关系中，比较重要的是与英、法、德三国的关系。这些国家在北极问题上有共性。首先，它们在北极政策方面都表现出一定的“隐蔽”性，即虽然没有公开但都制定了实际的北极战略或政策。比如，英国国防部已经制定北极战略，并于2008年获得其国防委员会的批准；法国曾就其捍卫北极利益于2006年表达过明确立场；德国则通过欧盟的北极政策间接实现自己的北极目标。其次，它们对北极事务的领域偏好因其国情不同而有所差别。英国认为，鉴于自己与北极有近400年的关系史，其地位当然应该高于北极理事会其他永久观察员，应该通过跨部门、综合性的战略举措来参与北极事务。

---

① 北极理事会网站“观察员”部分，登陆时间2015年1月16日，http://www.arctic-council.org/index.php/en/about-us/arctic-council/observers。

于是，英国在北极研究方面涉猎最为广泛，涵盖商业、科学、气候、生态、环保、治理、政策、渔业、资源、旅游、航运、侨民、危害、《斯瓦尔巴条约》、知识转移、国际合作、防务和战略等诸多领域。与英国不同，法国将主要精力放到了南极事务上，导致其没有更多精力顾及北极事务。因此，法国对北极研究领域涉足不多，主要关注气候、航运、安全和地缘政治。相比之下，德国将1982年《公约》和世界领先的北极研究计划作为其参与北极事务的法理和技术基础，同时考量国内在能源与安全方面的压力，主要关注北极科考、航运、能源、环保、核问题、国际法和国际治理等领域。第三，它们对北极事务虽然突出安全关切，但也有商业利益考量。三国都是北约成员，都要履行北约的责任与义务，但英国更关心北极商业利益，法、德则两者兼顾。

上述三国与中国都有着稳定的政治关系和日益密切的经贸关系；英、法也是联合国常任理事国；三国都自视与北极有着重大的利益关系。这一切使之与中国在应对北极问题上有很多相似和相关之处，从而为中国与上述国家在联合国或是北极地区框架内针对低政治北极问题展开合作创造了有利条件。比如在科学、气候、贸易、航运、旅游、生态、环保、知识转移等方面彼此都有很多合作的空间。尤其值得期待的是，如果北极航道开通将降低中欧贸易成本，这对双方来说是进一步扩大贸易合作，实现共赢的良机。

2. 与新观察员国家治理关系

在与新观察员国家的关系中，比较重要的是与韩国、日本和印度三国的关系。它们都是亚洲国家，也是中国的近邻，在北极问题上也有突出特征。首先，它们与北极国家的关系与中国类似，都是《斯瓦尔巴条约》缔约国。其次，它们对非北极国家身份认同有差别。印度一方面不认同非北极国家的定位但不得不接受，另方面也倾向于利益攸关方的身份定位；相比之下，韩国和日本基本默认非北极国家身份。第三，它们对参与北极事务的目标追求存在差异。印度一方面看重北极资源利益，以支持其经济可持续发展；另方面又试图通过联合国安理会框架和《南极条约》样板来实现对北极作为“人类共同遗产”基础上的利益共享，从而实践其“负责任全球大国”的目标。日本则坚持在1982年《公约》的基础上参与北极事务，并认为北冰洋沿岸国划界完毕后明确的公海海域是人类共同财产。韩国与日本类似，承认

1982 年《公约》在北极事务中的基础性作用，并倾向于环境、资源和商业利益。第四，它们对北极的关注领域有共同之处，也有不同侧重。共同之处在于气候变化、科学考察、自然资源、北极航运、海洋物种等；不同之处在于印度更关注大国竞争，而韩国关注食品安全和造船业。

在应对北极问题上，由于共同作为北极理事会观察员身份，中国与三国在本质上都有被北极国家边缘化的倾向。同时，由于各国与北极国家之间并不存在领土（海）主权争议，所以可以有效规避应对高政治问题所带来的安全困境。鉴于各国同处亚洲，中、韩、日又同处东亚，因此各方在应对低政治问题方面应有巨大的合作潜力，比如科学考察、资源开发利用、北极航运、北极旅游、生态保护等多领域。

3. 与欧盟治理关系

欧盟是欧洲发达国家联合体，与北极国家的关系非常密切，远超其他非北极国家。欧盟在北极理事会有三个成员国：丹麦、芬兰和瑞典。除此之外，冰岛和挪威是欧洲经济区成员，后者与欧盟也是近亲关系；加拿大、俄罗斯和美国还是欧盟的战略伙伴。欧盟自认为是北极实体，是北极事务上的利益攸关方；欧盟特别关注生态保护、居民保护、国际治理、北极旅游、可持续发展、监督评估、风险管理和北极战略等领域。欧盟参与北极事务的主要目标是：构建并协调参与北极事务的方法，开启与北极国家合作的新前景，增加共同稳定性，建立环境保护和可持续利用资源之间的平衡。

虽然欧盟与北极关系紧密，甚至不断向北极理事会提出永久观察员资格的正式申请，但是至今未被接纳。究其原因，主要是俄罗斯和加拿大共同反对欧盟成为北极理事会永久观察员。俄罗斯反对的理由是，北极理事会不应该接纳超国家机构；加拿大的理由则是，欧盟曾出台限制加拿大原住民出口海豹产品的禁令。实际上，欧盟针对改变加拿大反对诉求的整改措施已经在进行，有理由相信加拿大会对欧盟的整改措施表示满意，从而改变此前的反对立场。但是欧盟和北约“双东扩”给俄罗斯带来的战略压力想要改变俄罗斯接纳欧盟加入北极理事会则是一条漫长而艰难的历程。

尽管如此，中国与欧盟在参与北极国际治理过程中还是有很多相似诉求的，比如气候变化、科学考察、北极航运、资源开发利用、北极旅游和生态保护等等。尤其是中国已经与欧盟重要成员，如德国、法国和英国，在北极事务上开展富有成效的长期合作，后者必将为中国和欧盟在北极事务上开展合作夯实基础。

4. 对于非北极国家治理关系的评估

从上述分析中可以看出，非北极国家在北极事务上既有共同关切，也有区别诉求。共同之处是各国都关注气候变化、科学考察、自然资源、北极航运和北极物种等低政治问题。不同之处在于英、法、德等国和欧盟还关切高政治问题——北极安全，而中、韩、日、印等国却基本没有此项。须强调的是，由于英、法、德三国都是北约成员，而且欧盟成员与北约成员有太多的交叉，所以它们对北极安全的关切有被外在因素强化的倾向。

若以北极利益为标尺评价非北极国家之间的关系，可以得出以下判断。第一，中国与韩、日、印应属同一类型，其共同特征是：同处亚洲地区，主要关注北极的环境、科研和商业利益。但是这并不意味着四国能够在北极问题上通力合作，因为中国与其他三国中的某些国家双边关系因周边领土（海）争议而导致未来北极合作存在很大不确定性。第二，英国、法国、德国则属于另一类型：它们不仅关注前者，还特别关注北极安全利益。由于不存在高政治冲突，所以中国与此类国家的合作领域依然广泛。第三，由于俄罗斯反对超国家机构参与北极理事会，因此若中国试图与欧盟共同应对北极问题应该兼顾处理好与俄罗斯的关系。第四，两种类型的非北极国家呈现明显的地域特征，即亚洲非北极国家的北极利益趋同，欧洲非北极国家的利益趋同，两类国家在北极问题上没有根本的利益冲突并有较大的利益交叉。因此，中国与其他非北极国家可以进行不同程度的合作。应注意的是，尽管中国与亚洲非北极国家在北极环境、科研和商业利益等领域表现出更加相近的特征，但是要开展合作还必须以稳固的政治互信为基础。鉴于此，中国与欧洲非北极国家在北极事务上没有安全领域潜在冲突，双方在应对北极问题上的合作潜力应比前者更大。

（二）与北极原住民治理关系

北极原住民是对北极国家不同原住民的统称，本质上是由多个具有松散实体构成的集合概念。北极原住民的跨国联合趋势和日益增长的国际影响力已经促使其逐渐成长为北极国际治理中一支独特力量，尤其值得北极利益攸关方重视。鉴于北极原住民既不是主权国家，也不是单独实体，中国与其治理关系凸显独特性和复杂性，因此有必要以前瞻态度将其纳入中国对外政策框架。

中国与北极原住民的治理关系长期处于真空，目前步入了解阶段。究其原因，主要有：双方存在地理相距遥远，历史长期隔绝，文化差异明显，生活习俗迥异，语言障碍明显，国内政策限制等突出问题；北极原住民所在国对其北极能源资源控制严格，客观上降低了原住民组织对能源资源开发的影响力以及与中国接触的机会；个别国家对中国的战略遏制和严格的北极环保政策使中国鲜有机会接触原住民组织；北欧国家因经济规模与能源资源不突出导致中国与当地原住民组织经济交往少。尽管存在诸多历史与现实障碍，中国与北极原住民的治理关系正在发生可喜变化。其中，最具有代表性的是中国与加拿大和格陵兰的原住民的治理关系。加拿大的北极原住民主要指“第一民族”，格陵兰的原住民主要指“因纽特人”。

1. 与加拿大第一民族治理关系

加拿大原住民主要有三类：第一民族（First Nations）、因纽特人和梅提斯人（Metis），总人口100多万[①]。其中，第一民族即北美印第安人后裔，分布在加拿大各省。随着中国与加拿大的政治、经济、文化等多领域的交往，中国与加拿大原住民的关系也逐渐密切起来。本书选择不列颠哥伦比亚省第一民族（简称“第一民族”）与中国的关系作为案例，希望以此勾勒出双方治理关系的基本脉络。

中国经济高速成长的现实和趋势契合了第一民族期望通过“以其能源资源换取中国投资和劳动力”的方式实现自身经济社会发展目标，进而决定了双方治理关系是以经济合作为主，以其他关系为辅。首先，第一民族对中国目标明确，主要涉及多方面：把握中国影响力不断增长的机会；视中国为自然资源潜在投资者，为青年、长者和商业创造文教机会；通过第一民族首领来调整自身政策，以适应潜在中国公司的投资要求；建立双边合作咨询处；为第一民族青年到在中国有办公

① Statistics Canada, *Canada's Aboriginal population in 2017*, Jun 28, 2005, http://www.statcan.gc.ca/daily-quotidien/050628/dq050628d-eng.htm.

点的政府和工业部门实习创造机会。①

其次，与中国交往利益性突出。2010 年，时任中国国家主席胡锦涛访问加拿大，希望中加双边贸易在 2015 年达到 600 亿美元，加拿大总理哈珀也强调深化两国能源资源合作的必要。在发展与中国的商业关系时，第一民族与中国交往的利益性非常明确，即通过与中国公司建立积极关系，充分利用中国快速增长的经济机会，包括旅游、投资和贸易等。在投资方面，2011 年，中石油以 54 亿加元投资于不列颠哥伦比亚省的加拿大能源——恩卡纳（Encana）天然气项目；中国最大的原银生产商——加拿大希尔威金属公司（Silvercorp Metals Inc.）正在不列颠哥伦比亚北方地区开发卡斯卡（Kaska）地区第一民族的高品位银、铅、锌矿项目，并与卡斯卡·戴纳委员会签署了资源筹资协议、传统知识议定书和谅解备忘录；从事向中国出口原木的海岸钦锡安资源公司（Coast Tsimshian Resources）是第一民族在北京开设办公室以寻求经济发展机会的第一个公司；2008 年，不列颠哥伦比亚省（BC）能源与矿业委员会（FNEMC）与中国大型私有矿业公司中川国际矿业集团签署谅解备忘录，双方承诺在早期建立伙伴关系；同年，第一民族林业委员会（the First Nations Forestry Council）、第一民族领导委员会（First Nations Leadership Council）与中国青岛良木有限公司签署意向书，就潜在的经贸合作进行洽谈，建立合作关系。②

第三，双方人员多层次交流不断拓展。在官方层次，FNEMC 代表 2010 年与加拿大驻华大使以及中国驻温哥华总领事梁梳根、中国驻加拿大大使章均赛举行会谈。在商界，FNEMC 代表与中国银行、矿业和林业等领域的相关人士会谈。在教育层次，第一民族大首领爱德华·约翰在北京会见了北京外国语大学的中国跨文化研究协会的主任，双方同意建立正式关系；FNEMC 与浙江农林大学签署谅解备忘录，拟定合作与交流的多个领域，如选派学生来华就读。在民间层次，西北社区大学（Northwest Community College）第一民族雕刻家雕刻了象征力量、康复和团结的图腾柱赠给中国四川北川人民，以纪念那些在 2008

---

① Transforming Relations：First Nations & China，Page 13，http：//www. bcafn. ca/files/documents/BCAFNResolution06g－2011－Attachment_ 000. pdf.

② Transforming Relations：First Nations & China，Page 13，http：//www. bcafn. ca/files/documents/BCAFNResolution06g－2011－Attachment_ 000. pdf.

年大地震中失去生命的中国人。①

第四，第一民族追求与中国实现利益与决策共享。第一民族认为必将受到中国经济影响，因而支持本地区可持续资源开发，并希望通过向中国公司提供必要咨询来创造良好的投资环境。他们已经确定与中国发展前瞻性接触战略，其目标是促进双方协同发展，尤其是中国企业参与加拿大自然资源开发。具体而言，第一民族执行了一项对华“新关系”原则：协调双方差异，在相互信任和尊重的基础上建立持久关系；其重点是在与资源合作领域实现“利益与决策共享”。②

许多中国公司对进入加拿大传统区域非常感兴趣，部分公司在早期就与第一民族社区接触，但其他公司则并不熟悉第一民族所享有的原住民权利。不列颠哥伦比亚自然资源开发的重要前提，根据法律规定，要“咨询和容纳”（consult and accommodate）第一民族，不能损害该权利。许多在加拿大投资生产的中国公司并不清楚第一民族“咨询和容纳”的具体要求，主要包括两方面：原住民权利和条约权利受加拿大宪法保护；第一民族拥有土地与其积极从事传统经济的内在关系。中国投资者第一步应该了解加拿大宪法，它保护第一民族的权利，并在行动前进一步了解“咨询和容纳”的要求。在加拿大，对可能影响原住民的能源资源开发做到“事先和知情满意”（prior and informed consent）。另外，投资方要在信任、尊重和承认第一民族权利的基础上建立合作关系，这是资源开发计划成功的保证。与第一民族建立并遵守协议，才能规避项目风险，包括项目延迟、准入限制、媒体负面报道等。协商内容主要涉及：对计划进行全面坦诚讨论；对影响第一民族社区的计划，要事先获得其“自由、事先和知情满意”（free, prior and informed consent）；协议须符合环境、生态、社会、文化、经济可持续发展和对子孙后代受益等要求；在制定和执行计划过程中要包容本地知识。

第五，双方合作存在突出问题。尽管不列颠哥伦比亚省在战略和原则上欢迎中国投资其自然资源，但是当这种关系发展触及其权利时，

---

① Transforming Relations: First Nations & China, Page 13, http://www.bcafn.ca/files/documents/BCAFNResolution06g-2011-Attachment_000.pdf.

② Transforming Relations: First Nations & China, Page 13, http://www.bcafn.ca/files/documents/BCAFNResolution06g-2011-Attachment_000.pdf.

第一民族的态度往往倾向后者。比如，针对中加两国政府2012年9月签订的《中加投资保护协定》（FIPPA），第一民族认为该协定有损于原住民的资源权利，并向温哥华法院提起诉讼。议员布伦达·塞耶斯（Brenda Sayers）说，议员小组正在寻求禁令，因为中国投资者将最终控制主要资产，比如本地区23.2万公顷的煤。对此，不列颠哥伦比亚省印第安人酋长联盟（The Union of B. C. Indian Chiefs）、安大略省安大略湖和九曲河第一民族的首领也支持该项禁令。[①]由于第一民族的反对，该协定尚未被加拿大议会批准。

2. 与格陵兰因纽特人治理关系

格陵兰人口约5.7万人，其中80%是因纽特人，除了少数受过高等教育外，大多数人教育程度不高，主要以渔猎为生，最大问题是多数人生活相对贫困。由于人口主体是因纽特人，所以格陵兰内部凝聚力相对较高，容易形成政治共识。2010年之前，中国与格陵兰的关系是建立在中国与丹麦关系基础上的；2010年之后，随着格林兰实现自治，这一关系出现了新特点，突出表现在经济领域。

首先，格陵兰由自治到独立的政治追求促使其在资源开发领域引进中国投资。在政治上，格陵兰人长期以来积极寻求自治，这一目标在2008年以全民投票的形式实现。2009年底，《格陵兰自治法案》生效。根据法案规定，格陵兰政府与丹麦政府具有平等的地位。除了保留宪法、国籍、高等法院、外交、防务和安全、汇率和货币政策等权利之外，其他权利均转交给格陵兰自治政府。在经济上，渴望经济独立是能源资源开发的原动力。自治前，财政收入主要依赖渔业和丹麦政府拨款。丹麦政府拨款占其公共支出的一半多，有35亿丹麦克朗（约6亿美元）。自治后，自治政府有权利用其土地上的矿产资源，但丹麦拨款将随格陵兰开发矿产资源获得收入的增加逐渐减少，直至为零。这意味着格陵兰的公共开支以后要逐渐由丹麦政府和自治政府共同承担向由后者单独承担转变。为了摆脱对丹麦的依赖，格陵兰必须实现经济独立，而引进包括中国资金在内的外资开发能源资源就显得

① The Canadian Press, *B. C. First Nation asks court to block Canada - China deal*, Jan 22, 2013, http://www.cbc.ca/news/canada/story/2013/01/22/pol - cp - fppa - china - bc - first - nation.html.

尤为必要。未来，格陵兰政府希望有5～6个成熟的矿产项目得以开发，包括铁、锌和稀土。[1]

其次，经济关系互补进而夯实政治基础。毋庸置疑，中国对全球自然资源的增长需求迎合了格陵兰政府通过利用其矿产资源谋求经济独立的初衷，这种互补性进而成为维系中国与丹麦以及中国与格陵兰之间良好政治关系的基础。尤其在面对排他性竞争者（比如欧盟）时，这一基础就表现出特殊价值。格陵兰首相库匹克·克莱斯特（Kuupik Kleist）表示，与中国及其他投资国相比，欧盟在开发格陵兰高品质稀土矿方面不会获得特别优惠待遇。[2]另外，为了便于引进外来劳工，格陵兰政府已经于2012年12月通过一项法律，允许在采矿业外来劳工的收入低于本国最低工资标准。[3]

第三，众多难题导致中国投资者谨小慎微。目前，在格陵兰投资矿产资源的中国公司仅有几家，包括四川新野矿业投资公司、江西中润矿业有限公司、江西联合矿业等，而且双方合作的进程缓慢。究其原因，主要有以下几方面：首先，中国与格陵兰的语言文化差异明显，中国公司在格陵兰投资既无经验可鉴，也无成功先例可寻。在这种情况下，巨额投资格陵兰令中国公司谨小慎微，甚至裹足不前。其次，格陵兰人口少，适合的劳动力就更难寻。如果引进外来劳工，不仅要调整当地用工制度，还可能对当地社会带来一定影响和冲击。比如美国铝业（Alcoa）计划在格陵兰发展冶金项目，需要引进中国劳工3000人左右。[4] 这一数目已经超出当地人口的5%，如何面对由此带来的挑战和冲击确实需要时日。再次，因纽特人因为狩猎和捕鱼的传统生活方式对环保尤为重视，西方国家更有环保的传统意识，如何平衡资源开发谋利与环境破坏是格陵兰决策者和中国投资者需要慎重考虑和有效应对的重要现实问题。最后，中国公司在格陵兰投资将面临多重竞

---

① Greenland Lures China's Miners with Cold Gold，财新网，2011年12月7日，http://english.caixin.com/2011-12-07/100335609.html。

② BBC news，*Greenland rare earths：No special favours for EU*，Jan15，2013，http://www.bbc.co.uk/news/world-europe-21025658.

③ China Economic Review：*Northern chill*，Jan 17，2013，http://www.chinaeconomicreview.com/northern-chill.

④ China Economic Review：*Northern chill*，Jan 17，2013，http://www.chinaeconomicreview.com/northern-chill.

争和压力，包括商业竞争、政治压力、环保压力和其他压力，如西方媒体的偏见和歪曲、当地舆论的疑虑等等。

总之，虽然格陵兰因纽特人与中国人在政治、社会、语言、文化等方面差异巨大，但国家利益已将双方连结在一起。对前者而言，接触和认识中国将从中国劳工开始；对后者而言，全面深入参与北极国际治理决定了中国投资开发格陵兰不是短期行为，必须可持续。

3. 对与北极原住民治理关系的评估

通过中国与加拿大不列颠哥伦比亚省第一民族和格陵兰因纽特人的案例分析，可以对中国与北极原住民治理关系进行初步评估。第一，北极原住民不同程度面临经济社会协调发展的共同任务，借助中国经济成长实现上述目标则被认为是必要和重要手段。第二，由于存在巨大社会文化差异，双方治理关系很可能会面临长期的磨合和适应。第三，原住民对保护文化传统、特殊权利和自然环境看得很重，中国对此了解很不够。第四，维系与原住民所在国良好的政治关系是与原住民搞好治理关系的必要条件而非充分条件，中国还不善于把握和处理两者之间的矛盾。第五，由于涉及敏感的资源利益问题，双方治理关系往往受到外部关系和政策的强势影响，从而具有复杂的国际政治特征。第六，双方治理关系以经济合作为主，以其他关系为辅。

第四节　中国北极治理特征

从应对跨区域性北极低政治问题看，中国北极治理在理论上应该是以多边治理为主，以双边治理为辅，以其他治理为补充；但从北极国际关系现实看，中国北极治理的基本形式主要表现为“强双边治理+弱多边治理”。鉴于此，讨论中国北极治理的主要特征主要是指双（多）边治理特征。

一、双边治理的特征

（一）累积政治基础，谋求合作双赢

首先，中国与北极国家的双边治理关系是以国家平等和政治互信

为关系基础。这一特点在彼此正式文件中都有表现。比如，2012 年《中俄联合声明》强调，双方将致力于进一步加强平等信任、相互支持、共同繁荣、世代友好，恪守尊重彼此利益和自主选择社会制度和发展道路的权利，互不干涉内政；2011 年《中美联合声明》强调中美“三个联合公报”的政治基础作用，并重申尊重彼此主权和领土完整；2009 年《中加联合声明》强调在相互尊重和平等互利基础上发展长期稳定的合作关系。当中国与北极国家都能遵守上述承诺时，双边治理关系的发展就比较平稳，反之亦然。

其次，中国与北极国家的双边治理关系以合作双赢为重要目标。据中国“2020 目标”判断，中国北极治理关系在 2020 年之前本质上是经济治理关系，即经济利益的目标性远甚于手段性，其出发点和归宿就是合作双赢。从北极治理关系现状看，经济治理关系已经形成基本模式，即“以中国的经济要素（主要是市场、资金和劳动力）换取北极国家的能源资源”。今后一段时期，该模式对双方应有足够的吸引力。对中国而言，要维持经济持续增长必然依靠外部资源的长期而稳定地输入，北极丰富的能源资源是中国实现“2020 目标”不可或缺的选择之一。对北极国家而言，面对世界经济衰退的困境和中国经济逆势增长的现实，从大至美国、小至冰岛都一致认识到借重中国经济改变自身经济困境的重要性和机遇性，都希望通过与中国的合作实现双赢。

（二）大国安全为重，小国经济为先

北极大国（主要指北极核心国俄罗斯与美国；再加上加拿大）与中国双边治理关系突出表现为“安全为重”的特点。这一特征不是源自北极区域关系后果，而是全球关系特征反映到北极关系上。对中美关系而言，尽管中美经贸关系空前紧密，但双方安全疑虑有增无减，难以建立实质性战略互信。双方这种安全疑虑在本质上具有结构性特征，集中表现在美国近年来推出“重返东南亚”和“亚太再平衡”等政策，目的之一就是希望从军事上将中国困于西太平洋“第一岛链”之内。美国绝不愿意看到中国军事舰船像护航亚丁湾那样出现在北冰洋上，尤其出现在楚科奇海和波弗特海上。如果美国亚洲新战略获得成功，那么中美北极合作的难度可能因为美国疑虑降低而减少；反之，中美北极合作的难度可能因为美国疑虑升高而增加。

对中俄关系而言，双方北极合作颇有安全考量。与中美关系相似，俄美关系也具有结构性矛盾。俄罗斯直接面对美国（北约）战略压力来自西（东欧）与北（北冰洋）两个方向。若将中俄视为一体，它面对美国（北约）战略压力来自西、北与东三个方向。从中俄对方立场看，俄罗斯从西、北两方向减轻了美国（北约）对中国的战略压力，中国从东方减轻了美国对俄罗斯的战略压力。简言之，中俄关系在美国（北约）战略压力下越来越表现出战略依靠的倾向与需求。鉴于此，两国战略依赖已成为其他领域扩大与深化合作的真正压舱石。近年来，中俄“全面战略协作伙伴关系”不断丰富，尤其是在上合组织框架内连续性的中俄军演，都在一定程度上反映了世界上最大的两个邻国在日益靠拢，这一切为两国深化北极治理关系创造了有利条件。

对中加关系而言，尽管双边关系近来发展良好，能源资源领域投资合作也有所进展，但双边政治、经济、军事关系依然无法与加美关系相比。长期以来，作为发达国家、北美自贸区成员和北约成员，加拿大在政治、经济、军事等许多重要领域对美国依赖严重，对华关系在很大程度上受制于美国对华战略。不仅如此，加拿大对中国拓展北极利益始终心存疑虑，尤其关注中国对其“视西北航道为内水”的态度。鉴于此，中加北极合作的政治基础并不稳固。

相比之下，其他北极国家与中国的双边治理关系主要特点是“经济为先”。造成这种差异的主要原因在于这些国家基本上没有前者那些挥之不去的安全疑虑，它们更多考虑的是把握北极发展机遇实现环境与经济社会的可持续发展。尽管各国部分人士对中国在北极地区拓展利益也心存疑虑，但它们把中国参与北极治理整体上看成是积极因素而不是消极因素。对它们而言，如何借助中国经济持续增长和巨大市场来发展本国经济比视中国为洪水猛兽更有现实意义。

（三）经济前景可期，参与治理唯艰

从治理现状看，中国正积极构建与北极国家间良好的经济合作环境，中国北极经济治理前景值得期待。无论是北极大国还是小国，无论是核心国、非核心国还是边缘国，中国都尽量与之发展并维系紧密经济关系。比如，尽管中美存有战略疑虑，但双边经济依存关系依然

空前紧密；中俄在能源资源领域明显存在互补性，但两国经贸规模尚未达到令人满意的程度，因此双方对迅速扩大经济合作的潜力尤其期待；中加在能源资源领域存在互补性，并且加拿大正在寻求包括中国在内的新合作渠道以试图摆脱对美国经济的过度依赖，再加上双方政府签署了相关投资保障协议，有理由相信双方以能源资源为代表的合作潜力尤其可挖。中国是其他北极国家在亚洲最大的贸易伙伴和市场。虽然这些国家经济规模相对有限，但它们与中国的政治基础比较稳定，双边经济治理前景较之北极大国有更稳定的预期，对中国经济前景的期待程度仍在不断加深。即使偶生不睦，中国也会展现大国风范而不致双方经济关系受到实质性影响。

尽管中国北极双边经济治理前景可期，但依然充满艰辛。究其原因，中国北极双边经济治理关系始终面临北极多边治理身份边缘化的制约。双边经济治理是中国北极治理应对北极问题的一种实用模式而非全部与理想模式。从北极国际治理趋势看，多边治理是应对北极问题的最佳模式。但是作为北极理事会观察员，中国既没有决策权，也没有否决权，基本上只能被动接受正式成员做出的决定，实质上是只能被动接受北极核心国推动的决策。这类决策在何种程度上能反映中国的北极利益诉求无法期待。鉴于此，中国依赖双边治理模式谋求北极经济目标很可能会面临多边机制上的瓶颈，因而充满艰辛。

二、多边治理关系的特征

（一）全球层次占优，区域层次居劣

联合国及其专门机构制定的公约（或条约）是世界上关于北极治理的最大多边机制。理论上，多边治理关系应有开放性和平等性，应着眼于一种长远和深层的国家间合作。多边治理关系要求国家相互包容，甚至以放弃部分领域私利而以共同利益为存续基础。由于北极暖化、生态保护、资源开发、北极航运等低政治问题越来越具有区域性和国际性影响，甚至连北极原住民问题也越来越具有国际性特征，因此中国作为联合国常任理事国在全球层次多边治理中应对北极问题具有优势。

与之相反，中国在北极区域层次上却明显处于劣势。北极理事会

是北极多边治理的重要平台，在应对北极问题上日益具有权威性。北极理事会对内具有开放性和平等性，对外具有半封闭性。对内体现在北极国家都是正式成员，决策上采用“全体协商一致”原则；对外体现在非北极国家只能通过申请其观察员的方式参与其中，不但不具有决策权和表决权，而且必须接受北极理事会制定的前提规则。北极理事会的“半封闭”特征既让非北极国家整体在参与北极事务上产生被边缘化忧虑，也让崛起中的特殊利益攸关方担心国家利益受损，尤其不利于跨域性和国际性北极问题及时与根本解决。

“全球层次占优，区域层次居劣”的现实使得中国在北极多边治理上难以在不同层次形成有效互动与协同效应。鉴于有效推进北极多边治理的前提是在全球和区域层次均处优势地位，所以如何强化中国在北极区域多边治理关系中的话语权和决策权是提升北极治理地位的根本途径。否则中国在应对北极问题上将处于既难以在现有治理框架下发挥优势，又无法重构北极多边治理架构的被动境地，结果导致中国北极目标面临困难。

（二）效率反差明显，“两常”取代“五常”

在应对北极问题上，联合国及其专门机构和北极理事会作为不同层次多边治理机制缔造者的最大的区别在于效率差异明显。联合国成员目前有193个，北极理事会国家正式成员仅有8个，后者的工作效率在理论上要远高于前者。这方面的衍生案例不胜枚举，比如联合国改革事宜几十年都得不到落实，其主要原因就在于成员众多，意见不一。相比之下，北极理事会的效率则高很多。虽然目前尚不是正式国际组织，但北极理事会2011年达成《北极搜救协议》却令世人对其刮目相看，在区域多边治理层次中的权威性和约束力明显增长。在应对北极问题上，如果联合国及其专门机构效率低下而北极理事会效率相对较高的现实得以扩大和继续，那么双方在北极国际治理问题上的地位很可能会发生变化甚至出现逆转，其后果对中国的处境尤为不利。

变化的端倪是北极理事会显示出部分替代联合国北极治理的潜力。北极理事会的正式成员和永久观察员吸纳了联合国“五常”，但真正起主导作用的不是“五常”而是俄、美“两常”。这种转变有明显降低决策成本并提高效率之功能。简言之，只要俄美两国达成一致，北极理事会的决定就有上升为北极治理机制并且被贯彻执行的可能。与此同时，这种替代性客观上排除了中、英、法“三常”，弱化了联合国所有常任理事国在北极区域治理过程中共同发挥作用，某种程度上使北极理事会在北极问题上具有“准联合国”的功能。换言之，如果联合国在不能迅速提高效率以主导应对日益凸显紧迫性的北极问题，而北极理事会又倾向于出台更多类似《北极搜救协议》的“准约束性”治理机制，那么北极理事会中起主导作用的“两常”很可能会习惯于撇开其他“三常”，直接选择北极理事会而不是联合国作为应对北极问题的主要治理工具。这种替代潜力和倾向很可能进一步弱化联合国在北极问题上的应然主导地位，并从根本上动摇中国坚持的以联合国主导北极多边治理的一贯政治立场和自身在北极国际治理全球层次中的优势地位。如果可能成真，那么中国作为联合国常任理事国的优势地位在北极国际治理过程中将逐渐丧失，从而进一步放大北极区域治理层次被边缘化劣势。该预期虽有不确定性，但值得预警。

第五节　对中国北极治理的评估

对中国北极治理的理性认知涵盖了多个维度的定位，包括北极利益、目标路径、治理特征等。尽管理性认知方式在逻辑上有合理性，但毕竟与中国北极治理的官方政策与现实行为存在距离，因此有必要对中国北极治理的理性认识进行综合评估，以实现理性认知与现实政策之间距离最短之目的。综合评估指标侧重中国北极治理的三方面：目标路径、治理模式和应对能力。

一、对目标路径的评估

中国北极治理目标与路径的选择既合乎逻辑又有现实性。首先，鉴于中国北极治理关系存在诸多失衡，和治路径不可能短期内铸就，因而具有明显阶段性与长期性特征，大体可分为“和治分离”与“和治融合”两阶段。其次，“和谐北极”总目标根据治理主体发展阶段不同需求分成多个子目标具有合理性与可操性。第三，以和治分离为路径符合“和谐北极”阶段性目标的内在规定性。第四，以和治融合为路径符合“和谐北极”总目标的内在规定性。

具体而言，将“和谐北极”总目标以2020年为限转化为重点把握两个阶段性子目标：经济目标和强国目标；两阶段目标的不同侧重是：2020年之前，中国北极治理应以经济目标为主，以其他目标为辅；2020年之后，中国要突出并兼顾经济目标与强国目标，并使两类目标保持动态平衡。和治分离是中国北极国际治理追求阶段目标面临的长期现实路径，和治融合则是中国北极国际治理追求“和谐北极”的终极路径。

二、对治理模式的评估

中国北极治理模式形成了以北极国家和国际组织为主要客体的“强双边治理+弱多边治理”模式。该模式的最大优势在于实用性，省去了因重建一套新治理关系所要付出的巨大成本和由此产生的不确定性，避免了新治理关系失败的风险，但仍有很长的路要走。其中，强双边治理关系主要表现为双边经济治理关系，其基本模式是“主要以中国巨大的经济元素（市场、资金和劳动力）换取北极国家的能源资源”。弱多边治理关系表现为通过全球治理层次的1982年《公约》与北极区域治理层次的《斯瓦尔巴条约》和北极理事会决议等治理机制参与北极国际治理。弱多边治理关系面临“因区域多边准入障碍而导致区域治理近似边缘化，以及全球治理功能难以与区域治理功能形成有效互动”的被动局面。鉴于此，中国北极治理关系在现阶段面临难以改变弱多边治理关系的现实，只能以双边治理关系为主。“强双边治理+弱多边治理”模式在内容上符合2020年之前以经济目标为主的阶段性设计；但不同形式的“中国威胁论”和被边缘化倾向使得中国弱多边治理模式在2020年之后面临更大挑战。

中国北极双（多）边治理模式整体上呈现“多惯性，少创新”特征。“多惯性”主要表现在中国重视双边治理关系，尤其是经济治理关系，并试图以此构建更多双边与多边的良性互动。双（多）边治理模式是中国参与国际治理的共性而非北极治理的个性。“少创新”主要是指北极治理现有模式以北极国家和相关国际组织为客体，而没有针对北极问题进行功能性考量和专门政策设计，明显缺陷是存在治理盲区。比如，北极原住民在北极治理中的国际影响力越来越明显，已经影响到中国在北极的经济利益，但是现有治理模式在机制上没有针对性设计。不仅如此，当北极治理多边功能不健全之时，单纯依靠双边治理关系独撑大局有惰性之嫌。鉴于此，针对北极问题进行功能性的治理机制创新是对现有北极治理关系模式的有益补充。

三、对应对能力的评估

北极治理模式不是针对北极问题进行功能性和系统性的政策设计，而是通过“强双边治理 + 弱多边治理”模式来实现既定目标。因此，评估中国北极治理应对能力的关键在于证明该模式能否既满足中国北极利益不同阶段性目标的需要，又满足应对北极问题的客观需要。

首先，在 2020 年之前，北极治理模式可满足经济目标需要。据前文分析，“2020 目标”决定了北极治理的主要目标是经济目标，相应的治理关系形式是经济治理关系。“以中国的巨大经济元素换取北极国家的能源资源”的经济模式基本满足了中国和北极国家经济社会发展的要求。有理由相信，现有北极治理关系模式对实现北极经济目标具有阶段合理性。

其次，在 2020 年之后，北极治理模式能否满足设定目标存在不确定性，主要由两方面决定：其一，“以中国的巨大经济元素换取北极国家的能源资源”的经济模式具有不可持续性，从而决定了建立在该模式基础上的经济治理关系也具有不可持续性，因为中国的市场规模、劳动力供给和资金状况届时都可能发生较大变化。其二，如果“弱多边治理”的现实依然不能得到较大改观，那么必定不利于设定目标的实现，更遑论实现经济目标与强国目标的动态平衡。

第三，低政治问题既有全球性问题，如北极暖化、生态保护，也有区域性问题，如资源利用、北极航运；还有特殊性问题，如北极原住民。上述问题并非孤立存在，而是彼此相互联系，时有交叉。应对低政治问题必须依靠北极利益攸关方的共同参与的方式，才可能达到预期效果。中国北极双（多）边治理模式本质上应是低政治问题治理模式，但现实只能是国家利益导向而非北极问题导向。在逻辑上，中国的“强双边治理+弱多边治理”模式是北极国际关系与中国北极利益的共同反映，不是及时有效解决北极问题的反映。鉴于此，随着中国全面深入参与北极国际治理过程，中国北极利益定位与应对北极低政治问题的关系应不断密切，中国北极治理模式解决低政治问题的能力应不断增强。唯如此，中国北极治理能力才受欢迎，才不失可持续性。

小结

本章涉及中国北极治理的概念、现状和评估。北极利益、目标和路径等重要概念是研究中国北极治理关系的逻辑起点。从国家利益和国家身份视角将北极利益应定位为经济和强国双重利益：2020 年之前以经济利益为基础；2020 年之后经济与强国利益动态平衡。中国北极治理应以“和谐北极”为终极目标，以和治路径为总路径；总目标分为两子目标，总路径包含分离与融合两阶段。

中国北极治理现状是以“双边治理为主，多边治理为辅，其他治理为补充”；基本模式是双（多）边经济治理：“强双边治理+弱多边治理”；基本内涵是“以中国巨大经济元素换取北极国家的能源资源”。鉴于北极国家资源禀赋及其对华政治基础存在差异，中国双边治理主要表现为“大国参差，小国突出”。中国多边治理优势与劣势并存，但劣势甚于优势。优势主要体现在全球层次，劣势主要体现在区域层次，并且劣势进一步限制优势，进而降低不同治理层次互补与协同效应。对于中国北极治理，扩大与深化双边治理是关键；增加中国对北极多边治理的话语权和决策力是重点；提高联合国应对北极问题的领导力和效率是方向；有选择性加入北极其他多边治理组织是补充。

在基本治理模式之外，中国与非北极国家的北极治理关系尚未形成模式，主要依靠传统双边关系维系。鉴于此，中国与非北极国家在应对北极问题上应有共同语言与合作空间。综合考量，中国的策略选择可以是“先欧后亚，欧亚并举”。中国有必要将北极原住民放到北极治理的特殊层面考量。北极原住民有两面性，一是认同借助中国经济高速成长实现自身经济社会发展的目标，二是对文化传统、特殊权利和自然环境的重视将使中国面临特殊挑战。

中国北极治理模式因为不是针对北极问题的功能性和系统性设计，突出特点是成本低、实用性强。但从长期考察，该模式非北极问题针对性的缺陷或将逐渐显现，因而中国北极治理应与时俱进，不断创新。

发展篇

第五章 ‖ 域外因素的影响与启示

从地缘政治视角观察，能够对北极国际关系产生影响的因素主要有两类：一类是“域内因素”——北极内部地缘政治环境变迁所产生的直接影响；另一类是“域外因素”——北极外部地缘政治环境变迁所产生的间接影响。2013 年底爆发的“乌克兰危机”与 2015 年以来围绕着中国东海与南海主权争端展开的中美博弈都是对北极国家关系产生间接影响的域外因素。鉴于域外因素对北极国际关系造成影响的严重程度和由此带来发展趋势上的不确定性，北极利益攸关方之间、中国与北极利益攸关方之间的关系很可能面临新调整，比如俄美关系、俄欧关系、中美关系、中俄关系等。在北极国际关系调整预期下，中国北极治理模式很可能面临新的挑战与机遇，值得跟进研究。

第一节 域外因素及其影响

作为域外因素，“乌克兰危机”与中美博弈对北极国际关系产生间接影响的根本原因在于危机与博弈的主要参与者涉及北极核心国（俄美）与中国。从国际关系视角看，美中俄三国在相当程度上将决定世界未来发展的走向；从北极国际治理视角看，俄罗斯和美国是北极国际关系的核心国和北极区域层次国际治理机制的最后决定者，中国是北极国际治理尤其是经济治理的积极参与者和潜在贡献者。“乌克兰危机”已经引起俄美关系发生重要变化，并传导给俄罗斯对北极国际关系的安全认知和政策选择；中美博弈的重要后果不仅直接影响中国对美战略与策略调整，而且将间接影响中俄关系调整，甚或影响中国北极国际治理实践。

一、域外因素有异同

既然同为域外因素，俄美因“乌克兰危机”展开的大国博弈与中美围绕着东海和南海主权争端展开的大国博弈虽多有不同，但都与反对全球霸权相关。

（一）相异之处

俄美博弈与中美博弈的最大不同之处是问题产生的根源不同。

“乌克兰危机”的产生有深刻的历史、地缘政治和大国博弈背景。从历史因素看，苏联解体后，乌克兰内部国民差别不但未形成命运共同体，反而成为国内乃至地区政治危机爆发的重要根源和催化剂。从地缘政治看，乌克兰突出的战略地位成为俄罗斯与西方争夺的对象，俄罗斯“并入克里米亚”就是双方争夺的集中体现。美国有人曾认为：“乌克兰是欧亚棋盘上一个新的‘地缘政治支轴国家’，没有乌克兰，俄罗斯就不再是一个欧亚帝国。”①从大国博弈看，由于俄罗斯长期遭受欧盟和北约“双东扩”战略挤压，“并入克里米亚”是俄罗斯对维护其国家根本利益的本能反应，但是此举必然严重刺激霸权神经。

围绕中国南海和东海领土（海）主权展开的新一轮中美博弈也有深刻的历史、地缘政治和大国博弈的背景。从历史因素看，表面上是中国与亚洲某些国家因为历史遗留问题（包括东海钓鱼岛归属和南海断续线认同）争议升级，而美国则以维护所谓海上“航行自由”为借口对中国采用多种手段（尤其倾向军事手段）施压。从地缘政治看，东海和南海对中国的战略地位突出，是中国进入太平洋和印度洋的唯一海洋通道，是中国海洋贸易和经济增长的主动脉。如果中国不能有效维护海洋主权及其权利，那么将直接面对两个战略威胁：东海方向面临被“美日同盟”困于“第一岛链”之内；南海方向面临美国与少数国家组成“准军事联盟”的集团式搅局，并与“美日同盟”形成南北互动、共同牵制之势。与中国类似，该区域对美国维系世界霸权同

---

① ［美］兹比格纽·布热津斯基著，中国国际问题研究所译：《大棋局——美国的首要地位及其地缘战略》，上海人民出版社，1998年版，第62页。

样重要。如果不能及时阻止中国在本区域采取的各种正当行为，美国不但会失信于地区盟友和伙伴国，而且很可能会演变成为美国军事霸权退潮的转折点。从大国博弈看，中美问题的实质是美国以维护“航行自由”为借口，以主权争议国“代言人”与“世界警察”为身份，以直接提供军事威慑与压迫为手段，以推进“亚太再平衡”战略为直接目标，以遏制崛起中国并维护其世界霸权为根本目的。

（二）相似之处

1. 霸权威胁

域外因素的最大相似之处是与反对全球霸权相关，即被美国视为霸权威胁，差别之处在于俄罗斯被视为现时威胁，中国则被视为长期威胁。美国副国防部长罗伯特·沃克称，俄罗斯是美国当前面临的一项主要安全挑战，但是来自中国的威胁可能会更深远和持久。美国陆军参谋长马克·米莱表示，俄罗斯是美国当前面临的最大安全挑战，而中国是美国一个持久的竞争对手，但不是敌人，美中军事对抗并非不可避免。[①]

2. 应对方式

作为霸权威胁和相对弱势一方，俄罗斯与中国在应对方式上都采取了“斗且合作，斗而不破”的策略。“乌克兰危机”令俄罗斯面对以美国为首的西方的严厉制裁，但俄罗斯对西方采取斗争回应的同时并不是关上合作大门。美欧先后对俄罗斯发起经济制裁和军事演习威慑等措施。在经济领域，俄罗斯并非经济强国且金融上过度依赖欧洲，所以制裁对其造成的损失惨重。比如，2014 年，资本严重外逃，能源收益严重缩水，兑美元汇率跌 50%，国内通胀率高达 11.4%，外汇储备不足 4000 亿美元，国际信用评级跌至谷底。为了应对经济挫折，俄罗斯采取了“向东看”战略，即企图以扩大对亚洲经贸关系的方式来弥补西方制裁所造成的损失。在军事领域，俄罗斯与北约（美国）的战略博弈不断升级。北约（美国）已在东欧地区举行多次军事演习，并将大幅增加在东欧成员国的驻军和装备。与之针锋相对，俄罗斯也启动了一系列军事演习。在政治领域，冲突在俄美政治关系中依然占

① 《美副防长：俄罗斯是当前安全挑战 中国威胁更持久》，中华网，2015 年 12 月 15 日，http：//military. china. com/important/11132797/20151215/20940961. html。

主流，但合作倾向已经有所显露。2016 年 3 月，为了协调“叙利亚问题”和“伊斯兰国”问题，美国国务卿克里访俄成为美俄政治关系解冻的重要信号。尽管如此，由于“乌克兰危机”并未解决，所以俄美政治关系短期内难以超越有限合作的范畴。

美国针对中国崛起积极推动“亚太再平衡”战略，中美在东海和南海所展开的大国博弈应视为美国战略实施的一种具体表现，即“联合弱小、孤立中国与军事施压”。鉴于中美关系是世界上最重要的双边关系，双方经济相互依赖空前，尤其是中国现阶段国家利益的本质是经济利益，所以中国采取“斗且合作，斗而不破”的现实策略极具合理性。该策略是中国对美关系的既定之策，已经反映在不同层次。在战略层次，中国致力于与美国构建以相互尊重、合作共赢为核心的“新型大国关系”，主动为崛起大国与守成大国提供和平共处新思路；在经济层面看，中国以建设面向发展中国家为主但不排斥发达国家的开放型“亚投行”和“一带一路”倡议来应对美国排除中国的“跨太平洋伙伴关系协议”（TPP），其重要目的依然是欢迎美国放弃遏制思维，平等加入，合作共赢；在军事层面，中国以军事现代化和发展不对称战略来应对美国日渐增长的军事霸权威慑，目的是奉劝美国军事冲突没有赢家，维系霸权代价奇大；在政治层面，中美建设性合作伙伴关系本质上是一种“突出建设性合作，缺乏战略性协调”的利益关系，中国以新型大国关系替代建设性伙伴关系的重要出发点就是要弥补中美战略协调缺位的现实，推动中美关系由利益型向战略型过渡。

二、域外因素的影响

美国为了维护霸权地位与俄中两国展开地缘政治和战略博弈不仅对大国关系、国际形势和地区局势产生重要影响，而且将影响北极国际关系和北极治理的走向。

（一）对北极国际关系的影响

1. 北极国家“选边”对抗

在北极八国中，美俄是北极国际关系中的核心国。除此之外，丹麦、瑞典和芬兰三国是欧盟成员；美国、加拿大、挪威、丹麦和冰岛五国是北约成员。“乌克兰危机”在一定程度上触动了“后雅尔塔体系”的“美式国际秩序”的根基，也触动了美国“民主价值”的制高点。美国不会轻易接受俄罗斯“并入克里米亚”的行为，“乌克兰危机”已经将俄罗斯放到了美国、欧盟和北约的共同对立面，其他北极国家因为欧盟和北约成员身份也被牵扯在内，最后只能或主动或被动在美俄之间“选边站”。以美国为首的北极国家及欧洲北极利益攸关方对俄罗斯采取主要遏制方式是经济制裁。其中，美国采取不断升级的“点穴式”制裁方式，加拿大是紧随美国对俄制裁的北极大国，欧盟采取与美国跟进的制裁方式。其他北极国家大都对俄采取对抗姿态，瑞典、丹麦、芬兰三国公开谴责俄罗斯，未正式表态的只有冰岛一国。换言之，“乌克兰危机”已经使北极国家基本分为对立的两派，而且泾渭分明。相形之下，俄罗斯成了北极国家中唯一的被制裁者和孤立者。

2. 军事威慑（遏制）上升，合作权重下降

为了应对俄罗斯和中国的“威胁”，美国开出的药方是：谋求对话与合作，以军事科技为动力强化威慑与遏制。[①] 由此判断，美国对俄与对华关系中，合作与斗争（遏制）基本构成并没有变化，变化的趋势是军事威慑（遏制）的权重将增加，合作的权重将降低。正是基于此种方略，北约（美国）在东欧地区展开一系列军事演习，美国在南海破天荒同时部署两支航母战斗群。与美国针锋相对，俄罗斯不仅在西部边境进行军事演习，而且不断增强在北极的军事存在以保卫其北极利益；中国在东海与南海方向都加强了维权巡航、军事存在和军事演习。鉴于此，北极国际关系的发展趋势因为域外因素所引起的高政治军事因素上升或面临拐点：美俄作为北极核心国的合作预期必将被美国对俄罗斯军事威慑（遏制）力的增长所削弱；俄罗斯与北极国家中北约成员的合作将面临类似的遭遇；中国与北极核心国的关系面临新的调整。

（二）对北极国际治理的影响

1. 北极国际治理面临短期困局

美俄北极合作必将因为“乌克兰危机”而降温，或将进一步导致

---

① 《美副防长：俄罗斯是当前安全挑战 中国威胁更持久》，中华网，2015年12月15日，http://military.china.com/important/11132797/20151215/20940961.html。

北极区域治理机制（北极理事会）陷入停滞甚至倒退的窘境。对俄罗斯而言，“乌克兰危机”在一定程度上已经催生出美国及其盟国组成的“反俄联盟”，其作用必然传导至北极国际治理——无论是在北极理事会框架内的合作，还是在俄北极地区资源开发方面的合作。更为重要的是，美欧对俄制裁的范围已经涉及到北极合作领域，对俄欧与俄美北极合作已经产生消极影响。从中期看，俄罗斯将面临以美国为首的其他北极国家的怀疑、孤立，甚至杯葛和对抗。更糟糕的是，一方面俄罗斯在北极理事会的处境将变得孤立无援，很可能会面临更大打击；另方面以美国为首的其他北极国家在北极国际治理中或将形成新的势力范围和政策导向，其后果对俄罗斯极为不利。面对困局，俄罗斯以欧洲为重心的传统“向西看”战略难以为继，寻求有效替代战略，尤其扩大与非北极国家在北极事务上的联系与合作或将成为俄罗斯摆脱北极国家孤立与实现北极利益的现实途径。

2. 中国北极治理面临新机遇

对中国而言，域外因素虽然使中国在东南方向面临美国的军事压力上升，但也为全面深入参与北极国际治理创造了新机遇。俄罗斯的现实困境与“向东看”战略抉择是中国把握新机遇的最大外因。作为联合国常任理事国、俄罗斯的全面战略协作伙伴国、北极理事会永久观察员国，中国在“乌克兰危机”上的立场将影响到与北极利益攸关方尤其是俄罗斯的北极合作。中国在安理会就乌克兰克里米亚公投问题决议草案投弃权票客观上为自己在冲突各方留下最大余地。正因如此，中国与北极利益攸关方之间良好的北极合作环境才得以维持，也就更有利于推进“和谐北极”。但是“和谐北极”应是北极利益攸关方平等参与的过程与结果，不是个别国家霸权治下的过程与结果。鉴于此，扩大并强化与俄罗斯的北极合作不仅是中国北极经济治理面临的新机遇，还是维护北极利益攸关方平等参与的新机遇。

第二节　中俄北极合作重要性凸显

域外因素对大国关系和北极国际关系产生重要影响，中国北极治理面临新的发展机遇，中俄北极合作的重要性凸显。俄罗斯“向东看”

战略并非权宜之计，而是早已有之，“乌克兰危机”只是加快了其进程。“向东看”战略本质上是对俄罗斯以欧洲为重点的“向西看”传统战略的调整和平衡，但绝不是否定。从目前看，俄罗斯“向东看”战略涵盖的国家主要包括中国、日本、韩国、印度、巴基斯坦和越南等国。在这些国家当中，俄罗斯对中国采取空前积极的合作态度。[①] 在俄罗斯“向东看”规划中，中国因其经济总量、双边关系、发展战略与政治影响力而成为合作首选国。在“乌克兰危机”持续之际，俄罗斯迅速与中国签署有关能源、军事、基础设施、高科技等领域一系列重大合作协议，部分反映出俄罗斯对欧美强烈的不信任与平衡心理，以及对亚太市场潜力的信心和期待，尤其期冀“经济之帆”能乘上快速发展的“中国之风”。[②]

一、域外合作夯实北极合作基础

中俄域外（非北极）合作为双方北极合作打下坚实的物质基础，并提供必要经验借鉴。2014 年既是“乌克兰危机”的继续，也是中俄非北极合作的重大突破。双方在多领域签署一系列重大协议，能源和军事合作尤其突出。

首先，中俄取得最大突破的是能源合作。2014 年 5 月，中俄元首会晤《联合声明》中规定，建立全面的中俄能源合作伙伴关系，进一步深化石油领域一揽子合作，尽快启动俄对华供应天然气，以开发俄境内煤矿和发展交通基础设施等方式扩大煤炭领域合作，积极研究在俄建设新发电设施，扩大对华电力出口；[③] 两国政府签署《中俄东线天然气合作项目备忘录》；中国石油天然气集团公司（CNPC）（简称“中石油”）和俄罗斯天然气工业股份公司（Gazprom）（简称“俄天然气”）签署《中俄东线供气购销合同》，期限长达 30 年，总额约 4000

---

① Воскресный вечер с Владимиром Соловьевым, http://russia.tv/video/show/brand_id/21385/episode_id/975763.

② 《习近平访俄“中国之风”吹动俄“经济之帆”》，中新网，2013 年 3 月 22 日，http://www.chinanews.com/gn/2013/03-22/4667700.shtml。

③ 《中俄关于全面战略协作伙伴关系新阶段的联合声明》，中华网，2014 年 5 月 20 日，http://news.xinhuanet.com/world/2014-05/20/c_1110779577.htm。

亿美元。9月，俄方向中方出让万科尔油田10%的股份，标志着中国正式进入俄油气上游领域。11月，双方签署了《关于通过中俄西线管道自俄罗斯联邦向中华人民共和国供应天然气领域合作的备忘录》和《中石油与俄天然气关于经中俄西线自俄罗斯向中国供应天然气的框架协议》，该项目供气规模每年300亿立方米，为期30年，或将在4~6年内开始向中国供气。[①] 10月，《中俄总理第19次定期会晤联合公报》指出："将能源合作视为双边关系的战略领域。双方将加强中俄全面能源伙伴关系"。决定建立副总理级中俄投资合作委员会、中俄经济合作战略性项目高级别监督工作组以及能源领域专门工作组，以加强两国在大项目领域合作的协调能力。11月，中国将参与俄罗斯原油的勘探和开采工作，双方已经启动在中国设立合资石油精炼厂的工作。[②]

其次，中俄军事合作也有重要突破。双方就中国向俄采购部分尖端军事装备达成协议，比如S-400防空导弹、苏-35战斗机、"缟玛瑙"反舰导弹和"亚森"级潜艇等。除此之外，在金融领域，两国签订1500亿元人民币的货币互换和扩大双边贸易中本币结算的相关协议，中方已有多家银行在俄境内开展业务，并就进一步简化本币结算步骤、加强结算能力达成协议。在科技领域，中俄卫星导航系统合作已经启动，并且决定联合研制远程宽体客机和重型直升机；双方还签署《高速铁路发展领域合作备忘录》等。

二、北极合作面临重大机遇

在俄罗斯"向东看"和中俄非北极合作取得重大突破的背景下，中俄北极合作乃至中国参与北极治理都面临发展重大新机遇。

（一）俄罗斯亟需中国参与北极开发

东北航道一直被俄视为经济和安全利益的重要部分。尽管它从来没有成为中俄官方议题，而且两国能源合作目前主要集中在俄远东地

---

① 《中俄签西线天然气协议，年供300亿立方米》，《国际财经时报》，2014年11月10日。

② 《中俄西线输气管道协议接近达成》，新浪网，2014年11月9日，http://gd.sina.com.cn/szfinance/chanjing/2014-11-09/08282398.shtml。

区，但是自俄“向东看”以来，两国对于开发该航道的合作面临重大机遇。2013 年 APEC 印尼峰会期间，俄总统普京建议与亚洲伙伴共同开发东北航道基础设施事宜。他说：“我们邀请亚太地区商业伙伴参加这些项目，比如，参加跨西伯利亚和贝加尔湖——阿穆尔铁路，以及东北航道的大规模现代化建设。我知道，很多亚洲国家都对开发这一交通走廊非常感兴趣。”在西方国家短期内缺席东北航道建设的背景下，中国实际上已经成为俄罗斯实现该目标的最大外部力量。从自身优势来看，能参与东北航道的沿线基础设施、航运、资源开采资金等多个重要领域。

（二）现实价值与战略意义上升

在能源领域，中俄北极合作的现实价值和战略意义都在上升。在现实价值上，俄方国有与私营大型能源企业已与中方国有大型能源企业开展有益合作，前者是俄石油和天然气私营生产巨头诺瓦泰克公司（Novatek）（简称“诺瓦泰克”），后者是中石油。2013 年 3 月，中石油与俄石油签署一项协议，允许中方在位于俄巴伦支海和伯朝拉海的三个油田（包括位于巴伦支海的 Zapadno - Prinovozemelsky 结构；位于伯朝拉海的 Yuzhno - Russky 和 Medynsko - Varandeysky 结构）进行勘探作业。中石油因此成为了俄石油在巴伦支海的第三个外国合作伙伴。[①] 6 月，诺瓦泰克与中石油签署一项由中方获得由其主导的俄北极亚马尔（Yamal）地区液化天然气（LNG）项目 20% 权益的协议，计划未来 20 年每年向中方交付 300 万吨液化天然气。该项目所在的亚马尔—涅涅茨地区（Yamal - Nenets）是全球最大天然气产地，天然气储量约 34 亿桶油当量。[②] 随着俄北极大开发不断推进，中俄北极合作很可能会进一步扩大，从而为双方创造更多的经济利益。在战略意义上，中俄北极合作还有助于俄方提高能源安全，也有助于中方实现油气进口和运输航线多元化，从而确保油气供给和降低对部分战略海道的过度依赖。换言之，中俄开展北极合作不是一方对另一方的祈求或施舍，

---

① 《中石油成为俄油巴伦支海项目合作伙伴》，石油在线，2013 年 3 月 28 日，http://www.chinaoilonline.com/wz/2013 - 03 - 28 - 01 - 43 - 18.html。

② 《中石油入股俄罗斯北极油气项目》，凤凰网，2013 年 6 月 22 日，http://finance.ifeng.com/money/roll/20130622/8155891.shtml。

而是一种互补依存的共赢关系，从而决定了这种合作会走得更远、更好。“乌克兰危机”加快俄“向东看”，令俄方更加清醒地认识到，中俄北极合作是俄北极战略实施过程中的必然选择而非权宜之计。对此，下述观点提供了部分佐证：一是据法国道达尔（Total）首席执行官马哲睿（Christophe de Margerie）所言，“乌克兰危机”已造成部分欧洲银行不愿为亚马尔液化天然气项目融资，从而导致该项目只能更加依赖中国投资；二是中俄合作开发亚马尔半岛也可以进一步借助中国资金发展东北航道及其沿线基础设施。

（三）中国为东北航道通航做足功课

尽管学术界对东北航道对中国的现实与战略价值尚存在争议，但是中国已经完成了考察、试航和科学指导的必要前期准备。2012 年，中国“雪龙”号科考船首次成功穿越东北航道，到达巴伦支海，并沿北极冰帽边缘经白令海峡回国。2013 年，中远集团 1.9 万吨的“永盛”号货轮成为中国第一艘由大连沿东北航道航行至荷兰鹿特丹港的中国集装箱商船。2014 年 10 月，中国正式发行全球首部中文版的《北极（东北航道）航行指南》，包括极地航行的国际公约、规则及沿岸国法律法规、气象条件、沿岸港口等情况介绍，并从船舶适航与船员适任的要素出发，对极地水域航行的船舶规范、船员培训、航行海图图书资料、航线规划与设计、助航设施、冰区航行与操纵、风险识别与应对等在内的基本航行需求做了阐述并提出了建议，从而为中国利用东北航道提供了海图、航线、海冰、气象等全面知识储备，也预示着中国对东北航道已经从考察和试验阶段向实际利用阶段过渡。

除此之外，中俄开发东北航道已经有足可利用的融资平台：金砖国家开发银行（初始资本 1000 亿美元）和上合组织开发银行（资本未定）。上述两平台已在 2015 年成立。除此之外，还有中国主导的丝路基金（中国出资 400 亿美元）和亚洲基础设施投资银行（AIIB）（简称“亚投行”，法定资本 1000 亿美元）两大平台。这些融资平台都具有开放性特征，不仅欢迎俄罗斯加入，而且也欢迎其他北极国家加入，从而更好地为亚洲（包括北极地区）基础设施建设服务。

（四）中国参与上游项目出现契机

对中国而言，参与俄北极开发项目的上游领域一直是禁区。但是在“乌克兰危机”发生后，情况出现转机，使中国参与此类项目面临新的契机。在美国的制裁名单中，俄罗斯的三大能源公司，即俄石油、俄天然气和诺瓦泰克都名列其中。换句话说，在北极地区与俄有资源开发协议的西方能源巨头都面临与俄企终止合作的困境。目前，受到影响的这类国际石油巨头主要有：埃克森美孚（ExxonMobil）、荷兰壳牌（Shell）、挪威国家石油公司（Statoil）、法国道达尔（Total）、英国石油公司（British Petroleum）、意大利埃尼公司（Eni）等多家著名企业。

其中，最突出的是俄石油与埃克森美孚的北极合作已经暂停。美（欧）制裁明确提出：禁止其公司对俄北极、离岸和页岩油项目进行技术转让，以及帮助俄企业开采北极石油、页岩石油或海上油田。美国财政部勒令美国企业必须在2014年9月26日前停止所有在俄的钻井和测试活动。9月18日，埃克森美孚发表声明，将逐步结束与俄罗斯石油公司在俄北极喀拉海的钻油合作项目。其中，计划投资7亿美元Universitetskaya－1钻探井刚刚开始运作。美国有官员对此表示，此举将限制埃克森美孚和西方能源企业在北极深海的页岩油气开发。[①]另据《莫斯科时报》：2011～2013年，埃克森美孚与俄罗斯石油公司达成价值36亿美元的一系列协议，在俄北极及西伯利亚巴热诺夫地区进行多个项目合作，并协议共同参与开采美国页岩气。[②] 西方油气巨头对俄合作的最大价值在于能向俄提供亟需的离岸勘探专业知识和技术。在此情况下，中国作为世界外汇储备最多的国家虽不能在技术水平上与西方能源巨头相提并论，但在投资上必能部分缓解西方突然中止协议所带来的困难。

---

① 焦旭：《美俄北极合作采油暂停》，《中国能源报》，2014年10月6日，第3版，http://paper.people.com.cn/zgnyb/html/2014－10/06/content_1485422.htm。

② 焦旭：《美俄北极合作采油暂停》，《中国能源报》，2014年10月6日，第3版，http://paper.people.com.cn/zgnyb/html/2014－10/06/content_1485422.htm。

（五）北极高铁合作初露端倪

除能源合作之外，中俄非北极地区高铁合作，尤其是中国高铁技术日臻成熟和世界领先，使得中俄北极合作新的增长点初露端倪——北极高铁合作。2014 年 10 月，中俄签署高铁合作备忘录，推进构建北京至莫斯科的欧亚高速运输走廊优先实施莫斯科至喀山高铁项目。根据俄罗斯 2030 年前铁路交通发展战略，俄罗斯有意建设 2 万公里新铁路，其中包括 5000 公里高速铁路。[①] 技术上，中国已经研制出速度最快、技术最高的高寒动车组，尤其能在 -40°C ~ 40°C 之间运行，基本满足北极高寒自然条件需要。[②] 建设北极高铁并与非北极地区高铁线路连通，与俄发展北极经济和实现能源资源出口多元化目标存在较大互补关系，从而为俄建设北极高铁提供了现实条件和科学依据。

2014 年 5 月，中国铁路总公司隧道集团副总工程师王梦恕称：中国正在考虑建造始于中国东北，经西伯利亚，穿越白令海峡隧道（约长 200 公里），经阿拉斯加到达加拿大和美国的高铁。该线路长达 1.3 万公里，若时速 350 公里，则全程仅 1.5 天。[③] 尽管存在资金、环境、政治和安全等多重障碍，但是这条高铁一旦建成，中国东北、俄远东及其临近北极地区、阿拉斯加、加拿大和美国所连成的整个大陆区域或将变成一个新经济圈和增长板块，从而真正体现共建“和谐北极”的中国治理关系目标，并使北极利益攸关方共同受益。

三、理性看待北极合作得失

虽然俄罗斯“向东看”已经对中俄北极合作产生积极影响，但是中国对中俄北极合作的得失应从多视角做理性认知。

---

① 《中俄高铁合作启程 获进入俄罗斯市场许可》，新浪网，2014 年 10 月 15 日，http://news.sina.com.cn/c/2014-10-15/091230991634.shtml。

② 国务院新闻办：《“高铁开进莫斯科” 注解中俄合作逻辑》，2015 年 2 月 13 日，http://www.scio.gov.cn/ztk/dtzt/2015/32566/32572/Document/1394867/1394867.html。

③ 《连接大西洋和太平洋，中巴秘要联手建设“两洋铁路”》，新浪网，2014 年 7 月 18 日，http://news.sina.com.cn/w/2014-07-18/064930539166.shtml。

（一）“向东看”是对“向西看”的调整和平衡

众所周知，俄罗斯对自然资源，尤其是油气出口依赖严重。据统计，俄油气出口收入占出口总额的70%，支撑了50%以上的财政收入，[①] 其财政、经济、政局都有赖于油气出口的良好表现。从出口分布看，俄“向东看”的含金量短期内难以弥补放弃“向西看”所产生的损失。以2012年数据为例，中俄贸易额881.6亿美元，俄欧贸易额4103亿美元，前者不到后者的1/4。尽管中俄政府提出2015年达1000亿美元、2020年2000亿美元的双边贸易目标，但是依然无法与俄欧规模相比。即使经俄罗斯与整个东亚的贸易额（2013年1472亿美元[②]）相比，还不到俄欧贸易（2013年4610亿美元）的1/3。与欧洲市场相比，中国市场及整个东亚市场在短期内都难以使俄“向东看”与“向西看”平衡。鉴于此，如果俄外贸结构不发生重大改变，“向东看”战略无法根本改变其重心在欧洲的现实。

再进一步看，“乌克兰危机”或许只是俄罗斯进行战略调整的加速器而非根本原因，那么俄欧之间的关系终究要回归和平与合作的道路。2014年10月，俄外长拉夫罗夫强调，俄罗斯仍将欧洲人视作自己的合作伙伴。[③] 在此背景下，中国参与俄北极事务应该秉持多赢的立场，适时将中俄双边合作与“中俄欧”三边合作联系起来。

（二）理解俄“向东看”的多元化内涵

对中国而言，尽管俄罗斯现在面临美欧制裁和北约施压，但是中俄北极合作决不能孤立衡量。究其原因，至少有以下四方面。首先，俄罗斯内部对中俄合作始终存在质疑声音，“向东看”不将鸡蛋放到中国一个篮子里是俄罗斯的战略选择。比如，俄罗斯著名政治分析家涅姆佐夫就宣称，中俄扩大合作意味着俄罗斯在极力把自己变成中国的

---

① 《欧盟与俄罗斯能源贸易概况》，《中国青年报》，2014年9月10日，http://d.youth.cn/shrgch/201409/t20140910_5727592.htm。

② 《中国成为俄罗斯2013年最大贸易伙伴国》，中国政府网，2014年10月14日，http://www.hlj.gov.cn/zerx/system/2014/02/14/010631009.shtml。

③ 《俄外长：俄罗斯仍然将欧盟视作合作伙伴》，中新网，2014年10月14日，http://www.chinanews.com/gj/2014/10-14/6678153.shtml。

一个原料地。还有部分专家认为，俄罗斯对中国依赖增加，“会加速俄罗斯经济衰落”。[①] 在缺乏国内共识的情况下，俄“向东看”战略不可能只向中国敞开大门，比较理性的选择就是目标多元化。鉴于此，俄“向东看”的目标还可能涵盖中国之外的其他亚洲国家。对此，中国应从与邻国建立“命运共同体”的大国治理关系出发，持欢迎态度。其次，中俄北极合作还受到两国对历史遗留问题不同认知的影响。再次，中俄北极合作现阶段缺乏必要的北极知识、技术和经验。尽管中国有雄厚的资金对俄北极项目注资，但是中俄两国都缺乏北极高寒环境下资源开发的知识、技术和经验。换言之，资金、知识、技术和经验是开发俄北极资源必要条件，缺一不可。鉴于此，在没有掌握北极资源开发知识、技术和经验的条件下，中俄北极合作需要有开发资质的西方能源公司巨头参与其中。以此衡量，中俄北极合作现实良好状态在很长时间内将是中、俄、欧、美多方参与、合作共赢的局面。最后，亚太地区经济持续高速增长，俄罗斯期望通过开发远东搭上区域经济发展快车，同时增加自己对该地区的影响力。

（三）降低对北极和平与合作的预期

虽然北极理事会框架内的合作卓有成效，但北极核心国在非北极问题上对抗和在北极增兵将降低对北极和平与合作的预期。首先，双方对抗最明显的表现是北约已经将俄罗斯视为重大安全威胁。2014 年 9 月，北约时任秘书长拉斯穆森在北约峰会上称：“俄罗斯对乌克兰的干涉是自冷战以来最严重的安全威胁。”[②] 为了应对威胁，北约已采取实质性行动。2015 年 2 月，北约宣布实行冷战结束以来最大规模增兵行动，把现有北约快速反应部队兵力翻倍，成立 5000 人的先锋部队，在东欧六国（包括爱沙尼亚、拉脱维亚、立陶宛、波兰、罗马尼亚和保加利亚）设置六大指挥中心，以对抗俄威胁。[③] 新秘书长斯托尔滕贝

---

① 《拒当原料附庸国，俄罗斯有声音反对中俄走近》，大公网，2014 年 12 月 12 日，http：//news. takungpao. com/world/exclusive/2014 - 12/2855751. html。

② 《乌克兰危机冲击北约转型》，新华网，2014 年 9 月 7 日，http：//news. xinhuanet. com/world/2014 - 09/07/c_126962099. htm。

③ 《北约增兵东欧 冷战后最大》，大公网，2015 年 2 月 7 日，http：//news. takungpao. com/paper/q/2015/0207/2914974. htm。

格说："对北约重要的事情是强调：俄罗斯应该为违反国际法、侵犯主权、破坏乌克兰领土完整、吞并克里米亚和乌东地区不稳定负责。"①美国防长哈格尔则说，同时应付来自东、南和区外一切挑战是北约未来的责任。② 其次，北约在"乌克兰危机"过程中所扮演的角色从侧面印证了俄罗斯对北极安全的疑虑。面对北约，俄罗斯更有理由对其北极主权争议问题（比如东北航道的国际法地位和罗蒙诺索夫海岭的最终归属等）倾向于运用军事手段。从时间顺序看，俄罗斯早在"乌克兰危机"之前就计划加强对其北极地区的军事控制，北极安全问题始终是俄罗斯加强其北极军事能力根本理由。2013 年 12 月，俄总统普京要求国防部次年必须完成在北极地区的军事力量部署和基地建设，以确保俄罗斯在北极的国家利益和主权。③"乌克兰危机"的爆发和持续实际上进一步证实并加速了普京武装北极的正确判断。2014 年 10 月，俄罗斯防长绍伊古表示，俄罗斯将在 2014 年底对 6200 公里的北极圈边境部署军事力量；12 月，俄罗斯北极战略司令部在其北海舰队的基础上正式开始运作。④ 从北极合作前景看，北约对俄的军事制裁和对峙已经影响到北极国家之间的政治安全互信，势必降低它们进行北极合作的意愿与效能，并可能波及到北极理事会的非北极国家成员。如果"乌克兰危机"将北极理事会由务实合作转变为军事对峙，那么北极和平与开放的大门有可能再次关上。一旦出现上述情况，北极治理将没有赢家。鉴于此，维护北极和平与开放就成为中国实现北极利益的必然要求。

（四）中俄强化北极合作是谋求与北极利益攸关方合作的阶段性特征

从和谐北极总目标与和治根本路径看，中国北极治理必须与所有

① NATO：Doorstep statement by NATO Secretary General Jens Stoltenberg at the start of the meetings of NATO Defence Ministers，05 Feb. 2015，http：//www. nato. int/cps/en/natohq/opinions_ 117173. htm.

②《北约增兵东欧，冷战后最大》，大公网，2015 年 2 月 7 日，http://news. takungpao. com/paper/q/2015/0207/2914974. html。

③ 宋立炜：《俄罗斯增兵北极，极地军事对抗加剧》，《中国青年报》，2013 年 12 月 24 日，第 9 版，http：//zqb. cyol. com/html/2013 - 12/24/nw. D110000zgqnb_ 20131224_ 2 - 09. htm。

④《俄罗斯北极战略司令部正式开始运作》，新华网，2014 年 12 月 2 日，http：//news. xinhuanet. com/world/2014 - 12/02/c_ 127267542. htm。

北极利益攸关方共同合作，而绝不是俄罗斯一国。对中国而言，和平北极环境以及与所有北极利益攸关方进行务实合作是实现中国北极利益的重要前提。从中长期看，中俄强化北极合作不过是中国与所有北极利益攸关方合作的阶段性特征，两者并行不悖。北极核心国虽有交恶，但应属短中期性而非长期性，和平北极环境再次逆转的概率极低。从“乌克兰危机”冲突前景看，虽然制裁、孤立、施压与遏制是美国（北约）对俄政策设计，但美国难以凭此击垮对方，相反在一系列国际热点问题（如伊核问题、“伊斯兰国”恐怖主义、叙利亚问题等）上又离不开对方配合，结果导致美国（北约）对俄政策大打折扣。鉴于此，北极核心国此次交恶好像在暗示，虽然美国痛恨俄罗斯“吞并”克里米亚，但难以因此将其视为不共戴天之敌，只能选择何种相处之道。从长期看，双方关系应该不会坏到没有余地的程度，北极治理面临的拐点依然有回归和平的可能。

第三节　域外因素的启示

域外因素已经间接对大国关系和北极国际关系产生重要影响，并对中国北极治理以重要启示。

一、和平合作终是相处之道

尽管域外因素导致世界主要大国之间、大国与国家集团之间发生非军事对抗（经济制裁）与军事威慑，但是当下的大国博弈并非要回归冷战，甚至打一场热战。究其原因，主要冲突各方利益与矛盾相互交织，缺少冷战与热战的根本理由。对美国而言，俄罗斯并非其战略对手，不可能因此改变既定战略布局，况且一些国际热点问题亟需俄罗斯的协作，将盟友（欧盟和北约）作为前锋，以经济（制裁）和军事（威慑）为手段来迫使俄罗斯就范实属无奈。对欧盟而言，欧俄经济关系相互依赖，经济制裁俄罗斯必是双刃剑，欧盟吞不下长期与俄交恶的苦果；对北约而言，北约内部意见不一是最大障碍，尤其是欧洲成员并不想与俄罗斯在自家门口发生武装冲突；对俄罗斯而言，经济制裁已经令其经济面临衰退之虞，长期经济低迷或将导致“俄罗斯复兴”成为空想，其强大的军事力量有可能变成空架子；对中国而言，美国将中国视为战略对手而非敌人表明双方爆发大规模军事冲突不符合美国根本利益——军事遏制只能是一种辅助手段，而不是国家目标。由此判断，域外因素没有升级到大国武力直接对抗的内在需求与外在条件，回归和平与合作才是全球化背景下国家间和平相处的唯一正途。鉴于此，域外因素带来的大国冲突不具备可持续性，和平与合作终是彼此长久相处之道。

二、远东合作可视为试金石

俄罗斯“向东看”战略的重点是其远东地区（泛指西伯利亚中东部地区），中俄远东合作必须抓住机遇并妥善应对挑战，使之成为中国塑造北极双边治理模式典范的试金石。

首先，抓住中俄远东合作的机遇已是两国政府重要共识。从两国政府制度设计看，俄远东战略规划与中国振兴东北老工业基地战略已经实现良好对接。2009 年，中俄《中华人民共和国东北地区与俄罗斯联邦远东及东西伯利亚地区合作规划纲要（2009～2018 年）》（简称《规划纲要》）标志着中俄远东经济合作实现有效对接。《规划纲要》重点合作项目总共 200 项。其中，俄方承担 89 项，涉及能源、交通、木材加工、采掘业、渔业、农业等传统行业，突出能源及原材料供应功能；中方承担其余 111 项，涉及采矿、电力、木材加工、农产品生产及加工、装备制造等行业，突出重工业优势。从发展构想来看，俄罗斯开发远东试图通过推行土地使用特殊制度、提供税收优惠、提供园区基础设施和公共服务、采用自由关税区的海关程序等手段吸引各类资本。从发展趋势看，中俄未来五年（2016～2020 年）发展的重点是“大型能源项目、客货运输流量、重点基础设施（铁路、公路、机场和码头在内的运输支柱网络）、原料出口等领域”。[①]由此可见，中俄远东近期合作在能源资源、基础设施、农产品和渔业等领域存在较大互补关系，中俄远东合作在俄“向

① 《俄罗斯远东开发三个阶段：从历经百年到真正实施》，中俄资讯网，2014 年 8 月 12 日，http://www.chinaru.info/zhongejmyw/jingmaotegao/29043.shtml。

东看”的推动下应该成为双边合作的典范。

其次，中俄远东合作依然面临部分挑战，应对失当必影响双方合作成效。这类挑战兼有低政治和高政治特征。低政治问题主要涉及：恶劣自然条件、落后基础设施、腐败现象、法律法规缺位等；高政治问题主要指当地部分人士对中国缺乏基本的政治信任。比如，俄部分人士主张，对华合作要适度，应引进东北亚其他国家来平衡中国的影响。加布耶夫就曾直言：“在过去一些年里，俄罗斯对中国企业曾有过不成文的规定，防范中国企业在远东和西伯利亚地区扩大影响，同时冻结两国间在基础设施领域的合作等。”① 卡内基国际和平基金会莫斯科中心主任德米特里·特列宁（Dmitri Trenin）在分析中俄关系面临的挑战时指出，在不久的将来，俄罗斯最大的挑战是中国在远东地区日益增长的影响力。②

鉴于机遇与挑战同时存在，中国对于中俄远东合作应该建立危机预警与控制机制，确保合作始终向着双赢的方向发展。更为重要的是，中国可以实际成效转变俄内部对中俄合作持负面观点人士的态度，为双方包括北极在内的其他领域双边合作累积政治与民间互信。

三、北极合作存在突破领域

中俄北极合作不仅要有试金石，还要有突破领域。从兼顾现实与长远计，能作为现时突破口的领域无疑是能源资源合作，有潜力成为未来突破口的领域是技术经验与东北航道合作。

第一，能源资源合作。

俄北极地区即将成为双边能源合作的一部分，扩大中方与俄能源公司上游项目的合作是中俄能源合作的重要突破口。2013 年，中石油和俄石油讨论在北极、巴伦支海和伯朝拉海洋的大陆架项目进行合作的可能性，特别是 Zapadno - Prinovozemelsky，南萨哈林斯克 Medyskoe

---

① 冯玉军：《俄罗斯经济“向东看”与中俄经贸合作》，《欧亚经济》，2015 年第 1 期，http：//euroasia. cass. cn/news/749238. htm。

② 卡内基国际和平基金会：《俄罗斯、中国和全球力量转移》，2012 年 3 月 12 日，http：//carnegieendowment. org/2012/03/12/%E4%BF%84%E7%BD%97%E6%96%AF-%E4%B8%AD%E5%9B%BD%E5%92%8C%E5%85%A8%E7%90%83%E5%8A%9B%E9%87%8F%E8%BD%AC%E7%A7%BB/aky1。

海的 Russky 和 Varandeyskoe 海的储量。值得注意的是，在 Medyskoe 和 Varandeyskoe 海的石油储量是两个最有前途的，其年生产原油估计达 390 万吨和 550 万吨。2014 年初，俄石油总裁谢钦证实其承诺与中国在北极大陆架进行合作。中俄北极合作提速的重要原因主要有两个：中国能满足俄能源巨头的主要需求——俄石油需要资金，俄天然气需要能源市场多元化；美欧对俄制裁和孤立所产生的压力越来越大。

尽管中俄能源合作前景广阔，但是目前面临部分障碍排除。比如，俄能源公司不愿向中方开放其上游项目（勘探和生产）。2002 年，中国没能参加斯拉夫石油公司私有化竞标进程。俄罗斯当局一直保留对其控制权，并令其在俄罗斯公司的控制之下，而中国企业一直有意获得部分上游股份。在这方面，双方应该从战略高度寻求成功合作的平衡思维。这状况目前有部分改观。2005 年，中石化与俄石油合资开发位于鄂霍次克海的萨哈林 -3 项目的一部分。2006 年，俄石油和中石油合资成立东方能源有限公司，在俄罗斯开发碳氢化合物。2013 年，俄石油和中石油在东西伯利亚的 Srednebotuobinsk 油田再次合作开发。尽管双方在此类合作方面有所突破，但是与世界其他地区相比，中国的参与度还不大。时至今日，俄天然气并没有与中方开始此类合资开发计划。

第二，技术引进与经验借鉴。

在北极高寒地区合作开发能源资源，中国不缺资金和劳动力，但缺乏北极相关技术与经验。与中国类似，俄罗斯也缺乏先进的技术与经验。鉴于此，中俄深化北极合作的共同突破口是要积极引进和借鉴外来先进技术和成熟经验。首先，中国或可成为中俄引进技术与获得经验的良好中介。尽管俄罗斯面临欧美严厉制裁，但是中国并不在制裁之列，完全可以作为第三方向曾经参与俄北极开发的西方能源巨头学习，甚至在恰当时再次邀请它们参与进来。近年来，与俄达成北极合作开发协议的西方能源巨头主要有：埃克森美孚、挪威石油公司、意大利埃尼公司、荷兰皇家壳牌等。[①] 其次，多方参与开发北极更符合

---

① 2011 年，俄石油与埃克森美孚达成一项在喀拉海获得许可证的地区开发的战略合作协议；2012 年，俄石油与挪威石油公司就建立合资公司以开发北极巴伦支海和鄂霍次克海大陆架签署一系列协议；2012 年，俄石油与意大利埃尼公司达成开发巴伦支海大陆架协议；2013 年，俄石油与埃克森美孚吸纳其他七个位于楚科奇海、拉普捷夫海和喀拉海的北极地区具有许可证的领域而扩大合作；2013 年，俄天然气与荷兰皇家壳牌达成北极合作协议。

俄罗斯利益。从俄罗斯的视角看，中俄北极合作并非开发北极的最理想模式。一方面，中俄有缺乏北极特定的技术和经验的共同弱点；另方面，俄罗斯不想对中国产生过度依赖。一旦西方制裁有所缓解，西方能源巨头必将再次参与进来。鉴于如此前景，中国对西方参与应持积极开放的态度，并力求形成一种多方共赢的局面。这种结果也完全符合中国对“和谐北极”的界定和追求。

第三，创造性参与东北航道开发。

东北航道对中国的战略价值不容低估，参与开发东北航道和发展与之相关的航道经济将是中俄北极合作的未来突破口。俄罗斯已经将开发东北航道与发展远东经济紧密联系起来。据乐观估计，东北航道整体货物周转量2020年能达6400万吨，2030年能达8500万吨。2011年，在第二届国际北极论坛期间，时任俄总理普京提到将增加东北航道国际中转作为俄罗斯北极政策的首要任务之一。普京还说：“我们计划把它变成全球关键商业路线。我想强调的是，俄罗斯将其未来视为能够与传统海洋航线在服务成本、安全和质量等方面进行竞争的国际运输动脉。”显而易见，东北航道已经与俄罗斯的国家主权画上“等号”。在此背景下，中国应该利用自身资金和基础设施建设等方面的优势，创造性地参与到东北航道的建设中，比如建立“东北航道建设基金”，或者将中国“21世纪海上丝绸之路”向东北航道扩容，从而将两国发展战略相协调，甚至相融合。此外，为了消除俄罗斯对中国过度依赖的疑虑，中国应欢迎其他北极利益攸关方参与进来，合作共赢。

四、以利益平衡为合作尺度

中俄北极合作的根本目的是增进双方国家利益，双方必须兼顾短期利益与长期利益，终以利益平衡为尺度。中俄对能源市场价格均有战略认知和理性把握，价格波动甚至异动应是常态。2015年以来，国际能源价格不断下跌。从短期利益看，下跌的能源价格可能对中俄北极合作带来负面影响，令北极能源开发不经济。以原油为例，2008年金融危机之前，每桶最高达147美元；到2015年初，每桶最低跌到近40美元。再加上全球金融危机和中国经济回归“新常态”，中国投资开发北极大陆架油气资源变得更加复杂。根据俄罗斯能源咨询公司

RusEnergy 分析师米哈伊尔・克鲁季欣（Mikhail Krutikhin）所言，Prirazlomnaya 钻井石油每桶台上成本是 40 美元，如果每桶油价降到 80～90 美元，该项目将无法盈利。此外，美国“页岩气革命”已经影响到所有正在开发北极大陆架资源的国际能源巨头的计划。2014 年 1 月，荷兰皇家壳牌就因此放弃其钻探阿拉斯加近海沉积物的计划。更为重要的是，中国的主要天然气来源在近期内将以澳洲、中东和世界其他地区为主，而不是俄北极地区。如果国际能源价格不能有效恢复，中俄北极能源合作开发可能面临经济上不可行的后果。但从长期利益看，以石油为代表的化石能源资源在 21 世纪大部分时间里依然是主要需求，北极能源必将扮演重要角色。换言之，尽管国际能源价格短期内因为诸多因素面临过低压力，但石油和天然气价格回归理性只是时间问题。对崛起中的中国而言，石油和天然气早已成为战略资源。中国参与开发北极能源资源，虽应关注短期价格过低所带来的损失，但更应该从战略和长期视角看待北极资源的重要价值，谋求短期与长期的利益平衡，而不为一时得失所误。

五、美国是中国的最大变数

尽管域外因素已经使美国面临东西两线应对的局面，但是美国不仅未改变“亚太再平衡”战略布局，反而在东线加快加大对中国战略压力。虽然同时要遏制俄罗斯和中国，但美国的应对之策有明显差异，部分表明遏制中国已上升为美国头等大事。美国遏制俄罗斯的策略主要有三步：第一步，美国没有因为“乌克兰危机”而改变其全球军事重点在亚太地区的战略。第二步，美国清楚俄罗斯对国际投资的过度依赖和由此衍生的脆弱性，确信运用市场手段制裁就能打到俄罗斯痛处。第三步，美国实际选择假手盟友干预的策略：一方面发挥欧盟的地区领导作用，将其推到最前线，协助乌克兰实施并改进业已达成的联合协议；另方面发挥北约对东欧的军事威慑，从而防止和降低军事冲突扩大。与对俄策略相比，美国加快实施“亚太再平衡”战略的表现目前主要有五步：第一步，东海方向进一步强化美日同盟的遏华倾向。首次明确钓鱼岛是《美日安保条约》适用对象，表明美国对钓鱼岛主权争议态度从不持立场向军事干预转变。第二步，南海方向鼓动部分中国邻国在中美之间选边站，企图以鼓励部分中国邻国与之建立某种反华“准军事联盟”从而达到孤立遏制中国目的。第三步，在南海周边针对中国扩大军事存在，包括增加军事力量，输出先进武器，进行军事演习等，企图以此吓阻中国放弃正当主权诉求。第四步，强化与盟友伙伴关系，扩大地区影响力。美国试图在“美日同盟”与其南海“准军事同盟”之间建立某种联系机制，共同反华遏华；试图拉入与南海争议无关的域外大国（伙伴国）共同对华施压。第五步，保持技术、能力与概念的创新优势，应对中国挑战性风险，主要包括：实验文化机制化，鼓励快速平台演变，开发先进远程导弹，创新导弹防御概念，防卫附加空间系统，发挥美国水下优势，增加太空、网路和电磁战能力等。① 由此可见，美国试图从军事上将中国困于东海至南海一线，使后者无力突破“第一岛链”进入深海大洋，从容实施“海洋强国”战略。

“亚太再平衡”战略的发起者和实施者已卸任，无论美国新总统是否继续此战略，美国欧亚战略布局似乎难以改变。美国的历史经验告知世人，发现合适之敌并坚决打败敌人是美国霸权存续的重要外在条件之一。既然美国将俄罗斯视为现时竞争对手，将中国视为战略竞争对手，那么美国的最大敌人是谁？从大国关系视角看，美国处于有竞争对手却没有敌人的大国时代。鉴于此，美国并没有进一步讲清其所谓的竞争对手与敌人的关系是什么，是否存在由竞争对手向敌人转化的基础条件。“中国威胁论”的倡导者之一米尔斯海默就认为，中国是美国未来唯一真正的潜在对手；② “主张中美 G2”的布热津斯基则认为，中国是理性的，美中应该合作应对国际威胁；奥巴马总统则宣称：“欢迎一个和平、繁荣、稳定的中国崛起”。③ 对于世界霸权的上述说法不能简单认为“口是心非”。更合理的解释是：对于中国这样一个国家崛起，美国没有现成经验可循——他们内心对中国崛起充满焦虑并导致对华制度设计经常出现偏差。

---

① By Michael Green, Kathleen Hicks, Mark Cancian: Asia – Pacific Rebalance 2025 Capabilities, Presence, and Partnerships, An Independent Review of U. S. Defense Strategy in the Asia – Pacifi, Jan. , 2016, https: //www. csis. org/analysis/asia – pacific – rebalance – 2025.

② By John J. Mearsheimer: Getting Ukraine Wrong, March 13, 2014, http://www. nytimes. com/2014/03/14/opinion/getting – ukraine – wrong. html? _r = 0.

③ 《奥巴马：美国欢迎一个繁荣、和平、稳定的中国崛起》，中新网，2014 年 11 月 10 日，http: //www. chinanews. com/gn/2014/11 – 10/6765784. shtml。

作为战略竞争对手，中国北极治理必将受到美国积极推进“亚太再平衡”战略，尤其是在东海和南海提升军事威慑的影响。首先，中国积极参与北极国际治理在美国看来是扩展国际影响力的有利平台，一定程度上会对美国“亚太再平衡”政策产生对冲效应。中国北极国际治理意味着中国不仅要与北极利益攸关方保持良性关系，而且要经常性出入北冰洋，这与美日同盟试图将中国困于“第一岛链”的目标相悖。此外，中国参与北极事务的形式增长（前期是与北极气候变化相关的科学研究，近期是与北极相关的经济关系，现在是国际法范围内的军事巡航）已经触动了美国视北极为自家后院的敏感神经，美国相信中国已经致力于将自己“打造”为北极地区的全方位积极参与者。其次，域外因素或将改变中国参与北极治理的被动局面，间接降低美国（北约）在北极孤立（遏制）俄罗斯的政策设计，进而增加中国应对“亚太再平衡”的权重。中俄关系的提升与双边北极合作的热络，与俄美关系、中美关系的战略博弈形成鲜明反差的事实或令美国认为，中俄关系走近将改变北极国际治理由俄美主导的多边治理模式态势，将改变中国作为北极理事会观察员的边缘化倾向，从而部分抵消“亚太再平衡”战略的对华遏制作用。

域外因素促使美国北极政策面临调整，中国北极治理因此面临不确定性。首先，美国北极路线图面临重新调整；其次，白令海峡将成为关注重点。美国《2014～2030年北极路线图》战略目标包括四个层次：一是确保美国北极主权并提供本土防卫；二是为应对危机和紧急事件提供现成海军力量；三是保卫海洋自由；四是推动盟友与伙伴关系。但是该路线图没有预见到域外因素及其影响，因此需要重新评估。重新评估主要有两方面侧重：一是重新评估俄罗斯北极军事变化的影响；二是阐明美国太平洋司令部在应对由北极到亚洲不断增加的海洋运输中的角色，尤其是针对白令海峡的作用。“乌克兰危机”后，北极地区或将出现两个军事热点地区：一是由格陵兰岛、冰岛、英国所围成的缺口（GIUK）海域；二是白令海峡。前一区域是俄罗斯潜艇活跃区，后一区域是东亚国家穿越北极航道的必经之地。对中国而言，狭窄的白令海峡未来将因为跨北冰洋航运要道而变成战略要点。若北极航道开通常态化，白令海峡的重要性或将类似于马六甲海峡，美国有可能借助地主优势实施更加严格的管控。鉴于此，美国是中国穿越白令海峡的重要潜在制约因素，其影响很可能在两国关系紧张时反映出来。

中美战略竞争促使美国成为中国北极治理的最大外在变数。战略竞争和建设性合作是中美关系基本构成，不仅关乎两国根本利益，还影响全人类共同福祉。如果战略竞争因素在美国对华政策中占优，那么中国将面临更大的战略压力，和平崛起步伐会放缓；如果建设性合作因素占优，那么中美新型大国关系或将由此确立，中国崛起进程很可能加快。换言之，中美协调与合作则共赢，排斥与遏制则双输。从短中期看，中美建设性合作从属于战略竞争。究其原因，美国对全球霸权难以割舍，中国对美国霸权难以接受。在难有交集的情况下，中国寻求与美国建立“新型大国关系”的愿望将面临长期大国博弈与适应过程。鉴于此，中美战略竞争是对“美国是中国北极治理的最大变数”判断的根本依据。从“和谐北极”终极目标看，中美关系应构建相互依赖合作平台而不是相互遏制对冲平台；从中美战略竞争现实看，“和谐北极”目标对北极利益攸关方必然遥远。

小结

域外因素受重视的根本原因有二：与美国维护霸权有关；大国关系变迁对北极国际治理产生重要影响。域外因素产生三大后果：北极核心国相互施以经济制裁与军事威慑，北极军事因素上升，北极多边合作潜力下降；中美战略竞争军事因素上升；中俄战略关系提升，北极双边治理合作潜力增加。域外因素最重要启示是，中俄北极合作面临重大机遇。虽然如此，中国亦应做理性认知：俄罗斯“向东看”是对“向西看”的调整和平衡；“向东看”具有多元化内涵；北极和平与合作的预期在短期内有所降低；谋求与所有北极利益攸关方务实合作是中国治理关系的不变立场。此外，域外因素还有其他启示：和平合作终是相处之道；远东合作可视为试金石；北极合作存在突破领域；以利益平衡为合作尺度；美国是中国的最大变数。

第六章‖推进北方海上丝绸之路及治理建议

在对北极问题、北极治理机制、中国参与北极事务、中国北极治理模式、域外因素影响等相互关联的重要问题进行逐层认知与分析的基础上，有必要进一步探析中国北极治理的推进方向。具体而言，中国应如何把握域外因素所催生的重大机遇谋求更有利的北极治理地位以及实现更大的北极利益？为此目的，本章首先锁定中国未来20～30年推进“一带一路”战略的重大历史机遇，然后结合北极国际关系与北极国际治理发展趋势、中国应对北极低政治问题的优势、中国边缘化的北极身份与北极重大经济关系变迁等诸要素，创造性地将中国北极治理推进方向与“一带一路”倡议相链接。这样设计不仅能丰富“21世纪海上丝绸之路”的内涵，使中国海上丝绸之路战略在整个亚欧大陆形成南北呼应之势，使陆上“丝绸之路经济带”与“21世纪海上丝绸之路”的联系更加密切，还在逻辑与实践上增加对北极治理是中国治理关系有效组成的国际认知。

第一节　推进北方海上丝绸之路

推进“北方海上丝绸之路”既是对中国“一带一路”倡议呼应，也是为中国北极国际治理推进方向开出的药方。简言之，推进北方海上丝绸之路是将北极航道开发利用以及沿途国家共同纳入中国“一带一路”倡议。“基础篇”已说明，当前具备开发利用潜力的北极航道主要有两条：一条是沿俄罗斯北冰洋沿岸抵达北欧的东北航道（俄罗斯沿岸部分习惯称为“北方海航道”）；另一条是穿越加拿大北极群岛到达北美的西北航道。北方海上丝绸之路在广义上不仅涵盖上述两条北冰洋航道，还应包括尚无开发潜力的中央航道。但从“一带一路”倡议设计看，中国战略推进的重心不是北美而是欧亚大陆，因此这里所谓推进的“北方海上丝绸之路”特指“东北航道”。

一、为何推进北方海上丝绸之路

那么为什么要设计推进“北方海上丝绸之路”呢？这是必须首先回答的问题。首先，纳入东北航道后的“一带一路”倡议更趋完整，优势在于对欧亚大陆经济、社会、环境发展体现出最大的关注与包容。如此设计既能使欧亚大陆更多国家受益，也能在海路上增加中国的战略回旋余地并多一次选择与比较的机会。其次，中国与东北航道沿岸国（主要是俄罗斯和北欧国家）将面临合作共赢的局面。对中国而言，中国推进北方海上丝绸之路在很大程度上将进一步深化中俄之间的全面战略协作伙伴关系，增强与北欧北极国家的经贸联系；对俄罗斯而言，霸权压力促使其与中国战略依靠，开发利用东北航道与中国“一带一路”倡议对接符合国家利益；对北欧国家而言，东北航道开发利用既能带来经济繁荣，也能提升沿岸国家战略地位。

推进北方海上丝绸之路战略设计在本质上是对“一带一路”倡议的扩容。实施战略扩容必须具有必要性、合理性与可行性。鉴于东北航道的沿岸国主要是俄罗斯，所以俄罗斯的态度是中国实施战略扩容的重要前提。

（一）推进北方海上丝绸之路的必要性

实施战略扩容的最大必要性在于有利于完善“一带一路”倡议。首先，“一带一路”倡议线路设计理论上单一，实践中存在不足。“一带一路”路线图可抽象为水陆封闭而成的近似矩形。矩形设计的战略优势在理论上具有单一特征，即陆（一带）海（一路）连成单一回路，战略上构成唯一互动与互补之势。此外，该设计在实践中尚存不足：只要陆海两方向存在一个重大障碍，矩形设计就难以联成回路，互动与互补优势将难以发挥。结合当前地缘形势看，矩形设计明显面临两大障碍：一是陆路障碍，即中东“伊斯兰国”（ISIS）的存在与打击“伊斯兰国”活动对中国战略实施的共同干扰；二是海路障碍，即

“域外因素”之一对中国“21 世纪海上丝绸之路”倡议实施的影响。鉴于此，将东北航道纳入“一带一路”倡议在理论上具有弥补矩形缺陷的重要功效，即将“矩形”结构变为“太极”结构。

其次，太极结构提升“一带一路”倡议优势。将东北航道纳入“一带一路”倡议（即战略扩容）后的“一带一路”轮廓隐现“太极”结构。太极结构在理论与实践中均表现出优于矩形设计的突出特征。在理论上，太极结构的优势突出表现在三方面：一是太极结构具备多回路数量优势——包含三个矩形组合；二是太极结构内部互动与互补关系具备数量优势——存在三对关系，即任意一条线（粗线、细线和虚线）都可与其他两条线形成互动与互补关系。在实践（地缘）中，太极结构的优势突出表现在两方面：一是现有“一带一路”倡议若以亚欧大陆为视角，视野并不开阔，缺少对北冰洋方向的关注，而太极结构恰恰能弥补此缺失；二是矩形结构短期内无法消除安全环境障碍，而太极结构的经济与安全价值较之前者明显上升。

第三，太极结构为“一带一路”倡议提供思维路径。“一带一路”战略扩容不仅提升了战略设计结构，更赋予实现目标的方法论——太极思维。简言之，太极思维是对“万物通过对立统一的阴阳互动，达致某种动态平衡（或和谐）”的特定认知和主动效仿。它融合道、儒、释等多家学说，试图揭示宇宙运行规律，称得上中华文化与智慧的菁华。在现实中，太极思维的典型应用是太极拳。习练者通过长期练习，不仅实现强身健体、延年益寿之功效，而且或可体验“身心合一”甚至“天人合一”之境界。太极拳强调对“形神化一、动静有序、虚实结合、刚柔相济”等相对理念的应用，实战中尤其讲求“以静制动、以柔克刚”，突出特征是“整体、共生和圆道（运动）”。研究“平衡（和谐）、整体、共生、圆道”与“一带一路”倡议的三大共同体目标（即利益共同体、责任共同体和命运共同体）的关系发现，太极思维为实现“一带一路”目标提供了重要方法论。太极思维的价值主要体现在提供三大理念：给予涵盖亚、欧、非大陆在内的国家战略的整体与共生的认知理念；给予国家战略在推进方式上须采取与“和谐北极”相一致的和谐与平衡的政策理念；给予国家战略实施过程中应对已经和或将面对的各种障碍和不确定性因素的实战理念——以静制动、以柔克刚和圆道运动。

第四，与战略扩容直接相关的开发利用东北航道对俄中两国都有必要性，并已成为各自重大国策。对俄罗斯而言，开发“北方海航道”是发展其北方尤其是远东经济的必要条件和根本手段。“实践篇”已详细阐明，这里就不再赘述。对中国而言，开发东北航道首先具有战略必要性，其次才是经济必要性。所谓战略必要性是指中国开发利用东北航道具有降低对马六甲海峡严重战略依赖，实现国际航道多元化目标；所谓经济必要性是指该航线对现有海洋航线具有缩短航程的重要特征，从而对中国与西欧贸易带来时间和成本方面的重大利好。

（二）推进北方海上丝绸之路的合理性

哈马贝斯认为，从知识与理性的关系判断，合理性取决于它所体现的知识的可信性。从国际治理视角看，知识的最大可信性源于全球范围具有最大公信力的国际治理机制，比如 1982 年《公约》。鉴于此，推进北方海上丝绸之路的合理性可以理解为：开发利用东北航道须以遵守 1982 年《公约》为前提，以平等服务 1982 年《公约》缔约方与北极利益攸关方为目的。根据 1982 年《公约》规定，所有国家（包括沿海国和内陆国）的船舶均享有无害通过领海的权利。虽然俄罗斯对东北航道的国际法地位与其他国家尚存在争议，但俄罗斯作为 1982 年《公约》的缔约国不可能否认和剥夺其他国家船舶的“无害通过权”。鉴于此，中俄合作开发利用东北航道的最大合理性就是源于共同遵循 1982 年《公约》，依约办事。

（三）推进北方海上丝绸之路的可行性

从内部条件看，中国已经具备将东北航道纳入“一带一路”倡议的基本动力——技术与资本。在技术层次，中国对东北航道已经从考察和试验阶段向实际利用阶段过渡。2012 年，中国“雪龙”号科考船首次成功穿越东北航道，到达巴伦支海，并沿北极冰帽边缘经白令海峡回国。2013 年，中国“永盛”号集装箱商船首次由大连沿东北航道航行至荷兰鹿特丹港。2014 年 10 月，中国正式发行全球首部中文版的《北极（东北航道）航行指南》，为中国利用东北航道提供了海图、航线、海冰、气象等全面知识储备。在资本层次，与“一带一路”相关的融资平台可以参与俄罗斯“北方海航道”的开发、投资与运输。

截止 2015 年，已经成型且可为我所用的融资平台有：丝路基金、亚投行、金砖国家开发银行、上合组织开发银行等。

从外部条件看，将东北航道纳入“一带一路”倡议日臻成熟。主要表现在五方面：第一，经济上具有成本优势。东北航道在连通中欧方面比传统海洋贸易航线（亦即“21 世纪海上丝绸之路”）缩短约三分之一，从而节省大量运输和时间成本。第二，中俄项目正寻求对接。俄罗斯“北方海航道”大开发必将引发沿线地区基础设施建设和能源资源大开发，该项目可在众多领域，如能源资源、基础设施和互联互通等领域，与“一带一路”有效对接。第三，地缘政治变迁催生战略需求。域外因素使北极地缘政治发生向着中俄共同开发北极资源的方向发展，将东北航道纳入“一带一路”倡议存在满足俄罗斯“向东看”的战略需求；在美日同盟搅乱南海局势加大对华施压之际，中国实施将东北航道纳入“一带一路”倡议必将吸引美日的注意力，从而成为转移南海（及东海）方向压力变动力的可用之策。第四，对外可催生战略压力。将东北航道纳入“一带一路”倡议对排斥“一带一路”建设，尤其是地缘临近且严重依赖海洋贸易的国家将产生更大战略压力。

东北航道目前已经实现季节性（夏季）通航，为进一步开发利用该航道累积了经验和条件。但是从目前看，中俄共同开发利用东北航道的能力尚不充分，使得开发利用东北航道的可行性依然存在隐忧。前文已述，开发北极资源需要必要的环境、人力、物力、财力、经验、技术等条件。对中俄而言，经验和技术或是开发北极航道的短板。尤其在俄罗斯强化北极生态环境保护的前提下，中俄合作开发东北航道面临这方面的难题将更加突出。但是该问题并非无解，比如拥有技术与经验优势的欧美石油巨头在北极都有现实利益存在，如果中俄北极合作得以深化并后来居上，很可能会严重冲击相关巨头的北极利益，从而冲击它们的北极政策，最终迫使其以可接受的方式再次加入进来。

综上所述，推进北方海上丝绸之路基本具备必要性、合理性与可行性。但三要件的实际表现并不均衡，可行性部分显示出部分能力不足的迹象。虽有瑕疵，但并非不可克服。既然是战略依赖基础上的合作双赢之举，中俄都应知难而进。

二、何时推进北方海上丝绸之路

一项为期20～30年的国家发展战略不可能做到事前完全的预知，很可能要根据环境变化不断调整和修正。有理由相信，推进北方海上丝绸之路的时间窗口已经开启。第一，中国已经开始推进“一带一路”倡议，现在推进北方海上丝绸之路是对前者的有益补充和完善。第二，中俄关系在外部战略压力的推动下已发展到新的时间节点，中俄合作越来越具有战略与经济需求双重特征。第三，开发利用东北航道符合两国发展战略设计，尤其符合俄罗斯“向东看”的政策推进方向，双方完全可以将其打造为合作新样板。第四，中国对东北航道已经由考察阶段转变到研究阶段，初步具备开发利用东北航道的基本技能。第五，作为“一带一路”倡议的一部分，开发利用东北航道不可能一蹴而就，需要长期投入和摸索，且理应与前者同步推进。

东北航道通航的时间在很大程度上取决于全球尤其是北极暖化的速度与趋势是否发生重大变化。尽管北极升温速度是全球平均速度的两倍，但是科学家依然没有对北极气候变化形成权威共识。最近有科学家甚至预测2030年左右地球很可能步入“小冰河期”，同时人类活动与地球气温上升的因果关系，以及北极冰川融化的速度和日益变薄的海冰现实都在指向相反的结果。2016年2月，由于全球暖化，北极冬季海冰面积达到1979年有记录以来最低面积（1452万平方公里）①。尽管存在不同观点和判断，但推进北方海上丝绸之路宜早不宜晚，不应过度迟滞于现有“一带一路”倡议推进。

三、如何推进北方海上丝绸之路

从中国北极治理视角看，推进北方海上丝绸之路可尝试做：

（一）设立国家级专门领导小组

在战略设计上，推进“北方海上丝绸之路”必然是中国“一带一

① 《北极海冰受全球暖化影响 面积连2年创新低》，中国新闻网，2016年3月29日，http：//www.chinanews.com/gj/2016/03－29/7815800.shtml。

路”倡议的重要组成部分，必将融入后者而成为一个整体。因此，对于推进该战略不必单独成立专门领导机构，可以直接将其纳入中国现有的“‘一带一路’建设工作领导小组”。

（二）建立联合研究小组

在推进该战略之前，有必要首先在中俄官、学、研之间寻求共识，并在此基础上建立两国联合研究小组。该小组将在1~2年内完成并提交完整的可行性研究报告。这里所谓完整至少应包括生态保护、航运规则、技术适用、成本收益、风险应对和原住民权益等多个领域。

（三）促进与现有合作项目有效对接

鉴于中俄之间已经签订执行许多重大项目，比如油气、高铁和军事，因此联合小组在制定“北方海上丝绸之路”配套项目时可以与既有项目实现有效链接作为优先选择。这样做可以充分利用现有资源，使得投入最小，产出最大。

（四）确定联合开发基金来源

中俄在推进“一带一路”过程中已经建立起多个融资平台，比如亚投行、金砖国家银行等。此外，还有中国自己建立的丝路基金。如有必要，可以尝试建立“北方海上丝绸之路”专项投资基金。总之，可以通过多个渠道为该战略的实施筹措资金，这对中国而言应该不是个难题。

（五）建立吸引利益攸关方参与的共同机制

当然，“推进北方海上丝绸之路”是“一带一路”倡议的组成部分，那么其参与方式也应该延续后者开放的特征。换言之，中俄开发利用东北航道的规则应该是公开的，即欢迎利益攸关方以特定的方式参与进来。前文已多次表明，开发利用东北航道并非中俄两国就能成功完成的事业，尤其在技术和经验上需要特定利益攸关方的参与。对此，中俄应持开放与欢迎的态度，建立起吸引利益攸关方参与的共同机制。

第二节 国际治理建议

强化北极国际治理的多边治理模式应是中国北极治理面临的重要课题和长期挑战。推动北方海上丝绸之路既是将东北航道纳入“一带一路”倡议的整体考量，也是为中国强化北极多边治理模式提供新的思路与养料。推动作为国家战略任务与治理模式创新平台的北方海上丝绸之路，中国在对外政策上可以参考以下建议：

第一，慎用硬实力，善用软实力。约瑟夫·奈将综合国力分为“硬、软”实力。硬实力是指支配性实力，如基本资源、军事力量、经济力量、科技力量等；软实力是指精神性力量，如国家凝聚力、文化和意识形态方面的受认同程度等。单独依靠硬实力或软实力可能是错误的，问题的关键是如何搭配使用。对中国而言，虽然中国在权力政治中具备运用实力外交的能力和资本，但是两个条件决定了中国北极治理上应秉持“慎用硬实力，善用软实力”：一是中国与北极国家之间不存在领土（海）主权纠纷，不存在依靠硬实力捍卫主权的前提；二是硬实力只能作为自卫和维护北极和平的手段使用。

第二，强化制度（机制）建设。鉴于北极国际治理已是大势所趋，无论情况如何发展，中国既不能游离于外，也不可自创一套新机制，只能以适当的方式融入。中国推动北极国际治理制度（机制）建设应集中解决两大问题：如何提升和维系联合国在应对北极问题上的主导地位并提高效率？如何更多方位融入北极区域治理层次并提高影响力？另外，除了遵守现有北极治理制度规范外，中国应积极通过与北极利益攸关方的互动建立适用于应对北极问题的新制度规范。现有北极区域层次治理制度（机制）基本上是北极核心国主导下的产物，其狭隘性和私利性不可避免。作为重要北极利益攸关方之一，中国有推进北极国际治理变革的责任和能力，可以寻求实现北极利益攸关方最大范围的利益平衡。鉴于此，“遵守、创制、主导”规范应该是中国强化北极制度（机制）治理关系的三部曲。随着国力增强，中国有向北极地区提供与国力相适应的公共产品的责任，这是作为负责任大国参与北极国际治理必须付出的代价。

第三，拓展公共外交。无论国人多么不喜欢，“中国威胁论”必将伴随中国崛起的全过程，也必将伴随中国北极治理的全过程。作为应对方式，拓展公共外交是中国重视官方北极治理而忽视非官方北极治理的现实纠正与有益补充。中国北极治理拓展公共外交的目的就是要让国际（尤其是北极）公众正确认知中国北极治理行为与愿望的真实，逐步改变对中国的片面和虚假看法。为此目的，中国要由内而外构建良好舆论环境：一方面通过公共外交，创造友好和平的氛围，减轻甚至消除国际公众的误解和敌意；另方面也要努力弥补缺陷和不足，如增强环保意识和减少资源浪费等。因为公共外交具有长期性和高投入的特点，中国在北极实施此类政策需要从长计议和坚持不懈。当然，公共外交不是消除“中国威胁论”的万灵药，要做好北极公共外交还需要明确以下几点：首先，中国的北极利益理论上包括经济利益和强国利益，而非霸权利益。经济利益的实现方式是以合作双赢为特征的经济治理关系，强国利益的实现方式是全面深入参与全领域北极国际治理。其次，中国经济、北极经济与全球经济已经紧密联系在一起，中国经济受益于这种联系并带动北极经济和全球经济的发展是不争事实。虽然中国需要从世界获得更多资源，但也向世界输出了大量相关商品。由此观之，北极资源不是中国独享，而是与世界共享。再次，中国北极国际治理应承担与国家发展阶段和身份地位相当的责任，包括维护北极和平、提供国际救援、稳定北极经济、推动北极治理等等。最后，中国北极国际治理的终极目标是“和谐北极”，根本路径是和治，两者都有明显的长期性与曲折性。

结　语

从国际治理视角看，中国并没有针对北极问题形成问题导向的北极治理模式，更多是以传统外交关系（双边外交与多边外交）为基础反映在北极国际治理上的“强双边治理+弱多边治理”模式。造成这种治理模式的根本原因在于中国的非北极国家和北极理事会观察员身份所造成的边缘化北极地位与中国积极参与北极国际治理、追求北极利益的预期之间存在落差。从北极国际治理看，中国北极治理的理想模式应该是“以多边治理为主，以双边治理为辅”。基于此，笔者不仅回答了“中国北极治理如何应对北极问题才符合国家利益”这一根本问题，而且创造性地提出了中国可以将东北航道作为“北方海上丝绸之路”纳入“一带一路”倡议，从而将中国北极治理与中国宏大国际战略在设计上融于一体，并形成容纳整个欧亚大陆、架构丰满的“一带一路”倡议。

通观全篇，主要得出六个基本结论：

第一，北极问题兼低政治和高政治性质，中国的国家身份和国家利益指向与北极实际身份相矛盾，北极国际治理机制对北极问题的整体覆盖和缺乏实效等三重因素，共同决定了中国北极治理的主要目标是低政治而不是高政治问题。此外，科学考察已成为中国参与北极事务的楔入点，而中国北极治理目标则具有阶段性和双重性。

第二，北极国际治理机制的特点要求中国北极治理既要强化北极区域层面治理机制，尤其是提升对北极理事会的参与度和影响力，又要强化全球层面治理机制，提高联合国及其专门机构在应对北极问题上的领导力和效率。

第三，中国北极治理“无战略，有策略”的选择具有阶段性而不具有长期性价值。中国应尽早确定北极利益并优化北极身份从长期看更具有合理性，而量身打造的北极战略将因此变得不可或缺。

第四，在逻辑上，“和谐北极是终极目标，和治是根本路径”的定位契合了中国北极治理主要应对低政治问题的根本需要。在实践中，中国北极治理没有针对北极问题的功能性和系统性专门设计，而是对外政策传统在北极事务上的自然延续，表现出“以双边治理为主，以多边治理为辅”的特征——应对北极问题存在盲点，比如北极原住民问题；在形式上，中国北极治理突出经济导向；在目标上，表现出“以巨大经济因素（市场、资金与劳动力）换取北极国家的能源资源”倾向。根据评估，2020 年之前，中国北极治理模式可以适应中国和北极国家经济社会发展的阶段性需求；2020 年之后，中国模式的适应性则存在明显不确定性。

第五，国际格局、政治互信和资源互补是决定中国与北极核心国关系的主要因素。中俄全面战略协作伙伴关系的内涵已经从“利益共同体”向“命运共同体”过渡。这种变化对中国参与北极事务具有重要意义，应从战略高度推进与俄罗斯在北极事务上的务实合作。相比之下，美国因为积极推进“亚太再平衡”战略和域外因素对华军事遏制倾向提升而成为中国最大的外在不确定性因素，由此或成为中国参与北极国际治理的最后和最大障碍。与北极核心国家相比，决定中国与其他北极国家关系的关键主要是经济因素。

第六，域外因素使中俄战略依赖提升，使中俄北极合作潜力扩大。中国北极治理的重点应该是抓住俄罗斯“向东看”的契机，以“远东开发”为突破点，将以开发利用东北航道为内容的“推动北方海上丝绸之路”纳入“一带一路”倡议。这样做不仅丰富“一带一路”倡议内涵，还可实现中俄发展战略对接，尤能加快双方由“利益共同体”向“命运共同体”过渡的步伐。为此目的，中国北极治理可以把握三条建议：慎用硬实力，善用软实力；强化治理制度（机制）；拓展公共外交。

最后，提供几个后续研究视角。第一，如何认识和把握中国北极治理由无战略到有战略的转变时机？第二，如何借助中俄北极合作提升中国北极治理地位？第三，中国推动北方海上丝绸之路将面临何种机遇与挑战？

‖附录

《斯瓦尔巴条约》

1920年2月9日，挪威、美利坚合众国、丹麦、法国、意大利、日本、尼德兰王国、大不列颠与爱尔兰联合王国及海外领、瑞典等国在巴黎签署关于《斯匹次卑尔根条约》

美利坚合众国总统、大不列颠与爱尔兰及大不列颠海外领国王陛下与印度皇帝、丹麦国王陛下、法兰西共和国总统、意大利国王陛下、日本天皇陛下、挪威国王陛下、尼德兰女王陛下、瑞典国王陛下：

在承认挪威对斯匹次卑尔根群岛（包括熊岛）的主权之际，渴望见证上述区域拥有公平制度，以确保其发展与和平利用之目的。

为此目的达成条约，任命各方全权代表：

美利坚合众国总统：美国驻巴黎特命全权大使——休·坎贝尔·华莱士先生；

大不列颠与爱尔兰及大不列颠海外领国王陛下与印度皇帝：驻巴黎特命全权大使——尊贵的德比伯爵、嘉德勋位爵士、维多利亚大十字勋章爵士、蓟花勋位；以及，

加拿大自治领：联合王国加拿大高级专员——乔治·哈尔西·珀利爵士，圣迈克尔和圣乔治高级勋爵士；

英联邦澳大利亚：联合王国澳大利亚高级代表——高贵的安德鲁·费舍尔；

新西兰自治领：联合王国新西兰高级代表——高贵的托马斯·麦肯

齐爵士、圣迈克尔和圣乔治高级勋爵士；

南非联邦：联合王国南非执行高级代表——大英帝国勋章获得者雷金纳德·安德鲁·布兰肯贝尔格先生；

印度：尊贵的德比伯爵；嘉德勋位爵士、维多利亚大十字勋章爵士、蓟花勋位；

丹麦国王陛下：丹麦国王陛下驻巴黎特命全权公使——赫尔曼·安克·伯恩霍夫特；

法兰西共和国总统：总统枢密院外交部长亚历山大·米勒兰；

意大利国王陛下：王国参议员——尊敬的马焦里诺·费拉里；

日本天皇陛下：日本天皇陛下驻巴黎特命全权大使——松井先生；

挪威国王陛下：挪威国王陛下特命全权公使——威德尔·亚尔斯贝格男爵；

尼德兰女王陛下：尼德兰女王陛下驻巴黎特命全权公使——约翰·伦敦先生；

瑞典国王陛下：瑞典国王陛下驻巴黎特命全权公使——厄伦斯瓦德伯爵；上述代表经函告其全权及确认无误后达成以下条款：

第一条

缔约方保证承认，服从本约之规定，挪威对斯匹次卑尔根群岛（包括熊岛）享有完全主权，上述岛屿位于格林尼治东经 10°～35°之间，北纬 74°～81°之间，尤其包括西斯匹次卑尔根、东北陆地、巴伦支岛、爱奇岛、希望岛、查理王子海角，以及所有附属大小岛屿与岩礁。

第二条

所有缔约方船舶与国民在第一条规定之领土与领水内平等享有渔猎权。

挪威可自由维护、采用或颁布适当措施以保护与重建（如果必要）上述地区的动植物及其领水；明确的是，这些措施总是平等适用于所有缔约方国民而没有任何豁免、特权或偏爱，不直接或间接对任何一方有利。

根据第六条和第七条之规定获得承认的土地占有者的权利将在其土地上享有狩猎专用权：（1）在符合当地警察条例规定的情况下，出于开发所有权之目的，在其居所、住宅、商店、工厂和设施的附近所进行之建设；（2）围绕其营业或工作总部 10 公里的半径内；上述两种情况总是服从遵守挪威政府依据本条条件所定规则。

第三条

缔约方国民有出于任何原因或目的平等自由通过或进入第一条规定区域的水域、峡湾和港口；只要服从遵守当地法律法规，他们可以在绝对平等的基础上无障碍从事所有海洋、工业、矿业和商业业务。

根据同样平等条件，他们在陆地和领海运营海洋、工业、矿业或商业企业之权利将被承认，并且不因任何原因或为任何企业建立垄断。

尽管存在与挪威国内生效的沿海贸易相关的规则，缔约方往来于第一条规定区域的船舶有权在出或返航途中为了往来上述区域的乘客或货物上下船或其他任何目的而驶进挪威港口。

普遍认为，在各方面，尤其与出进口和过境运输相关的方面，缔约方国民、船舶与货物不应遭受任何非源自国民与船舶或享受挪威最惠国待遇货物的费用或限制；为此目的，挪威国民、船舶或货物与其他缔约方国民、船舶或货物享受类似待遇，并且任何方面都没有优待。

对出口到任何缔约国领土任何商品的收费或限制规定等同于或不多于出口相似商品到任何其他缔约国（包括挪威）或任何其他目的地之规定。

第四条

根据 1912 年 7 月 5 日达成的《无线电报公约》或随后达成能替代前者国际公约规定条款，所有第一条规定区域内经由挪威政府授权已建或待建公共无线电报站应在绝对平等基础上对所有国家船舶与缔约方公民通信开放。

服从源自战争状态之国际义务，陆地财产所有者应始终出于自愿目的建设利用无线电报设施，以固定或移动无线站自由通信私营业务，包括船基站和空基站。

第五条

缔约方承认在第一条规定区域建立国际气象站之实际功用，相关组织应产生后续公约之主题。所达成公约亦应规定相关条件，便于在上述地区实施科学调查。

第六条

若服从本条规定，缔约方公民获得之权利将予以承认。在本约签署之前所发生源自占有土地所有权或占据土地之诉求将按照附件规定处理，附件与本约效力等同。

第七条

对第一条规定区域内财产所有权（包括矿权）之获得、享受和行驶，挪威保证基于完全平等原则与本约规定给予缔约方国民相关待遇。

采取征收方式仅适用于两种情况：公共效应和合理补偿支付。

第八条

挪威保证对第一条规定区域制定矿业规则，尤其注重关税、税金、收费以及一般或特殊劳动条件等，应排除有利于国家或任何缔约方（包括挪威）国民之特权、垄断或偏好，并应保证各领域专职人员用于体能、道德和智力福利之必要报酬与保护。

税金、税捐与关税征收应专用于上述区域，且不超过目标要求。

尤其就矿产出口而言，挪威政府有权征收矿产税，但出口量达10万吨之税额不应超过1%，超过该数量税率应适当减小。征税货值应固定在航季末，计算依据采用可获得平均离岸价格（FOB）。

在生效期前三个月，矿业规则草案应通过挪威政府传给其他缔约国。若在此期间，有一个或多个缔约国建议应用前修改规则，那么此类建议应通过挪威政府传给其他缔约国，便于缔约国通过由各方一位代表组成的委员会进行研究与决策。该委员会应在收到挪威政府邀请时开会，并在首次会期后三个月内做出决定。决定原则少数服从多数。

第九条

鉴于加入国联所要服从的权利与责任，挪威保证在第一条规定的区域不建立也不允许建立任何海军基地，并且不在上述地区建立即使用于非战争目的防御工事。

第十条

到俄罗斯政府作为缔约方承认拥护本约，俄罗斯国民和公司才能与其他缔约方一样享受相同权利。

第一条规定区域内必须提出之诉求应据本约（第六条和附件）规定条件由丹麦政府中介机构提出，该机构愿意为此目的进行调解。

本约之法文与英文版本同等真实可信，皆应获批准。

批准后之条约应尽快存放于巴黎。

政府处于欧洲外之缔约国应通过驻巴黎外交代表通报法兰西共和国政府：条约已准，既如此，将会尽快送达。

就第八条规定而言，本条约将于所有缔约国批准之日起生效，在其他方面，条款中规定之矿业规则也同期生效。

第三方国家在条约批准后将受到法兰西共和国政府邀请拥护本约。此种支持应通过向法兰西政府函告方式才有效，法兰西政府将负责通知其他缔约方。

作为证据，上述全权代表已签署本约。

完成于巴黎，1920 年 2 月 9 日，一式两份，一份传给挪威国王陛下政府，另一份作为档案保存于法兰西共和国，已认证副本将送达其他缔约国。

附件

1.

（1）自本约生效后三月内，在本约签字前已上报各政府所有土地声索通报必须由声索方政府送达研究此类声索之委员。委员具有丹麦国籍，是有必要任职资格之法官或法律专家，并由丹麦政府提名。

（2）通报须包括一份关于声索土地准确划界，并附有比例不低于百万分之一的地图，所声索土地要清楚在图上标明。

（3）通报必须附带声索土地的保证金——按每英亩（40 公亩）一便士计，并扣除声索研究费用。

（4）如果认为必要，委员有权向声索方要求其他文件信息。

（5）委员将研究所通报之声索。为此目的，如有必要，委员有权利用专家协助；如有必要，则进行实地调查。

（6）委员酬劳将由丹麦政府和其他相关政府协议确定。如有必要雇佣协助，委员将确定其酬劳。

（7）在研究声索后，委员将出具报告准确显示他认为应该立即承认，他认为因存在争议或为了其他缘故应提交给下文所指仲裁机构。报告副本将由委员转寄相关政府。

（8）若根据第（3）款规定所缴保证金数额不足以支付声索研究支出，委员在认为声索得以承认之案件中立即要求声索者应补足保证金。补足数额基于声索者被承认之土地数量。

根据第（3）款规定，若保证金超出研究花费，所余资金将用于后文规定之仲裁事宜。

（9）本报告所指本段第（7）款期限后三月内，挪威政府将采取必要步骤授予委员承认声索方对所议土地依法享有排他性所有权，根据法律法规有效或在本约第一条规定区域实施，并服从本约第八条所指矿业法规。

然而，如果过根据本段第（8）款规定发生更多支付要求，将给予一种临时性且唯一的权利。该权利将对声索者在挪威政府确定之合理期间内被要求支付更多费用起限定作用。

2.

以任何理由，委员所指前段第（1）款没有被承认为有效之声索将根据以下规定解决：

（1）在本报告所指前段第（7）款期限后三月内，被证实拥有未被承认诉求之国民所在国政府将指定仲裁方。

委员将是组建法庭之主席。如果出现观点平均分布，主席将拥有决定票。他将指定一位秘书收取本段第（2）款所指文件，并为法庭会议做必要安排。

（2）在第（1）款所指的秘书指定后一月内，相关声索者将通过中间人准确表明其声索相关政府声明连同他们希望提交用以支持之文件和论据一并寄送该秘书。

（3）第（1）款所指的秘书任命后两月内，法庭将在哥本哈根开会，目的是讨论解决已提交声索事宜。

（4）法庭语言是英语。相关方可用本国文字提交文件或论据，但必须同时提交英文翻译副本。

（5）声索者有权现场旁听。如果他们愿意，经法庭允许可亲自或通过律师旁听，并且法庭有权要求声索者提供认为必要的额外解释、文件或论据。

（6）在听证前，法庭认为有必要，可从相关方要求一定数额保证金或抵押金，以用于法庭对各方费用支出。在确定数额时，法庭应主要基于被声索土地范围。如果发生特殊费用，法庭有权要求相关方支付额外保证金。

（7）仲裁方报酬要按月计，并由相关政府确定。秘书与法庭雇佣其他人员报酬应由法庭主席确定。

（8）法庭服从附件规定，全权管理相关程序。

（9）法庭处理声索应该考虑以下内容：

（a）国际法一切使用规则；

（b）公平正义一般原则；

（c）下述情形：

（i）声索之土地首次被声索者或其当然前任占有之日期；

（ii）声索被通报声索者政府之日期；

（iii）声索者或其当然前任已开发利用声索土地之范围。在此点上，法庭应该考虑声索者被源自 1914 ~ 1919 年战争（第一次世界大战）所产生之条件和限制而妨碍他们开发相关事业之范围。

（10）法庭花费应按照法庭决定在声索者之间按比例分配。如果根据第（6）款支付金额大于法庭花费，那么剩余款项应根据法庭认为合适的比例返还声索获得承认之相关方。

（11）法庭决定应与相关政府沟通，包括在任何情况下与挪威政府沟通。

（12）挪威政府应在获知相关决定后三个内采取必要步骤向获得法庭承认声索之声索方对所议土地符合现行或者第一条规定领域内实施法律法规，以及服从本约第（8）款所指矿业法规有效权利。尽管如此，所授权利仅对那些在挪威政府确定合理期间内支付法庭规定比例花费之声索者才起限定作用。

3.

任何没有根据第一段第（1）款通报委员或根据第二段规定没有被委员承认而不得提交法庭之声索最终将灭失。

《国际劳工组织公约第169号》

国际劳工组织大会第76届会议于1989年6月27日通过

序文

国际劳工组织大会：

经管理机构国际劳工局召集，1989年6月7日第76届会议在日内瓦召开；

注意到包含在1957年《土著与部落人口公约与建议》中的国际标准；

回顾了《世界人权宣言》《经济、社会与文化权利国际公约》《公民权利与政治权利国际公约》的条款，以及许多关于预防歧视的国际工具；

考虑到1957年以来国际法取得的进展，以及世界各地区土著与部落民族的发展形势，已适合于在此前使用同化导向标准的问题上采用国际新标准；

认识到这些民族在所生活国家框架内对控制本族制度、生活方式与经济发展与维持发展本族身份、语言和宗教的愿望；

注意到世界许多地方的这类民族不能与他们生活的国家的其他居民享受同等基本人权，并且他们的法律、价值、习惯与看法经常受到侵蚀；

提请注意土著与部落名族对文化多样性、人类社会和谐与生态平衡、国际合作与理解的特殊贡献；

注意到以下条款已经与联合国、联合国粮农组织、联合国教科文组织、世界卫生组织、美洲印第安人协会在适当水平与不同领域合作制定，并建议在促进与保证这些规定应用方面继续此种合作；

决定采用部分建议，列为本届会议议程第四项，修改《土著与部落人口公约1957（第107号）》；

决定这些建议应该采用国际公约形式修订《土著与部落人口公约1957》；并于1989年6月27日采用以下公约；本约也称为《土著与部落民族公约1989》。

第一部分　总方针

第一条

1. 本公约适用于：

（a）社会、文化、经济条件使之区别于国家共同体的其他部分，身份地位全部或部分受到本族习惯或传统或特定法律或制度的规制的独立国家部落民族；

（b）在征服或殖民或建立当前国境的时代，不论其法律地位，部分或全部保留本族社会、经济、文化与政治制度，血统上不同于所居住国家或地理上属于该国某个地区的人口而被视为土著的独立国家民族。

2. 土著或部落自我认同应被视为决定本约规定适应于该族群的一项基本标准。

3. 本约所用民族一词不应被理解为与用词相同的国际法权利规定有任何暗示。

第二条

1. 政府应该有责任与相关民族一道开展协调与系统性行动，保护他们的权利，保证尊重其完整性。

2. 此类行动包括以下措施，以便：

（a）确保这些民族成员在平等基础上从国家法规给予其他成员的权利与机会中受益；

（b）推动全民实现这些民族的社会、经济、文化权利，并尊重其社会、文化、身份、习惯、传统和制度；

（c）以与这些民族的愿望与生活方式兼容的方式，协助其成员消除国家共同体中土著与其他成员可能存在的社会经济缺口。

第三条

本约应无歧视适用于这些民族的男性与女性成员。

1. 土著与部落民族应该免受妨碍与歧视，最大程度享受人权与基本自由。本约规定应无歧视适用于这些民族的男女成员。

2. 无任何形式强力或强迫用于破坏与这些民族相关的权利与基本自由，包括本约包含的权利。

第四条

1. 应采用适当措施用于保护与这些民族相关的人、制度、劳动、文化与环境。

2. 此类措施不应与这些相关民族自由表达意愿相违背。

3. 无歧视享受一般市民权利无论如何不应受到此类措施的偏见。

第五条

在应用本约规定时：

（a）这些民族的社会、文化、宗教与精神价值与实践应被承认并受到保护，他们作为群体与个体共同面临的问题本质应予以考虑；

（b）这些民族的价值、实践与制度整合应受尊重；

（c）应采用旨在消解相关民族面对生活工作新条件所经历困难的政策，并与受影响民族共同参加与合作。

第六条

1. 在应用本约规定时，政府：

（a）每当考虑到立法或行政措施可能直接影响相关民族时，应通过适当程序，尤其是通过其代表机构进行咨询；

（b）为这些民族至少能以与其他人相同程度，在所有决策层次自由参与选举制度、行政与其他对与其相关政策计划负责的机构建立措施；

（c）为全面发展这些民族自己的制度与措施，并以适当情形为此目的提供必要资源建立措施；

2. 在应用本约时实施的磋商应以善意与对环境适合的形式进行，目标是对建议措施实现共识或满意。

第七条

1. 相关民族因为发展过程影响其生活、信仰制度、精神福祉以及他们占有或以其他方式使用并在可能程度上控制其经济、社会、文化发展的土地，所以有权决定自身发展过程的优先政策。此外，他们应该参加对其可能产生直接影响的国家与地区发展计划的规划、实施与评估。

2. 相关民族生活工作条件与健康教育水平的改善，连同其参加与合作，应是他们居住地整体经济发展计划的优先事项。谈论中的地区发展具体项目也应为促进此类改善而设计。

3. 政府应该保证与相关民族合作实施特定研究以评估规划发展活动对他们的社会、精神、文化与环境影响。此类研究成果应被视为实施这些活动的基本条件。

4. 政府应采取措施，与相关民族合作，保护他们居住地的环境。

第八条

1. 将国家法律法规应用于相关民族时，应充分重视其习惯或习惯法。

2. 这些民族有权保留其习惯与制度，即使后者与国家法律制度界定的基本权利以及与国际公认的人权不兼容。只要有需要，就应建立程序解决可能在应用本原则时出现的冲突。

3. 应用本条第 1 与第 2 款时并不妨碍这些民族成员行使赋予所有公民的权利与承担相应的义务。

第九条

1. 在与国家法律制度和国际公认人权兼容的程度上，相关民族处置其成员罪行的习惯方式实践应受到尊重。

2. 这些民族关于刑事事件的习惯应由处置此类案件的有关当局和法院予以考量。

第十条

1. 在对这些民族成员实施一般法规定的惩罚时，应考虑其经济、社会与文化特点。

2. 在惩罚上应优先考虑监禁之外的其他方式。

第十一条

强求相关民族成员从事任何形式的强制性个人服务，无论是否给予报酬，都应被法律禁止并受到惩罚，但法律对所有公民规定的情况除外。

第十二条

相关民族应防范滥用权力，并应通过个人或代表机构采取法律程序有效保护其权利。应采取措施保证这些民族成员在法律程序中能理解与被理解，如有必要则提供翻译或通过其他有效方式。

第二部分　土地

第十三条

1. 在应用本约第二部分规定时，政府应该为了相关民族的文化、精神价值尊重其与之占据或以其他方式使用土地，或区域，或两方面之间关系的特殊重要性，尤其是这种关系的共同方面。

2. 第 15 条与第 16 条所使用的“土地”一词应该包括区域概念，涵盖相关民族占据或以其他方式使用土地的全部环境。

第十四条

1. 相关民族对其传统占据土地的所有权应被承认。此外，应适当采取措施保卫相关民族出于生存与传统活动目的长期使用而非独占土地的权利。在这方面应该特别重视游牧民族与流动耕者的处境。

2. 政府应该采取必要步骤确定相关民族传统占据的土地，并对其所有权有效保护提供保证。

3. 应该在国家法制范围内建立适当程序解决相关民族的土地诉求。

第十五条

1. 相关民族对与其土地有关自然资源的权利应被特别保护。这些权利包括这些民族参加使用、管理与保护这些资源的权利。

2. 在国家保留对矿产资源或地表资源所有权，或其他与土地相关的权利情况下，政府应该建立或维护咨询这些民族的程序，在同意或允许任何与其土地相关的此类资源勘探或开发计划之前，应着眼于确定他们的利益是否并且在什么程度上会受到歧视。相关民族应尽可能分享此类活动的好处，并为因此类活动而遭受的损害获得合理补偿。

第十六条

1. 服从本条以下内容，相关民族不应在其占有的土地上被迁移。

2. 这些民族重新安置作为例外措施被视为必要，那么实施此类重新安置应采取自由与知情同意原则。如其满意难以满足，那么此类重新安置仅应在符合国家法律法规建立适当程序下才实施。

3. 只要有可能，一旦重新安置土地不复存在，这些民族应有权返回其传统土地。

4. 如果此类返回因为协议所致或缺乏此类协议而不能实现，那么这些民族应通过适当程序尽可能获得至少与其之前占有的土地相等品质与法律地位的土地，以适合满足其当前需要与未来发展。如果相关民族期望获得货币或事物补偿，那么应在适当保证下得到满足。

5. 重新安置的个人应为此遭受的任何损失或伤害获得全面补偿。

第十七条

1. 相关民族为成员间土地权利变更而建立的程序应获得尊重。

2. 如果考虑出让土地或其他方式变更权利与本族社区之外，那么应咨询相关民族。

3. 不属于这些民族的个人不应利用他们的习惯或在确保土地所有权或使用权方面的理解缺乏。

第十八条

法律对非法进入或使用相关民族土地的行为应建立应有处罚，并且政府要采取措施防止此类犯罪。

第十九条

国家土地计划应确保给予相关民族与其他国民平等的待遇，关于：

（a）如果这些民族没有必要的土地提供正常生存必需，或维持人口合理增长，那么应为他们供给更多土地。

（b）对这些民族已经拥有的土地提供必需的开发手段。

第三部分　招募与雇佣条件

第二十条

1. 政府应在国家法律法规框架内，通过与相关民族合作的方式，采用具体措施确保对这些民族工人招募与雇用条件的有效保护，在此意义上他们一般不能获得适用于工人法律的有效保护。

2. 政府应尽可能防止相关民族类工人与其他工人之间发生任何歧视，尤其关于：

（a）雇佣许可包括技术雇佣以及提升措施；

（b）同工同酬；

（c）医疗与社会救助、职业安全与保健、社会保障福利、其他与职业相关福利与住房；

（d）结社与自由参与合法工会活动的权利，以及与资方或资方组织达成共同协议的权利。

3. 采取措施应包括保证措施：

（a）相关民族类工人包括季节性、临时性、流动性农业工人及其他，以及那些被包工头雇佣的工人，享受与国际法律与实践赋予相同部门同类其他工人相等的保护，并且对劳工法规定的权利与可获得救济手段完全知情；

（b）相关民族类工人不经受对健康有害的工作条件，尤其是通过暴露在农药或其他有毒物环境；

（c）相关民族类工人不经受强制招聘安排，包括抵债性劳动与训练措施；

其他形式的债务性劳役；

(d) 相关民族类男女工人在雇佣方面享受平等机会与待遇，并且受保护不被性骚扰。

4. 应特别注意在相关民族类工人采用工资雇佣的区域建立足够劳动监察机构，以保证符合本约本部分的规定。

第四部分　职业训练、手工艺与农村工业

第21条

相关民族成员应该在职业方面享有与其他公民至少平等的机会。

第22条

1. 应采取措施促进相关民族成员自愿参与通用职业培训计划。

2. 如果既有通用职业培训计划不能满足这些民族的特殊参与需要，应确保提供特殊培训计划于设施。

3. 任何特殊培训计划应基于相关民族的经济环境、社会文化条件与实践需要。这方面的任何研究应采取与这些民族合作的方式进行，他们在此类计划的组织与操作上应受到咨询。可能的话，如果这些民族决定，他们应为此类特殊培训计划的组织与操作逐渐承担责任。

第23条

1. 相关民族的手工艺、农村与以社区为基础的工业、生存经济与传统活动，比如狩猎、捕鱼、捕获与采集，应被视为维系其文化与经济自主与发展的重要因素。在这些民族的参与下并且如果适合，政府应确保这些活动得以强化与促进。

2. 应相关民族的要求，只要有可能考虑这些民族的传统技术与文化特征，以及可持续与公平发展的重要性，就应提供适当的技术与金融协助。

第五部分　社会保障与保健

第24条

社会保障方案应逐渐扩展到覆盖相关民族，并且对他们无歧视适用。

第25条

1. 政府应确保相关民族可获得足够的保健服务，或者应向他们提供资源允许其根据自身责任与控制来设计与提供服务，他们因此可以

享有最高可获得标准的身体与精神保健。

2. 保健服务应尽可能以社区为基础。这类服务应采取与相关民族合作的方式计划与管理，并考虑他们的经济、地理、社会与文化条件，以及他们的传统预防保健、治疗实践与用药。

3. 保荐制度应优先选择当地社区保健工人的培训与雇佣，并且在维持与其他层次保荐服务密切关系时主要关注初级保健。

4. 提供此类健康服务英语国家的其他社会、经济与文化措施相协调。

第六部分　教育与交流方式

第 27 条

1. 对相关民族的教育计划与服务采取与之合作的方式开发实施以应对其特殊需求，并且应体现其历史、知识与技术、价值体系以及更深层的社会、经济与文化预期。

2. 主管部门应确保这些民族成员培训与融入教育计划的规划与实施，并着眼于在适当时机逐渐将实施这些计划的责任转给这些民族。

3. 此外，政府应承认这些民族建立本族教育机构与设施的权利，如果此类机构满足主管部门与这些民族磋商后建立起的最低标准。为此目的应提供适当资源。

第 29 条

有助于相关民族的儿童全面与平等参与本族社区与国家共同体传授常识与一般技能应成为这些民族教育的目标之一。

第 30 条

1. 政府应对相关民族的传统与文化采取适当措施，使之明确其权利与责任，尤其是关于劳动、经济机会、教育、卫生事务、社会福利与源自本约的权利。

2. 如果必要，这里应通过书面翻译与使用这些民族语言的大众传媒的方式实现。

第 31 条

教育措施应在国家共同体所有部门采用，尤其在那些与相关民族最直接联系的部门中采用，目标是消除这些部门可能藏匿关于这些民族的偏见。为此目的，应努力确保历史课本与其他教育材料对这些民族的社会与文化提供公平、精确和有益的描绘。

第七部分　联系与跨边界合作

第32条

政府应采取适当措施，包括凭借国际协议，便利跨边界土著与部落民族之间的联系与合作，相关活动包括经济、社会、文化、精神与环境领域。

第八部分　管理

第33条

1. 政府管理部门对本约涉及的事物负责，应确保代理机构或其他是和机制存在并管理对相关民族产生影响的计划，并应确保他们有必要手段适当履行赋予他们的功能。

2. 这些计划应包括：

（a）与相关民族合作，计划、协调、执行与评估本约规定的措施；

（b）向主管部门立法与其他措施建议，以及与相关民族合作方式所采取措施的应用监督。

第九部分　一般规定

第34条

采取措施使本约生效的性质与范围应以灵活方式决定，考虑各国条件与特征。

第35条

应用本约规定不应对相关民族根据其他公约、建议、国际工具、条约、国际法、判决、惯例或协议而拥有的权利与收益产生不利影响。

第十部分　最后条款

第36条

本约修改了《土著与部落人口公约1957》。

第37条

正式批准本约应函告国际劳工局总干事登记。

第38条

1. 本约应仅对国际劳工组织已在总干事登记的成员产生拘束作用。

2. 本约生效期是已批准本约的两成员在总干事登记期的12个月后。

3. 因此，本约将因任何成员在其批准登记期12个月后生效。

第39条

1. 已批准本约的成员可以在本约首次生效期后满10年退出，应函告国际劳工局总干事登记。此类退出应在登记退出日期一年后生效。

2. 已批准本约的成员，在前款提到的10年终止期限后的一年内，没有行驶本条规定的退出权，根据本条规定以后将每10年终止期后方能提出。

第40条

1. 国际劳工局总干事应通过组织成员函告他的所有批准书与退出书通知国际劳工组织所有成员。

2. 如果将第二份函告批准书通知国际劳工组织成员，那么总干事应提请组织成员注意本约生效日期。

第41条

国际劳工局总干事应根据《联合国宪章》第102条之规定将其根据程序条款规定登记的所有批准书与退出书函告联合国秘书长登记。

第42条

在认为必要时，国际劳工局的治理机构应向联合国大会提交一份关于本约工作的报告，并应研究将本约全部或部分修改的问题提交大会日程的有利条件。

第43条

1. 如果联合国大会采用全部或部分修改本约的新约，那么除非新约在其他方面规定：

（a）尽管存在第39条规定，但批准新约的成员应依法立即退出本约，是否并且何时新约应生效；

（b）从新约生效期开始，本约应停止成员批准事宜。

2. 在任何情况下，本约实际形式与内容对那些已经批准本约但未批准新约的成员始终有效。

第44条

本约英文与法文版具有同等效力。

‖参考文献

中文文献

一、专著

1. ［美］弗里德里克·克拉托赫维尔、爱德华·曼斯菲尔德编：《国际组织与全球治理读本（第2版）》，北京大学出版社，第1版，2007年。

2. ［美］罗伯特·O. 基欧汉，洪华译：《局部全球化世界中的自由主义、权力与治理》，北京大学出版社，第1版，2004年。

3. 北极问题研究编写组：《北极问题研究》，海洋出版社，2011年。

4. 高飞：《和谐世界与君子国家：关于国际体系与中国的思考》，世界知识出版社，第1版，2011年。

5. 郭震远：《建设和谐世界：理论与实践》，世界知识出版社，第1版，2008年。

6. 赫斯特（Hirst）、汤普森（Thompson），张文成译：《质疑全球化：国际经济与治理的可能性》，社会科学文献出版社，第1版，2002年。

7. 贾庆国：《全球治理与中国作用》，新华出版社，第1版，2011年。

8. 李景治：《国家哲学社会科学成果文库：中国和平发展与构建和谐世界研究》，中国人民大学出版社，第1版，2011年。

9. 刘惠荣、杨凡:《北极生态保护法律问题研究》,知识出版社,2010 年。

10. 刘杰:《机制化生存:中国和平崛起的战略选择》,时事出版社,第 1 版,2004 年。

11. 卢兵彦:《和平崛起:中国迈向世界大国的地缘战略》,人民出版社,第 1 版,2011 年。

12. 陆俊元:《北极地缘政治与中国应对》,时事出版社,2010 年。

13. 马振岗、甄炳禧:《实施"走出去"战略推动建设和谐世界》,世界知识出版社,第 1 版,2009 年。

14. 潘忠岐:《多边治理与国际秩序》,上海人民出版社,第 1 版,2006 年。

15. 庞中英:《全球治理与世界秩序》,北京大学出版社,第 1 版,2012 年。

16. 钱洪良:《中国和平崛起与周边国家的认知和反应》,军事谊文出版社,2010 年。

17. 秦治来:《和平、发展、合作:为什么要推动建设和谐世界》,人民出版社,第 1 版,2008 年。

18. 上海社会科学院世界经济与政治研究院:《全球治理与中国的选择(2010 年第 1 辑)》,时事出版社,第 1 版,2010 年。

19. 邵鹏:《全球治理:理论与实践》,吉林出版集团有限责任公司,第 1 版,2010 年。

20. 石家铸:《海权与中国》,上海三联书店,第 1 版,2008 年。

21. 寿晓松:《孙子兵法与和谐世界:第 8 届孙子兵法国际研讨会论文集 2009》,军事科学出版社,第 1 版,2010 年。

22. 舒大刚、彭华:《忠恕与礼让:儒家的和谐世界》,四川大学出版社,第 1 版,2008 年。

23. 汤普森,贺和风、朱艳圣译:《社会民主主义的困境:思想意识、治理与全球化》,重庆出版集团重庆出版社,第 1 版,2008 年。

24. 涂用凯:《社会民主主义的全球治理研究》,中国社会科学出版社,第 1 版,2007 年。

25. 王桂兰:《能源战略与和平崛起》,科学出版社,第 1 版,2011 年。

26. 王杰：《全球治理中的国际非政府组织》，北京大学出版社，第1版，2004年。

27. 王诗宗：《治理理论及其中国适用性》，浙江大学出版社，第1版，2009年。

28. 王铁军：《全球治理机构与跨国公民社会》，上海人民出版社，第1版，2011年。

29. 王文奇、刘德斌：《中国:和平崛起的东方龙》，长春出版社，第1版，2010年。

30. 王义桅：《超越均势：全球治理与大国合作》，上海三联书店，第1版，2008年。

31. 王逸舟：《创造性介入：中国治理关系新取向》，北京大学出版社，第1版，2011年。

32. 王子忠：《气候变化：政治绑架科学?》，中国财政经济出版社，2010年。

33. 夏立平、江西元：《中国和平崛起》，中国社会科学出版社，第1版，2004年。

34. 熊李力：《专业性国际组织与当代中国治理关系：基于全球治理的分析》，世界知识出版社，第1版，2010年。

35. 徐崇温：《中国的和平发展道路》，重庆出版集团重庆出版社，第1版，2009年。

36. 许长荣、朱秋德：《多难兴邦 》，新世界出版社，第1版，2008年。

37. 亚当·罗伯茨、本尼迪克特·金斯伯里主编，吴志成、张蒂、刘丰等译：《全球治理：分裂世界中的联合国》，中央编译出版社，第1版，2010年。

38. 杨发喜：《从“协和万邦”到建设和谐世界》，人民出版社，第1版，2008年。

39. 杨倩：《和谐文化的溯源与辨析 》，世界知识出版社，第1版，2011年。

40. 杨守明：《中国和平崛起论》，安徽人民出版社，第1版，2008年。

41. 叶江：《全球治理与中国的大国战略转型》，时事出版社，第1版，2010年。

42. 张剑荆：《中国崛起——通向大国之路的中国策》，新华出版社，第1版，2005年。

43. 张睿壮、王新奎：《不和谐的世界：国际问题研究文萃》，上海人民出版社，第1版，2010年。

44. 张幼文、徐明棋：《强国经济——中国和平崛起的战略道路》，人民出版社，第1版，2004年。

45. 张蕴岭：《构建和谐世界：理论与实践 》，社会科学文献出版社，第1版，2008年。

46. 郑必坚：《论中国和平崛起发展新道路 》，中共中央党校出版社，第1版，2005年。

47. 仲计水：《哲学视野中的和平崛起论》，中国社会科学出版社，第1版，2008年。

48. 周树春：《和谐世界理论基础探析：全球治理和目标建构的新范式》，中国社会科学出版社，第1版，2011年。

49. 庄贵阳、朱仙丽、赵行姝、王逸舟主编：《全球环境与气候治理》，浙江人民出版社，第1版，2009年。

二、论文

1. 白春江、李志华、杨佐昌：《北极航线探讨》，《航海技术》，2009年，第5期。

2. 白佳玉、李静：《美国北极政策研究》，《中国海洋大学学报（社会科学版）》，2009年，第5期。

3. 陈玉刚、陶平国、秦倩：《北极理事会与北极国际合作研究》，《国际观察》，2011年，第4期。

4. 程保志：《“治理与合作：2011 中国极地战略与权益研讨会”会议综述》，《国际展望》，2011年，第6期。

5. 程保志：《北极治理机制的构建与完善：法律与政策层面的思考》，《国际观察》，2011年，第4期。

6. 程保志：《刍议北极治理机制的构建与中国权益》，《当代世界》，2010年，第10期。

7. 程群：《浅议俄罗斯的北极战略及其影响》，《俄罗斯中亚东欧研究》，2010 年，第 1 期。

8. 董跃、宋欣：《有关北极科学考察的国际海洋法制度研究》，《中国海洋大学学报（社会科学版）》，2009 年，第 4 期。

9. 方瑞祥：《气候变暖下的“西北航道”航线选择》，《世界海运》，2010 年，第 8 期。

10. 高威：《南北极法律状况研究》，《海洋环境科学》，2008 年，第 2 期。

11. 郭培清、管清蕾：《北方海航道政治与法律问题探析》，《中国海洋大学学报（社会科学版）》，2010 年，第 4 期。

12. 郭培清、管清蕾：《探析俄罗斯对北方海航道的控制问题》，《中国海洋大学学报（社会科学版）》，2010 年，第 2 期。

13. 郭培清、刘江萍：《曼哈顿号事件与加拿大西北航道主权权利的扩张》，《中国海洋大学学报（社会科学版）》，2009 年，第 5 期。

14. 郭培清：《大国战略指北极》，《瞭望》，2009 年 7 月 7 日。

15. 何奇松：《气候变化与北极地缘政治博弈》，《治理关系评论》，2010 年，第 5 期。

16. 何奇松：《气候变化与欧盟北极战略》，《欧洲研究》，2010 年，第 6 期。

17. 胡德坤、邓肖亭：《20 世纪初期北极地区领土争端及其解决》，《武汉大学学报（人文科学版）》，2011 年，第 1 期。

18. 黄志雄：《北极问题的国际法分析和思考》，《国际论坛》，2009 年 11 月，第 6 期。

19. 江筱苏：《论国际法上北极航道的通行权问题》，《黑龙江省政法管理干部学院学报》，2012 年，第 1 期。

20. 匡增军：《2010 年俄挪北极海洋划界条约评析》，《东北亚论坛》，2011 年，第 5 期。

21. 匡增军：《俄罗斯的外大陆架政策评析》，《俄罗斯中亚东欧研究》，2011 年，第 2 期。

22. 李绍哲：《北极争端与俄罗斯的北极战略》，《俄罗斯学刊》，2011 年，第 6 期。

23. 李响：《极地法律问题》，《生态学杂志》，2012 年，第 2 期。

24. 李振福、闵德权、马玄慧：《北极航线地缘政治格局演变的能量地形仿真》，《上海海事大学学报》，2010 年 12 月，第 4 期。

25. 李振福、李亚军、孙建平：《北极航道海运网络的国家权益格局复杂特征研究》，《极地研究》，2011 年 6 月，第 2 期。

26. 李振福、田严宇：《基于 KJ 法的北极航线问题研究》，《世界地理研究》，2009 年 9 月，第 3 期。

27. 李振福：《北极航线地缘政治安全指数研究》，《计算机工程与应用》，2011 年，第 35 期。

28. 李振福：《北极航线地缘政治格局演变的动力机制研究》，《内蒙古社会科学（汉文版）》，2011 年，第 1 期。

29. 李振福：《北极航线地缘政治格局演变趋势分析》，《航海技术》，2010 年，第 6 期。

30. 李振福：《北极航线问题的鱼骨图分析及应对策略研究》，《航海技术》，2010 年，第 1 期。

31. 李振福：《中国北极航线战略的 SWOT 动态分析》，《上海海事大学学报》，2009 年 12 月，第 4 期。

32. 李振福：《中国面对开辟北极航线的机遇与挑战》，《港口经济》，2009 年，第 4 期。

33. 李志文、高俊涛：《北极通航的航行法律问题探析》，《法学杂志》，2010 年，第 11 期。

34. 刘海裕、汪筱苏：《论国际法上北极航道的通行权问题》，《黑龙江省政法管理干部学院学报》，2012 年，第 1 期。

35. 刘惠荣、韩阳：《北极法律问题：适用海洋法基本原则的基础性思考》，《中国海洋大学学报（社会科学版）》，2010 年，第 1 期。

36. 刘惠荣、刘秀：《北极群岛水域法律地位的历史性分析》，《中国海洋大学学报（社会科学版）》，2010 年，第 2 期。

37. 刘惠荣、刘秀：《西北航道的法律地位研究》，《中国海洋大学学报（社会科学版）》，2009 年，第 5 期。

38. 刘惠荣、陈奕彤：《北极法律问题的气候变化视野》，《中国海洋大学学报（社会科学版）》，2010 年，第 3 期。

39. 刘惠荣、林晖：《论俄罗斯对北部海航道的法律管制》，《中国海洋大学学报（社会科学版）》，2009 年，第 4 期。

40. 刘江萍、郭培清：《保护还是搁置主权？——浅析美加两国西北航道核心问题》，《海洋世界》，2010 年，第 3 期。

41. 刘江萍、郭培清：《加拿大对西北航道主权控制的法律依据分析》，《中共青岛市委党校青岛行政学院学报》，2010 年，第 2 期。

42. 刘江萍：《探索“西北航道”》，《法制与社会》，2008 年，第 7 期。

43. 刘新华：《试析俄罗斯的北极战略》，《东北亚论坛》，2009 年 11 月，第 6 期。

44. 陆俊元：《“北极航线”预期及其战略思考》，《中国战略观察》季刊，2011 年，第 2 期。

45. 陆俊元：《中国在北极地区的战略利益分析——非传统安全视角》，《江南社会学院学报》，2011 年，第 4 期。

46. 梅宏：《北极航道环境保护国际立法研究》，《中国海洋大学学报（社会科学版）》，2009 年，第 5 期。

47. 潘敏、夏文佳：《近年来的加拿大北极政策——兼论中国在努纳武特地区合作的可能性》，《国际观察》，2011 年，第 4 期。

48. 潘敏、周燚栋：《论北极环境变化对中国非传统安全的影响》，《极地研究》，2010 年 12 月，第 4 期。

49. 潘正祥、郑路：《我国北极战略浅见》，《重庆社会主义学院学报》，2011 年，第 5 期。

50. 钱宗旗：《俄罗斯北极开发国家政策剖析》，《世界经济与政治论坛》，2011 年 9 月，第 5 期。

51. 秦倩、陈玉刚：《后冷战时期北极国际合作》，《国际问题研究》，2011 年，第 4 期。

52. 任重、陈金海：《上海出口集装箱运输北极“东北航道”的经济效益分析》，《港口经济》，2011 年，第 5 期。

53. 史春林：《北冰洋航线开通对中国经济发展的作用及中国利用对策》，《经济问题探索》，2010 年，第 8 期。

54. 陶国平、林松：《加拿大海洋安全政策探析》，《世界经济与政治论坛》，2012 年，第 1 期。

55. 田延华、郭培清：《加拿大北极战略》，《海洋世界》，2010 年，第 12 期。

56. 万楚蛟：《北极冰盖融化对俄罗斯的战略影响》，《国际观察》，

2012 年，第 1 期。

57. 王传兴：《论北极地区区域性国际制度的非传统安全特性——以北极理事会为例》，《中国海洋大学学报（社会科学版）》，2011 年，第 3 期。

58. 王杰、范文博：《基于中欧航线的北极航道经济性分析》，《太平洋学报》，2011 年，第 4 期。

59. 王郦久：《北冰洋主权之争的趋势》，《现代国际关系》，2007 年，第 10 期。

60. 王淑敏：《地缘政治视域下的中国海外投资准入国民待遇保护——基于"冰岛拒绝中坤集团投资案"的法律思考》，《法商研究》，2012 年，第 2 期。

61. 夏立平：《北极环境变化对全球安全和中国国家安全的影响》，《世界经济与政治》，2011 年，第 1 期。

62. 肖洋：《北冰洋航线开发：中国的机遇与挑战》，《现代国际关系》，2011 年，第 6 期。

63. 肖洋：《北冰洋航运权益博弈：中国的定位与应对》，《当代世界》，2012 年，第 3 期。

64. 严双伍：《北极争端的症结及其解决路径——公共物品的视角》，《武汉大学学报（哲学社会科学版）》，2009 年 11 月，第 6 期。

65. 阎铁毅、李冬：《美、俄关于北极航道的行政管理法律体系研究》，《社会科学辑刊》，2011 年，第 2 期。

66. 阎铁毅：《〈鹿特丹规则〉在北极航道的适用》，《法学杂志》，2010 年，第 11 期。

67. 阎铁毅：《北极航道所涉及的现行法律体系及完善趋势》，《学术论坛》，2011 年，第 2 期。

68. 余鑫：《俄罗斯的北极战略及其影响分析》，《俄罗斯中亚东欧市场》，2010 年，第 7 期。

69. 曾望：《北极争端的历史、现状及前景》，《国际信息资料》，2007 年，第 10 期。

70. 张磊：《国际法视野中的南北极主权争端》，《学术界》，2010 年 5 月，第 144 期。

71. 张胜军、李形：《中国能源安全与中国北极战略定位》，《国际观察》，2010 年，第 4 期。

72. 张侠、郭培清、凌晓良、颜其德、屠景芳：《北极地区区域经济特征研究》，《世界地理研究》，2009 年 3 月，第 1 期。

73. 张侠、屠景芳、郭培清、孙凯、凌晓良：《北极航线的海运经济潜力评估及其对我国经济发展的战略意义》，《中国软科学增刊（下）》，2009 年。

74. 赵雅丹：《加拿大北极政策剖析》，《国际观察》，2012 年，第 1 期。

75. 周洪钧、钱月娇：《"东北航道"水域和海峡的权利主张及争议》，《国际展望》，2012 年，第 1 期。

76. 吴琼：《北极海域的国际法律问题研究》，华东政法大学博士论文。

英文文献

1. Alan L. Kollien, Army War College (U. S.), *Toward an Arctic Strategy*, U. S. Army War College, 2009.

2. Aldo Chircop, *The Emergence of China as a Polar – Capable State*, CANADIAN NAVAL REVIEW, VOLUME 7, NUMBER 1 (SPRING 2011).

3. Alex G. Oude Elferink, Donald Rothwell, *The Law of the Sea and Polar Maritime Delimitation and Jurisdiction* Kluwer Law International P. O. Box 85889, 2508 CN The Hague, The Netherlands.

4. Alexey Piskarev, Mikhail Shkatov, *Energy Potential of the Russian Arctic Seas: Choice of Development Strategy* Elsevier2012.

5. Alun Anderson, *After the Ice: Life, Death, and Geopolitics in the New Arctic* Smithsonian Books, 2009.

6. Andreas Runesson, *Northern Imperatives: Explaining the Us Non – Ratification of the Unclos*, Lambert Academic Publishing, 2010.

7. Andrew Gibson, *Multilateralism and Arctic Sovereignty: Canada's Policy Options*, The Agora: Political Science Undergraduate Journal Vol. 1

No. 1 (2011).

8. Anne – Marie Brady, polar stakes: china's polar activities as a benchmark for intentions, China Brief, Volume XII, Issue 14, July 20, 2012.

9. Arctic Climate Change: The Acsys Decade and Beyond Springer 2012.

10. *Arctic Security in the 21st Century*, Conference Report, Published by the School for International Studies, Simon Fraser University, Vancouver, B. C. Apr. 2008.

11. Aslaug Mikkelsen *Arctic Oil and Gas: Sustainability at Risk?* Taylor & Francis, 2008.

12. Avery Goldstein, *Rising To The Challenge: China's Grand Strategy And International Security*, Stanford University Press, 2005.

13. Barbora Obračajová, The Arctic Issue, Background Report, NATO, Released by Ass℃iation for International Affairs for the XVIII. year of Prague Student Summmit, 2012.

14. Barry Scott Zellen, *Arctic Doom, Arctic Boom: The Geopolitics of Climate Change in the Arctic*, ABC – CLIO, 2009.

15. Barry Scott Zellen, *Breaking the ice: from land claims to tribal sovereignty in the arctic*, Lexington Books, 2008.

16. Barry Scott Zellen, *On Thin Ice: The Inuit, the State, and the Challenge of Arctic Sovereignty* Rowman & Littlefield, 2009.

17. Barry Scott Zellen, *The Fast – Changing Maritime Arctic: Defence and Security Challenges in a Warmer World*, Michigan State University Press, 2012.

18. Bates Gill, Rising Star: China's New Security Diplomacy, Brookings Institution Press, 2010.

19. Bobo Lo, *Axis of Convenience: Moscow, Beijing, and the New Geopolitics*, Royal Institute of International Affairs, 2008.

20. Brian Dale Smith, University of Virginia. Center for℃eans Law and Policy, *United States arctic policy, the first edit*, Published for Center for ℃eans Law and Policy, University of Virginia, by the Michie Co. , 1978.

21. Caitlin Campbell, *China and the Arctic: Objectives and Obstacles*, U. S. – China Economic and Security Review Commission Staff Research Report, April 13, 2012.

22. *Canada as an Arctic Power: Preparing for the Canadian Chairmanship of the Arctic Council (2013 ~ 2015)*, Presented by the Munk – Gordon Arctic Security Program, May 2012.

23. Carleton Olegario M Ximo, *Arctic Policy of the United States*, International Book Marketing Service Limited, 2012.

24. Carolyn Symon (lead editor), Lelani Arris, Bill Heal, *Arctic Climate Impact Assessment* Cambridge University Press, 2005.

25. Cecilie Brein, *Does the dividing line between 'high' and 'low' politics mark the limits of European integration? The case of Justice and Home Affairs*, GRA5912 European Union Politics February 2008.

26. Charles Emmerson, *The Future History of the Arctic* PublicAffairs, 2010.

27. Charles Horner, Rising China and Its Postmodern Fate: Memories of Empire in a New Global Context, University of Georgia Press, 2009.

28. Christoph Humrich/Klaus Dieter Wolf, *From Meltdown to Showdown? Challenges and options for governance in the Arctic* Peace Research Institute Frankfurt (PRIF) 2012.

29. *Council conclusions on Arctic issues*, Council of the European Union Report, 2985th FOREIGN AFFAIRS Council meeting, Brussels, 8 Dec. 2009.

30. Cynthia Lamson, David L. Van Der Zwaag, *Transit Management in the Northwest Passage: Problems and Prospects*, Cambridge University Press, 2009.

31. David Curtis Wright, *THE PANDA BEAR READIES TO MEET THE POLAR BEAR: CHINA AND CANADA'S ARCTIC SOVEREIGNTY CHALLENGE*, © Canadian Defence & Foreign Affairs Institute, March, 2011.

32. David M. Haugen, *Should Drilling Be Permitted in the Arctic National Wildlife Refuge?* Greenhaven Press, 2008.

33. David M. Standlea, *Oil, Globalization, And the War for the Arctic*

Refuge, State University of New York Press, Albany, 2006.

34. Dean Goodwin, *Global Warming For Beginners* Steerforth Press, 2008.

35. DmitriTrenin, *True Partners? How Russia and China see each Other*, Published by the Centre for European Reform (CER), info@ cer. org. uk, www. cer. org. uk, Feb. 2012.

36. Donald Rothwell, *The Polar Regions and the Development of International Law*, Cambridge University Press, 1996.

37. Edgar J. Dosman, York Centre for International and Strategic Studies, *Sovereignty and Security in the Arctic* Routledge, 1989.

38. Edited by Claes Lykke Ragner, *The 21st Century – turning Point for the Northern Sea Route?* Kluwer Academic Publishers 2000.

39. Elana Wilson Rowe, *Russia and the North*, University of Ottawa Press, 2009.

40. Elizabeth B. Elliot – Meisel, *Arctic diplomacy: Canada and the United States in the Northwest Passage*, P. Lang, 1998.

41. Emil Joseph Kirchner, global governance in Arctic, Taylor & Francis, 2010.

42. Eric Holm, *High Politics and European Integration: From EMU to CFS*, Discussion Paper No. 2, Nov. 2000.

43. Eva Carina Helena Keskitalo, *Climate Change and Globalization in the Arctic: An Integrated Approach to Vulnerability Assessment* Earthscan, 2008.

44. Eva Carina Helena Keskitalo, *Negotiating the Arctic: The Construction of an International Region*, Routledge, 2004.

45. Eva Ingenfeld, "*Just in Case*" *Policy in the Arctic*, Arctic, Vol 6, No. 2, (2010).

46. Falk Huettmann, *Protection of the Three Poles*, Springer 2012.

47. *First Nation & China: Transforming Relations*, BC First Nations Energy & Mining Council, Suite 618, 100 Park Royal South, West Vancouver, BC V7T 1A2.

48. Franklyn Griffiths, *Politics of the Northwest Passage*, Mcgill –

Queen's University Press 1987.

49. Franklyn Griffiths, Science for Peace (Ass℃ iation) , *Arctic Alternatives: Civility Or Militarism in the Circumpolar North* Dundurn Press Ltd. , 1992.

50. Friederike Assandri, Dora Martins, *From Early Tang Court Debates to China's Peaceful Rise*, Amsterdam University Press, 2009.

51. Gail Osherenko, Oran R. Young, *The Age Of The Arctic: Hot Conflicts And Cold Realities* Cambridge University Press, 2005.

52. Gary Roughead (ed) , *Report to Congress on Arctic Operations and the Northwest Passage* DIANE Publishing 2011.

53. Geir Honneland, *Making Fishery Agreements Work: Post – Agreement Bargaining in the Barents Sea*, Edward Elgar Pub, 2012.

54. Geir Hønneland, Olav Schram Stokke *International Cooperation And Arctic Governance: Regime Effectiveness And Northern Region Building.*

55. Gerd Winter, *Multilevel Governance of Global Environmental Change Cambridge University Press 2006.*

56. *Governance in World Affairs* Cornell University Press (℃ tober 14, 1999).

57. Grete K. Hovelsrud, *Community Adaptation and Vulnerability in Arctic Regions* Springer, 2010.

58. Hans Meltofte, Torben R. Christensen, Bo Elberling, *High – Arctic Ecosystem Dynamics in a Changing Climate* Elsevier 2008.

59. Heather A. Conley, *New Security Architecture for the Arctic*, *An American Perspective*, the Center of Strategic and International Studies (CSIS) , Jan. 2012.

60. Heather E. McGregor, *Arctic Obsession: The Lure of the Far North*, Library and Archives Canada Cataloging in Publication 2011.

61. Heather E. McGregor, Inuit Education and Schools in the Eastern Arctic, UBC Press 2010.

62. Ida Holdhus, *Developing an EU Arctic Policy: Towards a Coherent Approach?: A Study of Coherence in European Foreign Policy*, VDM Verlag Dr. Müller, 2010.

63. *International Governance: Protecting the Environment in a Stateless S℃iety* (*Cornell Studies in Political Economy*), Cornell University Press (July 12, 1994).

64. J. A. Dowdeswell, M. J. Hambrey, *Islands of the Arctic*, Published by the Press Syndicate of the University of Cambridge 2002.

65. James Kraska, *Arctic Security in an Age of Climate Change* Cambridge University Press, 2011.

66. Jennifer Parks, *Canada's Arctic Sovereignty: Resources, Climate and Conflict*, Lone Pine Publishing, 2010.

67. John McClint℃k, The Uniting of Nations: An Essay on Global Governance, Peter Lang, 2010.

68. Jonathan S. Davies, *Challenging Governance Theory: From Networks to Hegemony*, Policy Press; First Edition edition, 2011.

69. Kathrin Wessendorf, *An Indigenous Parliament?: Realities and Perspectives in Russia and the Circumpolar North*, IWGIA, 2005.

70. Kathrine I. Johnsen, PROTECTING ARCTIC BIODIVERSITY: LIMITATIONS AND STRENGTHS OF ENVIRONMENTAL AGREEMENTS, Printed by Birkeland Trykkeri AS, Norway, 2010.

71. Kenneth Coates, *Arctic front: defending Canada in the far north*, T. Allen Publishers, 2008.

72. Kristofer Bergh, *The Arctic Policies of Canada and The United States: Domestic Motives and International Context*, SIPRI Insights on Peace and Security, No. 2012/1 Jul. 2012.

73. Laurence Smith, *The New North: The World in 2050* Profile Books, 2011.

74. Linda Jakobson and Jingchao Peng, CHINA'S ARCTIC ASPIRATIONS, SIPRI Policy Paper, November 2012.

75. Linda Nowlan, *Arctic Legal Regime for Environmental Protection, Daemisch Mohr. Siegburg, Germany, 2001.*

76. Lisa L. Martin, *Global governance*, Ashgate, 2008.

77. Luiza Bialasiewicz, *Europe in the World*, Ashgate, 2011.

78. Luke Coffey, *Arctic Security: Five Principles That Should Guide*

U. S. *Policy*, ISSUE BRIEF, No. 3700 | August15, 2012.

79. Malte Humpert and Andreas Raspotnik, *From "Great Wall" to "Great White North": Explaining China's politics in the Arctic*, Published by European Geostrategy, Aug. 2012.

80. Mamdouh G. Salameh, *China Eyes Arctic Access & Resources*, USAEE / IAEE Working Paper Series, http: //ssrn. com/abstract = 2142182.

81. Mark Burnett, Natalia Dronova, Maren Esmark, Steve Nelson, *illegal fishing in arctic waters: CATCH OF TODAY, GONE TOMORROW?* Asle Rønning, and Vassily Spiridonov © April 2008.

82. Mark Nuttall, *Protecting the Arctic: Indigenous Peoples and Cultural Survival*, Harwood Academic Publishers, 1998.

83. Mark Nuttall, *Self – Rule in Greenland Toward s the World's First Independent Inuit State?* Indigenous Affairs 3 – 4/08, 2008.

84. Mark Nuttall, Terry V. Callaghan, *The Arctic: Environment, People, Policy.*

85. Martin Hewson, Timothy J. Sinclair, Approaches to Global Governance Theory, State University of New York, Albany 1999.

86. Matthew Paterson, *Understanding Global Environmental Politics: Domination, Accumulation, Resistance*, Palgrave MacMillan, 2001.

87. Melissa Lantsman, *Minister Cannon Releases Canada's Arctic Foreign Policy Statement*, News Release, Foreign Affairs Media Relations Office, Foreign Affairs and International Trade Canada, Aug. 2010.

88. Michael Barnett, *HIGH POLITICS IS LOW POLITICS The Domestic and Systemic Sources of Israeli Security Policy, 1967 – 1 977.*

89. Michael Byers, *Who Owns the Arctic?: Understanding Sovereignty Disputes in the North.*

90. Michael N. Barnett, Raymond, *Power In Global Governance*, Cambridge University Press, 2005.

91. Michael N. Barnett, Raymond Duvall, *Power in Global Governance*, Cambridge University Press 2005.

92. Monica Tennberg, *Arctic Environmental Cooperation: A Study in Governmentality*, Ashgate, 2000.

93. Natalia Loukacheva, *The Arctic Promise*: *Legal and Political Autonomy of Greenland and Nunavut* University of Toronto Press Incorporated 2007.

94. Nataliya Marchenko, Russian Arctic Seas: Navigational Conditions and Accidents, Springer 2012.

95. National Research Council (U. S.). Committee on National Security Implications of Climate Change for U. S. Naval Forces, National Research Council, *National Security Implications of Climate Change for U. S. Naval Forces* National Academies Press, 2011.

96. Natural Environment Research Council (Great Britain), *A strategy for British research in the Arctic* The Council, 1989.

97. Nico Schrijver, James Crawford, Supachai Panitchpakdi, Development Without Destruction: The Un and Global Resource Management Indiana University Press 2010.

98. Nong Hong, *The melting Arctic and its impact on China's maritime transport*, Research in Transportation Economics, @ 2011 Elsevier Ltd. 2012.

99. *Nuclear Wastes in the Arctic*: *An Analysis of Arctic and Other Regional Impacts From Soviet Nuclear Contamination*, Washington, DC: U. S. Government Printing Office, Sep. 1995.

100. Olav Schram Stokke, Ola Tunander, Fridtjof Nansen - stiftelsen på Polhøgda, International Peace Research Institute *The Barents region*: *cooperation in Arctic Europe.*

101. OLGA V. ALEXEEVA AND FRÉDÉRIC LASSERRE, *The Snow Dragon*: *China's Strategies in the Arctic*, China perspective, No. 2012/3.

102. *On a new strategy for the Community to prevent*, *deter and eliminate Illegal*, *Unreported and Unregulated fishing*, Commission of the European Communities, COM (2007) 601 final, ℃t. 2007.

103. Oran R. Young, *Arctic Politics*: *Conflict and Cooperation in the Circumpolar North* (*Arctic Visions Series*) Dartmouth; 1st edition (November 15, 1992).

104. Oran R. Young, *Creating Regimes*: *Arctic Accords and International Governance* (*Cornell Studies in Security Af*) Cornell University Press; 1st E-

dition edition (January 22, 1998).

105. Oran R. Young, *Governance in World Affairs*, Cornell University Press, 1999.

106. Pami Aalto, *The Eu – Russian Energy Dialogue: Europe's Future Energy Security* Ashgate Publishing, Ltd., 2008.

107. Patricia Kameri – Mbote, *Facing Global Environmental Change: Environmental, Human, Energy, Food, Health and Water Security Concepts.*

108. Paul Arthur Berkman, *Environmental Security in the Arctic ℃ean: Promoting Co – Operation and Preventing Conflict*, Taylor & Francis, 2012.

109. Peter H. Stauffer, *Circum – Arctic Resource Appraisal: Estimates of Undiscovered Oil and Gas North of the Arctic Circle*, USGS Fact Sheet, 2008 – 3049, U. S. Department of the Interior, U. S. Geological Survey, 2008.

110. Peter Navarro, *The Coming China Wars: Where They Will Be Fought and How They Can Be Won*, FT Press, 2008.

111. Pier Horensma, *The Soviet Arctic*, Routledge 1991.

112. Richard S. Jones, *ALASKA NATIVE CLAIMS SETTLEMENT ACT OF 1971 (PUBLIC LAW 92 – 203): HISTORY AND ANALYSIS TOGETHER WITH SUBSEQUENT AMENDMENTS*, Jun. 1981.

113. Richard Sale, Eugene Potapov, *The Scramble for the Arctic: Ownership, Exploitation and Conflict in the Far* North Frances Lincoln Ltd 2010.

114. Robert Boardman, The International Politics of Bird Conservation, Edward Elgar Publishing, 2006.

115. Robert McGhee, *Ancient People of the Arctic*, UBC Press 1996.

116. Robin Churchill and Geir Ulfstein, *THE DISPUTED MARITIME ZONES AROUND SVALBARD*, http: //ssrn. com/abstract = 1937583.

117. Roger Howard *The Arctic Gold Rush: The New Race for Tomorrow's Natural Resources* Printed and bound by MPG Books Group, Bodmin and King's Lynn 2009.

118. Roland Dannreuther, *European Union Foreign and Security Policy: Towards a neighbourhood strategy* Routledge, 2004.

119. Ronald O'Rourke, *Changes in the Arctic: Background and Issues for Congress*, Congressional Research Service, April 5, 2012.

120. Ronald O'Rourke, *Changes in the Arctic: Background and Issues for Congress*, DIANE Publishing, 2011.

121. Rorden Wilkinson, *The Global Governance Reader*, Routledge, 2005.

122. Sanjay Chaturvedi: *Polar Regions: A Political Geography* John Wiley & Sons, 1996.

123. Scott Nicholas Romaniuk, *New Polar Horizons: Conflict and Security in the Arctic*, LAP Lambert Academic Publishing, 2011.

124. Scott Romaniuk, *Global Arctic: Sovereignty and the Future of the North*, International Specialized Book Service Incorporated, 2012.

125. Shelagh D. Grant, *Polar Imperative: A History of Arctic Sovereignty in North America*, Douglas & McIntyre, 2010.

126. Simon Lee, *Neo - Liberalism, State Power and Global Governance*, Springer, 2010.

127. Statistical Analyses, *The Economy of the North*, Statistics Norway, Dec. 2006.

128. Stephen J. Blank, *Russia in the Arctic*, Military Bookshop 2011.

129. Steve Vanderheiden, John Barry, *Political Theory and Global Climate Change*, MIT Press, 2008.

130. *Strategic Importance of the Arctic in U. S. Policy*, Special Hearing Report, 2010, http: //www. gpoaccess. gov/congress/index. html.

131. Sujian Guo, *China's "Peaceful Rise" in the 21st Century*, Ashgate Publishing, 2006.

132. Susan Joy Hassol, Arctic Climate Impact Assessment, *Impacts of a Warming Arctic: Arctic Climate Impact Assessment* Cambridge University Press, 2004.

133. Sushil Vachani, *Transformations in Global Governance: Implications for Multinationals And other stakeholders*, Edward Elgar Publishing, 2006.

134. Svend Otto Remoe, *Nordic cooperation and an open European Re-*

search Area: lessons for international cooperation in Science and Technology, EUROPEAN COMMISSION, Jan. 2009.

135. *The Militarization of the Arctic*, UN: 1st Committee of the GA - Topic Area A, 2010, http://www.thesissmun.org.

136. Thomas George Weiss, Ramesh Chandra Thakur, Global Governance and the UN: An Unfinished Journey, Indiana University Press, 2010.

137. Timo Koivurova, E. Carina H. Keskitalo, Nigel Bankes, *Climate Governance in the Arctic* Springer, 2009.

138. Timothy J. Sinclair, *Global Governance: Critical Concepts in Political Science*, Routledge, 2004.

139. Trevor H. Levere, *Science and the Canadian Arctic: A Century of Exploration, 1818 - 1918*, Cambridge University Press 1993.

140. United States. Congress. Senate, *Strategic Importance of the Arctic in U S Policy: Hearing Before a Subcommittee of the Committee on Appropriations, United States Senate*, General Books LLC, 2011.

141. *US Export to China by States 2000 - 11*, the US - China Business Council, 2012.

142. Walter Leal Filho, *The Economic, S℃ial and Political Elements of Climate Change* Springer 2011.

143. William Marsden, *Fools Rule: Inside the Failed Politics of Climate Change*, Knopf Canada, 2011.

144. Willy Østreng, *The natural and s℃ietal challenges of the Northern Sea route: a reference work*, Kluwer Academic Publishers, 1999.

145. Yu Bin, *China - Russia Relations: Putin's Ostpolitik and Sino - Russian Relations*, Ass℃iate Professor, Wittenberg University, http://csis.org/files/media/csis/pubs/0003qchina_russia.pdf.

网络参考

1. 阿留申人国际协会（Aleut International Ass℃iation）网站：http://www.aleut-international.org/。

2. 巴伦支海欧洲—北极理事会（the Barents Euro - Arctic Council）网站：http：//www. beac. st/in_ English/Barents_ Euro - Arctic_ Council. iw3。

3. 北冰洋科学委员会（the Arctic ℃ ean Science Board）网站：http：//aosb. arcticportal. org/index. html。

4. 北方、西伯利亚及远东原住民俄罗斯协会（Russian Ass℃ iation of Indigenous Peoples of the North，Siberia and Far East）网站：http：//www. raipon. info/。

5. 北方论坛（the Northern Forum）网站：http：//www. northernforum. org/。

6. 北极阿萨巴斯卡委员会（The Arctic Athabaskan Council）网站：http：//www. arcticathabaskancouncil. com/aac/。

7. 北极焦点（Arctic F℃us）网站：http：//arcticf℃us. com/。

8. 北极理事会（the Arctic Council）网站：http：//www. arctic - council. org/index. php/en/。

9. 北极理事会之北极动植物保护（Conservation of Arctic Flora and Fauna）网站：http：//www. caff. is/about - caff。

10. 北极理事会之北极监控与评估计划（the Arctic Monitoring and Assessment Programme）网站：http：//www. amap. no/。

11. 北极理事会之北极污染物行动计划（the Arctic Contaminants Action Program）网站：http：//www. ac - acap. org/。

12. 北极理事会之可持续发展委员会（the Sustainable Development Working Group）网站：http：//portal. sdwg. org/。

13. 北极理事会之预防、准备和反映计划（Emergency of Prevention，Preparedness and Response）网站：http：//eppr. arctic - council. org/。

14. 北极门户（the Arctic Portal）网站：http：//m. arcticportal. org/。

15. 北极气候影响评估（Arctic Climate Impact Assessment）网站：http：//www. acia. uaf. edu/。

16. 北极治理计划（Arctic Governance Project）网站：http：//www. arcticgovernance. org/。

17. 俄罗斯北方原住民协会（the Russian Ass℃iation of Indigenous Peoples of the North）网站：http：//www. raipon. org/RAIPON/tabid/302/Default. aspx

18. 芬兰拉普兰大学北极中心（the Arctic Centre at the University of Lapland）网站：http：//www. arcticcentre. org/InEnglish. iw3。

19. 哥威迅人委员会国际（Gwich'in Council International）网站：http：//www. gwichin. org/。

20. 国际北极科学委员会（International Arctic Science Committee）网站：http：//www. iasc. info/。

21. 国际极地基金会（the International Polar Foundation）网站：http：//www. polarfoundation. org/。

22. 国际极地年（the International Polar Year）网站：http：//www. ipy. org/。

23. 海洋环境保护工作组（Protection of the Arctic Marine Environment）网站：http：//www. pame. is/。

24. 极地研究委员会（Polar Research Board）网站：http：//dels. nas. edu/prb/。

25. 联合国环境规划署（United Nation Environment Programme）网站：http：//www. unep. org/。

26. 美国冰雪数据中心（National Snow & Ice Data Center）网站：http：//nsidc. org/。

27. 南北极环境监测研究所（The Arctic and Antarctic Research Institute of Roshydromet）网站：http：//www. aari. ru/main. php？lg = 1。

28. 挪威北极大学（University of the Arctic）网站：http：//www. uarctic. org/Frontpage. aspx？m = 3。

29. 挪威牧驯鹿国际研究中心（International Centre for Reindeer Husbandry）网站：http：//icr. arcticportal. org/。

30. 皮尤环境组织（The Pew Environment Group）网站：http：//℃eansnorth. org/。

31. 萨米人委员会（the Saami Council）网站：http：//www. saamicouncil. net/？deptid = 1116。

32. 斯德哥尔摩国际和平研究所（St℃kholm International Peace Re-

search Institute）网站：http：//www. sipri. org/。

33. 新美国安全中心（the Center for a New American Security）网站：http：//www. cnas. org/。

34. 因纽特人阿拉斯加网站：http：//www. iccalaska. org/servlet/content/home. html。

35. 因纽特人格陵兰岛网站：http：//www. inuit. org/。

36. 因纽特人环北极委员会（the Inuit Circumpolar Council）网站：http：//www. inuitcircumpolar. com/index. php？Lang = En&ID = 1。

37. 自然环境研究委员会（Natural Environment Research Council）网站：http：//www. nerc. ac. uk/。

38. 中国极地研究中心网站：http：//www. pric. gov. cn/。

致　谢

倏忽间，三年博士生活已成记忆，留下的唯有那如饮琼浆的美好瞬间。在近不惑之年放弃工作来人大国关攻读博士学位本不是件轻松事，但秉性的执着还是实现了这种人生转圜。在人大，我庆幸遇到了李宝俊教授，更庆幸成为李老师的学生。老师严谨的治学态度和风范在学界有口皆碑，令学生仰视；老师对待学生三位一体，是长者，亦是老师，还是足可信赖的朋友；老师教学因材施教，有张有弛……在科研上，老师严格要求学生，善于发挥学生主动性，对合理之处都给予充分肯定。比如北极问题比较冷僻，但老师尊重学生的研究兴趣，在听取合理解释的前提下给予研究建议，整个过程令学生获益匪浅，终生受用。在生活中，老师对学生则展示了一个长者的关怀、照顾和提携，使学生如有家的感觉。“一日为师，终身为父”这一古语或能道出学生对老师的敬仰。

此外，还要感谢国际关系学院的陈岳、金灿荣、时殷弘、黄大慧、李庆四、杨光斌、宋新宁等知名教授对自己指导和帮助。当然，更应该感谢我们2010级博士班全体同学：班主任、班长、师兄、海泳、万侠、光光、圣鑫、吴磊、大庆、瑞峰、雷勇、玉辉、宣佑、红岩……三年的学习生活已经为我们建立起终生的情谊。

最后，还要感谢自己的家人，虽然他们无法在学术上给予帮助，但是在物质上的支持、亲情上的理解和鼓励、家庭责任上的勇于担当已经令我心存愧疚。年近70岁母亲听说儿子读博，虽然不甚理解，但始终鼎力支持；两个哥哥都已各有妻小，但他们主动承担起赡养百岁奶奶的责任，没有丝毫怨言。

收笔之际，一篇由博士论文进而成为专著的书稿似乎已跃然纸上，但托起它的却不仅仅是我的两只手。无言胜于言，你们是我一生的缘分！

2013 年 3 月 &2016 年 7 月

人大品园 & 青岛社科院